西北工业大学精品学术著作培育项目资助出版

脉冲爆震涡轮发动机
总体性能仿真技术

卢 杰 郑龙席 著

西北工业大学出版社

西安

【内容简介】 本书比较全面地介绍了脉冲爆震涡轮发动机总体性能仿真技术。全书共8章：第1章介绍了脉冲爆震涡轮发动机的基本概念，并总结了国内外性能仿真方法研究现状；第2章围绕脉冲爆震涡轮发动机热力循环过程进行了分析；第3章建立了多种脉冲爆震燃烧室性能仿真模型；第4章和第5章分别介绍了脉冲爆震涡轮发动机设计点性能和非设计点性能仿真分析；第6章介绍了脉冲爆震涡轮发动机非稳态性能仿真分析；第7章分析了脉冲爆震涡轮发动机闭环控制方法；第8章介绍了其他脉冲爆震发动机总体性能仿真技术。

本书可为从事脉冲爆震涡轮发动机研究工作的工程技术人员提供参考。

图书在版编目（CIP）数据

脉冲爆震涡轮发动机总体性能仿真技术 / 卢杰，郑龙席著. -- 西安：西北工业大学出版社，2024.11.
ISBN 978 - 7 - 5612 - 9615 - 8

Ⅰ. V231.2

中国国家版本馆 CIP 数据核字第 2024PJ7427 号

MAICHONG BAOZHEN WOLUN FADONGJI ZONGTI XINGNENG FANGZHEN JISHU
脉 冲 爆 震 涡 轮 发 动 机 总 体 性 能 仿 真 技 术
卢杰　郑龙席　著

责任编辑：朱晓娟		策划编辑：卢颖慧	
责任校对：曹　江		装帧设计：高永斌　李　飞	

出版发行：西北工业大学出版社
通信地址：西安市友谊西路 127 号　　邮编：710072
电　　话：(029)88491757，88493844
网　　址：www.nwpup.com
印 刷 者：西安五星印刷有限公司
开　　本：787 mm×1 092 mm　　1/16
印　　张：12.25
字　　数：306 千字
版　　次：2024 年 11 月第 1 版　　2024 年 11 月第 1 次印刷
书　　号：ISBN 978 - 7 - 5612 - 9615 - 8
定　　价：72.00 元

前　言

　　脉冲爆震燃烧具有燃烧波传播速度快、燃烧过程自增压、熵增小等优点,将脉冲爆震燃烧用于替换传统燃气涡轮发动机中的等压燃烧,可形成具有循环热效率高、耗油率低和工作速域宽的脉冲爆震涡轮发动机,是未来先进燃气涡轮发动机重要的发展方向。这种发动机一旦研制成功,可作为长航时无人机、超声速靶弹、巡航导弹、无人直升机、军用战斗机等飞行器的动力装置,能大幅度提高现有无人飞行器的性能水平。

　　西北工业大学吸气式脉冲爆震发动机研究团队自从 1994 年以来一直围绕爆震燃烧及其在吸气式发动机上的应用方面开展相关研究工作,先后突破了多项脉冲爆震涡轮发动机的关键技术,建立了成熟的脉冲爆震燃烧室设计方法,成功研制了脉冲爆震涡轮发动机原理样机和工程验证机。在脉冲爆震涡轮发动机总体性能仿真技术研究方面,西北工业大学吸气式脉冲爆震发动机研究团队建立了多种脉冲爆震燃烧室模型,并围绕不同类型的脉冲爆震涡轮发动机开展了总体性能计算分析。

　　总体性能仿真技术对于发动机的总体设计具有非常重要的理论指导意义。为了总结经验、扩大交流与合作,笔者在本书中总结了脉冲爆震涡轮发动机总体性能仿真方面的国内外研究现状,介绍了脉冲爆震涡轮发动机的热力循环过程及热力循环性能,重点阐述了几种不同类型的脉冲爆震燃烧室模型以及不同类型的脉冲爆震涡轮发动机设计点性能、非设计点性能、非稳态性能与脉冲爆震涡轮发动机闭环控制方法等内容。

　　全书由卢杰副教授负责统稿。第 1、2 章由郑龙席教授撰写,第 3~8 章由卢杰副教授撰写。在撰写本书的过程中:王凌羿博士、谭汶昊博士、肖治邑博士、彭辰旭硕士、张佳博硕士、罗振坤硕士等参与了本书部分内容的撰写及图表制作等工作,在此表示感谢;曾参阅了相关文献资料,在此谨对其作者表示感谢。感谢西北工业大学精品学术著作培育项目对本书出版的支持。

　　相对于传统燃气涡轮发动机,脉冲爆震涡轮发动机尚处于研发阶段,围绕脉冲爆震涡轮发动机的总体性能进行精确仿真还面临着许多挑战和难题。本书仅是国内外现阶段研究成果的一个总结和对未来研究方向的展望,有些见解可能有一定的局限性,书中难免存在疏漏之处,恳请广大读者批评指正。

著 者

2024 年 9 月

目　　录

第1章 概　　论

1.1　引　　言

从 1903 年莱特兄弟在人类历史上首次实现有动力的载人持续可控飞行至今,人类航空工业已经经历了 120 多年的发展。在这 120 多年的时间里:前 50 多年,飞行器主要以活塞发动机作为动力装置;后 70 多年,飞行器主要以涡轮喷气发动机作为动力装置。随着科学技术的发展,基于布雷顿循环(等压循环)的涡轮喷气发动机技术已经非常成熟,发动机的气动性能和结构性能都已经达到了较高的水平,部分部件效率已经达到了 90％ 以上,进一步提升的空间有限。目前发动机性能的提高主要依靠新材料和加工工艺的发展,而新材料的研制周期长,生产、使用成本高,这大大制约了新一代发动机的研制。

尽管如此,随着人类对空天探索的进一步深入,要求动力装置具备更好的经济性和更优的性能,而基于等压循环的传统涡轮喷气发动机由于热力循环的限制,已经很难适应未来空天动力装置的发展需求。因此,需要寻求新的循环或燃烧方式才能给传统涡轮喷气发动机的性能带来新的突破。

自然界存在两种形式的燃烧波:缓燃波和爆震波。现有动力装置中采用的都是缓燃的燃烧模式,燃烧波传播速度慢,燃烧波后压力下降。而爆震燃烧(爆震波)具有燃烧波传播速度快、燃烧过程自增压、熵增小等优点,燃烧过程近似等容燃烧,如将爆震燃烧用于替换现有动力装置中的等压燃烧,则有望进一步大幅度提高现有动力装置的热力循环性能。因此,早在 1940 年,德国的 Hoffmann 等就提出了脉冲爆震发动机的概念,即在传统动力装置中采用脉冲爆震燃烧模式,以大幅度提高传统动力装置的性能。经过 80 多年的发展,涌现出了多种基于爆震燃烧的新型发动机,主要包括脉冲爆震发动机(Pulse Detonation Engine,PDE)、旋转爆震发动机、驻定爆震发动机(斜爆震发动机)和激波聚焦脉冲爆震发动机 4 种基本类型。

1.1.1　脉冲爆震发动机

脉冲爆震发动机是采用脉冲爆震燃烧模式的发动机。图 1－1 给出了脉冲爆震燃烧室的工作过程示意图。其工作过程包括燃料和氧化剂进气填充、填充完毕后点火形成爆震波、爆震波沿轴向往脉冲爆震燃烧室出口传播、爆震燃烧产物的排气过程、填充隔离气体以及新鲜混气的再填充等。

脉冲爆震发动机根据是否自带氧化剂可以分为火箭式脉冲爆震发动机和吸气式脉冲爆震发动机两种类型。火箭式脉冲爆震发动机自带燃料和氧化剂，而吸气式脉冲爆震发动机利用空气中的氧气作为氧化剂。根据发动机的结构形式不同，又可以将吸气式脉冲爆震发动机分为脉冲爆震冲压发动机(Ramjet Pulse Detonation Engine，R-PDE)和脉冲爆震涡轮发动机(Pulse Detonation Turbine Engine，PDTE)两种类型。R-PDE 就是将传统冲压发动机中的等压燃烧室替换为脉冲爆震燃烧室(Pulse Detonation Combustor，PDC)，主要由进气道、进气阀、多管 PDC、尾喷管等组成。而 PDTE 则是将传统燃气涡轮发动机中的等压燃烧室(包括主燃烧室和加力燃烧室)替换为 PDC。由于爆震波传播速度极快(2 000 m/s 左右)，燃烧波后产物来不及膨胀，爆震燃烧过程接近等容燃烧，所以爆震循环过程与等容循环过程相近。相比于传统冲压发动机或者涡轮喷气发动机中的等压循环，等容循环的热效率更高。因此吸气式脉冲爆震发动机理论上能大幅度提高现有冲压发动机或者涡轮喷气发动机的性能水平。

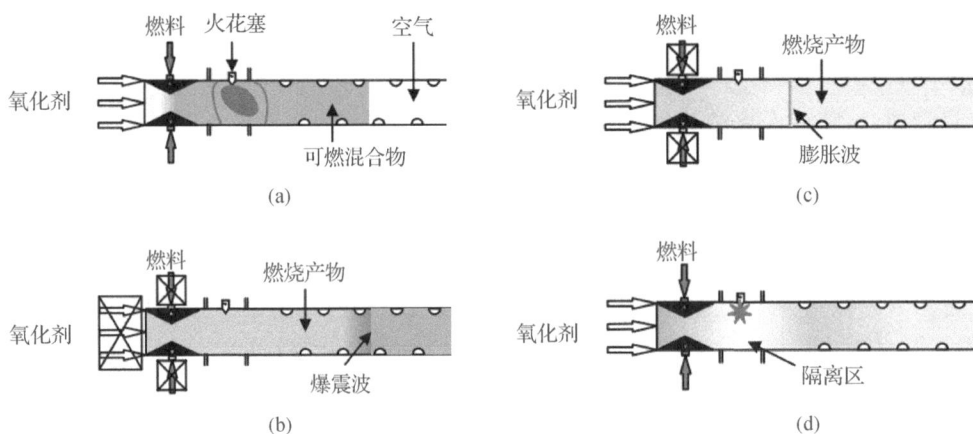

图 1-1 脉冲爆震燃烧室工作原理

(a)燃料/氧化剂填充与火花塞点； (b)爆震波形成与传播过程；
(c)膨胀波上传和排气过程； (d)填充和排气过程

早在 2003 年，美国通用公司就提出了未来的冲压发动机、燃气轮机和火箭发动机中采用脉冲爆震循环替代原有等压循环的设想(见图 1-2)，从而为脉冲爆震循环的应用指明了方向。

在上述设想下，国外开展了大量关于脉冲爆震发动机的相关研究。例如，美国普惠公司在海军研究生院的资助下完成了一个将 PDE 用于马赫数为 2.5 攻击型导弹的 3 年风险降低研究计划。通过该计划，普惠公司研制了一个五管 PDE 样机——ITR-2，如图 1-3 所示。

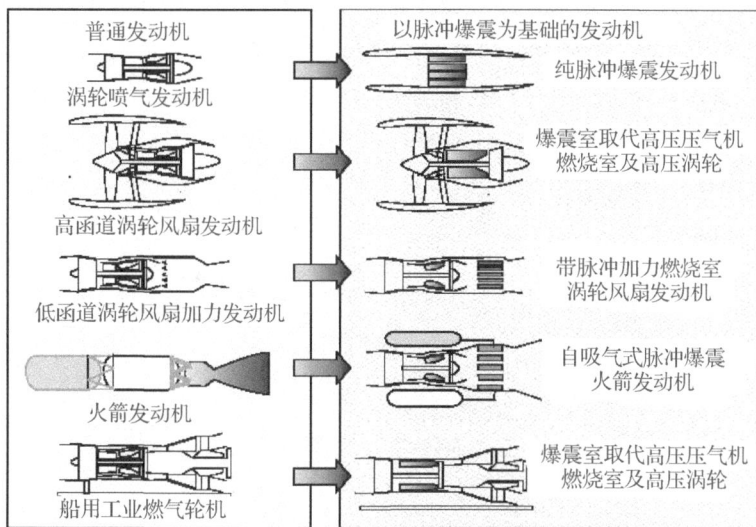

图1-2 美国通用公司提出的下一代发动机热力循环设想

图1-3 美国普惠公司研制的五管PDE样机——ITR-2

波音公司和美国航空航天局(NASA)则进行了大量模拟飞行条件下的试验测试(PDE的最大模拟马赫数达到了2.7,PDTE的模拟压气机压比达到了5),如图1-4所示。试验数据与性能计算结果基本一致,但公开发表的数据都进行了无量纲处理,目前没有具体的性能数据。

图1-4 波音公司和NASA的模拟高空试验

而在 2008 年 1 月 31 日,美国空军技术研究中心首次成功地进行了以 PDE 为动力的飞行试验,如图 1-5 所示。该试验在加利福尼亚州的 Majove 发射场进行,采用 Long - EZ 飞机为载体,飞行高度约为 30 m,飞行时间为 10 s。PDE 由四管构成,燃料为辛烷,单管频率为 20 Hz,产生了超过 890 N 的推力。此次飞行主要验证飞行人员能否承受 PDE 产生的噪声。经过这次试验,脉冲爆震发动机的研究达到了高潮,随后美国将研究重点转向了脉冲爆震涡轮发动机的研究。

图 1-5 安装 PDE 的有人飞行器

在脉冲爆震涡轮发动机研究方面,国外以美国为首,在脉冲爆震发动机技术计划、脉冲爆震发动机涡轮相互影响计划、等容燃烧循环发动机研究计划、火神发动机计划等支持下,开展了大量关键技术攻关。美国参与研究的单位包括赖特-帕特森空军基地、NASA 格林研究中心、空军研究实验室、普渡大学、杨百翰大学、辛辛那提大学、通用全球研究中心等。

其中,最具典型代表的是通用全球研究中心。通用全球研究中心在 NASA 等容燃烧循环发动机计划和脉冲爆震先进发动机技术计划(Pulsed Detonation Advanced Technology Program,PDATP)的资助下,围绕多管 PDC 与轴流涡轮的相互作用进行了详细的试验研究。Rasheed 等建立了八管脉冲爆震燃烧室与大尺寸单级轴流涡轮相互作用综合试验系统。试验器的结构示意图如图 1-6 所示。试验中爆震室最大工作频率为 30 Hz,工作模式有单管点火、八管同时点火及八管顺序点火。他们对 PDC 冲击下涡轮结构强度、爆震波通过涡轮后声学噪声的衰减、多管 PDC 之间的相互影响以及 PDC 驱动轴流涡轮的性能等问题进行了研究。试验数据表明,爆震波通过轴流涡轮后峰值噪声降低了 20 dB。PDC 与涡轮之间的相互作用会影响多管顺序点火的工作稳定性。共用进气道的无阀设计使得 PDC 的压力反传影响多管共同工作,部分燃气也会进入共用进气道导致发动机性能的损失。性能试验数据表明,在测量误差范围内,PDC 驱动的涡轮效率与等压燃烧驱动的涡轮效率几乎没有区别,而且 PDC 驱动的整个系统的热效率要比等压燃烧驱动的热效率高。此外,该中心的 Hofer 等还提出了多种 PDC 驱动的非定常涡轮效率计算方法。

辛辛那提大学也在 NASA 和通用全球研究中心的资助下建立了两个六管 PDC 与轴流

涡轮相互作用试验平台并进行了大量研究。该试验系统的实物如图 1－7 所示。在第一个试验系统中,爆震室出口燃气先同旁路空气混合,再进入涡轮中。试验过程中单管爆震室的最高工作频率达到 20 Hz。试验数据显示,在涡轮的工作特性范围内,PDC 驱动的涡轮效率与等压燃烧驱动涡轮的效率相当。第二个试验系统则是吸气式六管 PDC 同轴流涡轮直连的组合试验系统,利用该系统详细研究了非定常流冲击下涡轮的性能,对比、分析了不同平均方法下的涡轮效率。结果发现,涡轮效率主要与平均换算流量和气流进入涡轮的攻角有关。

图 1－6 通用全球研究中心八管 PDCs 与轴流涡轮相互作用试验器

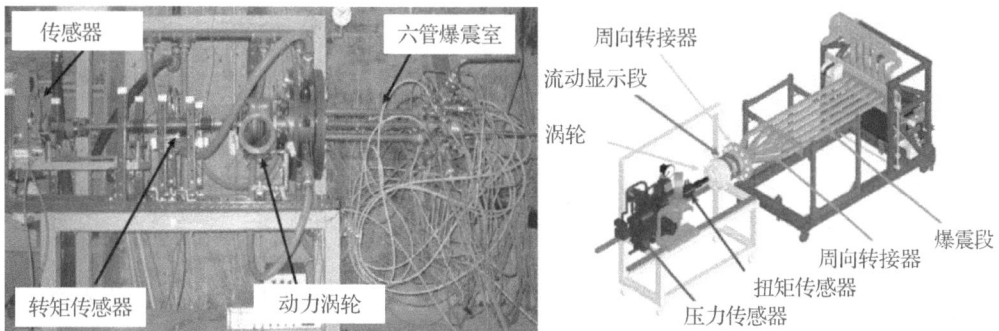

图 1－7 辛辛那提大学六管 PDC 与轴流涡轮相互作用试验系统

除了美国外,欧盟以德国柏林工业大学为主,也围绕脉冲爆震涡轮发动机中脉冲爆震燃烧室起爆技术、非稳态来流与压气机/涡轮部件的匹配开展了大量的研究工作:建立了一个六管脉冲爆震燃烧室试验系统,重点研究了爆震室出口转接段内压力和速度的波动情况,以评估对下游涡轮部件的影响,如图 1－8 所示;同时搭建了一个 TU－Pulse 涡轮试验台,用于分析脉冲爆震燃烧对涡轮性能的影响,如图 1－9 所示。在数值模拟方面,他们围绕不同反压条件对压气机的影响开展了系列数值和试验研究,发现小幅反压脉动会造成压气机流动分离,进而产生损失,而采用附面层抽吸等流动控制措施能够减少损失。

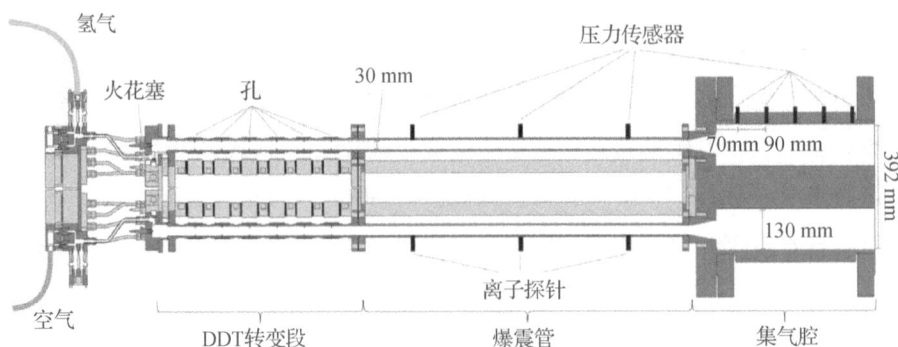

图 1-8 德国柏林工业大学六管 PDC 试验系统
DDT—爆燃转爆轰

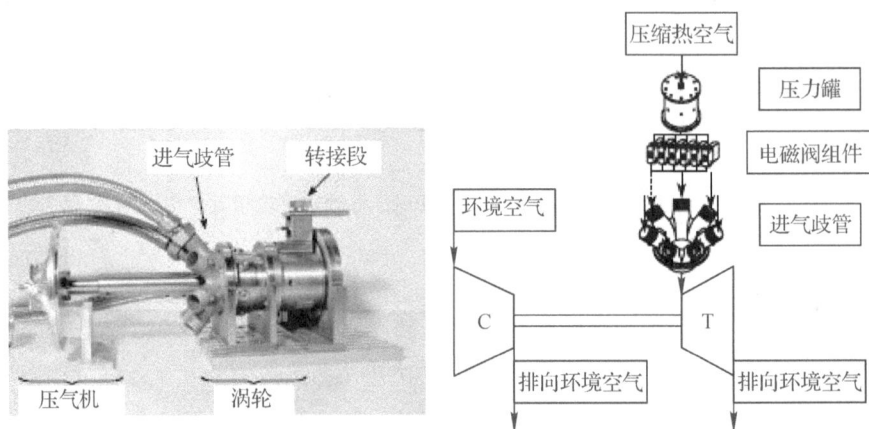

图 1-9 德国柏林工业大学 PDC/涡轮试验系统
C—燃烧室；T—涡轮

总之,国外围绕脉冲爆震涡轮发动机开展了大量的关键技术攻关。国内也开展了大量的研究工作,实现了压气机-双管 PDC-涡轮三大部件的稳定匹配工作,并结合理论和试验数据证明了脉冲爆震涡轮发动机的性能优越性。随着众多关键技术的突破,脉冲爆震发动机将逐渐走向工程应用阶段。

1.1.2 旋转爆震发动机

旋转爆震发动机(Rotating Detonation Engine,RDE)是一种利用一道或多道爆震波在环形燃烧室内连续传播形成高温、高压燃烧产物后通过尾喷管排出产生推力的发动机,燃料与氧化剂通常采用分开喷注的方式从燃烧室头部进入,高压爆震产物在侧向膨胀的作用下逐渐沿轴向流动,并从燃烧室末端排出产生推力,其示意图如图 1-10 所示。

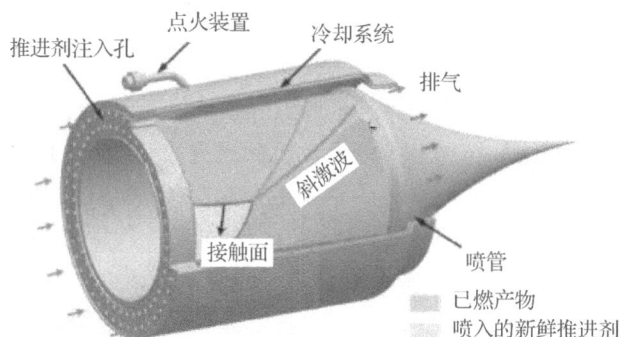

图 1 - 10 旋转爆震发动机示意图

旋转爆震发动机可以在火箭和冲压两种模态下工作,也可以与燃气涡轮发动机组合形成旋转爆震涡轮发动机。RDE 相比于 PDE 而言,一次起爆就可以实现连续工作,不需要多次重复起爆,推力相对更连续。由于 RDE 燃烧室内部旋转爆震波的旋转速度极高,所以燃烧室壁面热负荷也更大,热防护问题及其引发的工作稳定性问题也比较突出。另外,RDE 由于进气损失以及燃烧室内的斜激波损失较大,所以旋转爆震燃烧室整体增压效果目前还不明显。

从 20 世纪 60 年代苏联学者首次提出旋转爆震发动机的理论至今,它已经引起全球多国的广泛关注,美国、俄罗斯、欧洲、中国等国家和地区纷纷开展了相关的关键技术与试验验证研究。

自 2010 年开始,美国在空军科学研究办公室、海军研究办公室、国防预先研究计划局和能源部的资助下,空军研究实验室、海军研究实验室、航空喷气-洛克达因公司、国家能源部技术实验室、得克萨斯大学阿灵顿分校和辛辛那提大学等研究机构都相继开展了 RDE 相关的理论与试验研究,包括旋转爆震机理、点火起爆以及旋转爆震涡轮发动机等。

空军研究实验室在直径为 15 mm 的旋转爆震燃烧室出口处安装 T63 涡轮,以氢气为燃料,以空气为氧化剂进行试验研究。T63 涡轮与旋转爆震发动机组合试验装置如图 1 - 11 所示。试验成功获得旋转爆震波,爆震波的传播速度为 1 750 m/s,爆震产物经过涡轮导向器叶片后静压衰减了约 33.5%。

图 1 - 11 T63 涡轮与 RDE 组合试验装置

Aerojet Rocketdyne 公司进行了多次旋转爆震燃烧室热态试车试验,包括概念验证、利用气态燃料成功实现起爆和稳定爆震、结合等离子体技术实现效率提升、采用液态燃料成功实现起爆和稳定爆震等内容,并通过理论分析、数值模拟和实验测试进一步深入研究了旋转爆震涡轮组合技术。

俄罗斯重点开展了液体旋转爆震火箭发动机的研究工作。2014 年,俄罗斯先期研究基金会在俄罗斯动力机械科研生产联合体的基础上,建立了一个以液体旋转爆震火箭发动机为研究对象的专门实验室。2016 年,俄罗斯成功进行了新一代液体燃料 RDE 的测试试验,试验装置如图 1-12 所示,推进剂为氧气和煤油。俄罗斯共进行了 33 次测试试验,试验中,爆震波的旋转频率可以达到约 20 kHz,实现了连续爆震,并且能够产生稳定的推力。

图 1-12 俄罗斯的新一代液体燃料旋转爆震发动机

2017 年,俄罗斯科学院新西伯利亚拉夫连季耶夫流体力学研究所开展了旋转爆震发动机自由射流试验,采用带有旋转爆震燃烧室的液氧煤油火箭发动机(长为 1.05 m,直径为 0.31 m),在 $Ma=4\sim8$ 的环境下,它的比冲达到了 3 600 m/s。

波兰华沙航空研究所对旋转爆震发动机开展了广泛的试验研究。2010 年,华沙航空研究所使用旋转爆震燃烧室替代 GTD-350 涡轮轴发动机常规等压燃烧室(见图 1-13),缩短了发动机燃烧室的尺寸,使发动机的结构更加简单且性能也有一定改善。

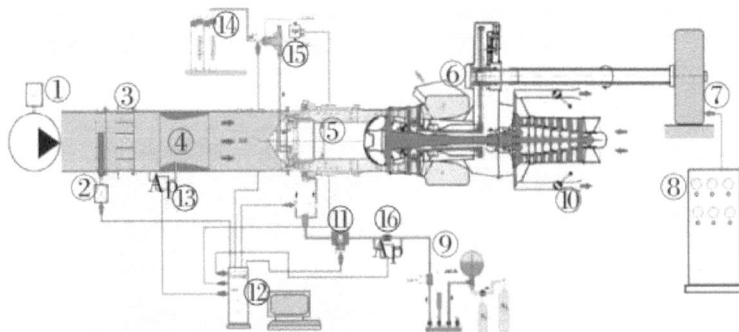

图 1-13 GTD-350 发动机与旋转爆震组合方案
①空气压缩机;②空气流量控制器;③可变几何进气道;④文丘里式空气流量计;⑤爆震燃烧室;⑥涡轮发动机;⑦刹车;⑧刹车控制器;⑨Jet-A 燃料喷射系统;⑩Jet-A 流量计;⑪电液增压器;⑫管理计算机;⑬压差传感器;⑭氢气供应系统;⑮氢气压差传感器;⑯排气抑制阀

目前,国外在 RDE 性能计算、数值模拟和试验等方面已经取得了较大的进展。国内也与国外几乎同时起步,各高校、科研院所开展了大量的研究工作,对旋转爆震燃烧机理的认识逐渐加深。

1.1.3 驻定爆震发动机(斜爆震发动机)

斜爆震发动机(Oblique Detonation Engines,ODEs)是基于斜爆震波的爆震推进装置,发动机燃烧室内的斜爆震波可利用固定斜坡进行诱导起爆。在合适的来流条件及斜坡角度下,斜爆震波成功起爆后可驻定于斜坡表面,而化学反应也仅在斜爆震波面附近发生,在微秒量级时间内即可完成,最后高温气体产物膨胀排出燃烧室产生推力,其结构如图 1-14 所示。

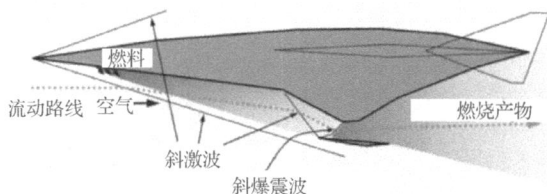

图 1-14 斜爆震发动机结构示意图

斜爆震发动机通过进气道的斜激波压缩后与燃烧波耦合,因此具有比其他类型的吸气式发动机更短的燃烧室和更小的结构质量,从而在高马赫数来流条件下可以允许高速气流进入燃烧室,使得静温更低,温度提升空间更大,更有效地释放燃料的化学能,保持较高的燃烧效率。

国外对斜爆震发动机的研究开始于 20 世纪 50 年代,美国密歇根大学首次将稳定的爆震燃烧技术应用于吸气式发动机;60 年代,他们建立了初步的斜爆震波的驻定边界模型;80 年代后,随着大量的斜爆震波流场结构的数值研究与驻定试验的开展,斜爆震复杂的流场结构得到证实,斜爆震发动机总体性能和设计方法也得到相应的发展。

国内对斜爆震发动机的研究始于 20 世纪 90 年代。2008 年,国防科技大学在国内首次开展了连续式预混超声速气流斜爆震试验,利用高速纹影技术对高静温预混超声速气流中激波诱导燃烧、脱体爆震起爆及发展的动态过程进行详细研究,并在不同斜劈角度、当量比条件下,对斜爆震波起爆过程及驻定特性进行系统的探讨,分析了斜爆震波熄灭与再起爆的物理机制。国防科技大学的斜爆震发动机试验台如图 1-15 所示。

图 1-15 国防科技大学的斜爆震发动机试验台

2021年,中国科学院力学所对斜爆震发动机的稳定燃烧机理进行分析,开展了马赫数为9状态下的数值模拟研究,并在中国科学院力学研究所的JF-12激波风洞上开展试验研究,试验装置如图1-16所示。该试验在50 ms的有效试验时间内获得了持续稳定的发动机燃烧流场,并形成了斜爆震波,初步验证了斜爆震起爆的可行性。

图1-16 JF-12激波风洞中斜爆震发动机
(a)ODE(常微分方程)模型; (b)发动机照片; (c)安装在风洞中的发动机; (d)进气道和燃烧室观察窗

总体来看,国内外对斜爆震发动机的研究还处于初步阶段,更多的是开展斜爆震起爆机理及其影响因素的数值研究工作,对于能否实现斜爆震波长时间稳定起爆,还需要从理论、数值和试验验证角度开展进一步的研究工作。

1.1.4　激波聚焦脉冲爆震发动机

激波聚焦脉冲爆震发动机又称为2级脉冲爆震发动机(Two-stage Pulses Dotenation Engine,2-stage PDE),它是一种基于凹面腔内连续超声速射流对撞诱导激波聚焦起爆爆震波的新型脉冲爆震发动机。2级脉冲爆震发动机主要由1级预燃装置和2级激波聚焦起爆爆震装置组成,其结构如图1-17所示。

激波聚焦脉冲爆震发动机的工作过程(见图1-18)分为3个阶段:首先,在1级预燃装置中,燃油和空气混合,形成富油燃烧,产生大量具有较高化学活性的小分子化合物;其次,这些小分子化合物与新鲜空气混合,形成更易燃的混合气,并在通道中形成环形超声速射流;最后,超声速射流在凹面腔内发生碰撞,产生激波聚焦,从而形成爆震波。该发动机具有结构简单、尺寸小、质量轻、无需额外的起爆装置和机械阀门、工作频率高等优点。

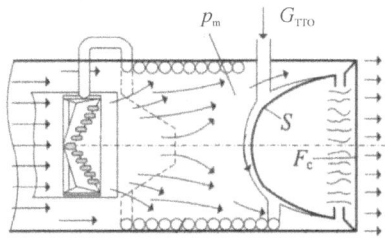

图 1-17 2 级脉冲爆震发动机结构示意图

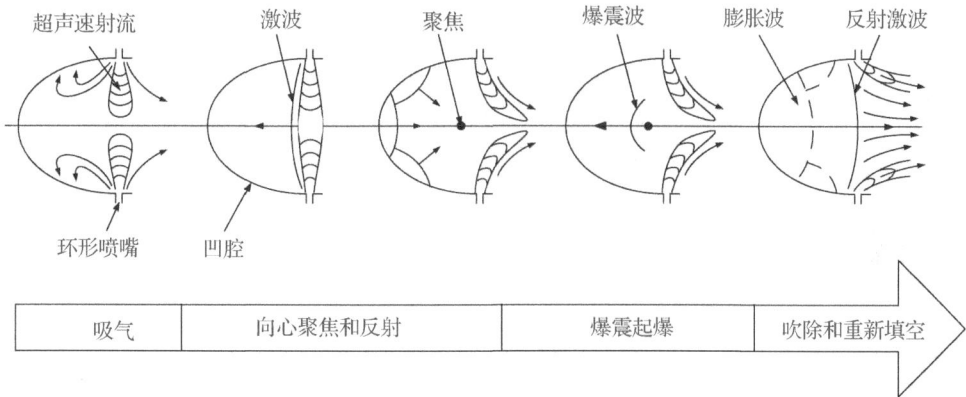

超声速射流　激波　聚焦　爆震波　膨胀波　反射激波

环形喷嘴　凹腔

| 吸气 | 向心聚焦和反射 | 爆震起爆 | 吹除和重新填空 |

图 1-18 激波聚焦脉冲爆震发动机工作过程示意图

2001 年,俄罗斯搭建了激波聚焦脉冲爆震发动机实验装置。通过试验发现,在冷态条件下,谐振室动振荡频率达到 7.65 kHz,而在热态条件下,爆震燃烧过程中释放的热量显著提高了自振荡的频率和幅值,热态频率高达 24~25 kHz。

2013 年,据俄罗斯媒体报道,俄罗斯留里卡设计局试验了一款新型的 2 级 PDE 样机,发动机结构如图 1-19 所示。试验中,发动机的平均推力超过 100 kgf[①],工作时间超过 10 min。与传统喷气发动机相比,其比推力提高了 30%~50%。

图 1-19 俄罗斯设计的 2 级 PDE

---

① 1 kgf=9.8 N。

国内对激波聚焦爆震发动机也进行了探索。2009 年,空军工程大学利用二维激波聚焦实验装置,进行了二元超声速射流对撞诱导激波聚焦的试验,试验装置如图 1 - 20 所示。结果表明,凹面腔内压力脉动的频率随射流入口宽度和入射压力的增大而增大。

图 1 - 20　激波聚焦试验装置示意图

2010 年,空军工程大学设计了如图 1 - 21 所示激波聚焦起爆试验装置,研究了不同射流入射角度、凹面腔出口面积、尾喷管扩张角以及凹面腔与射流入口间距离等对腔内气动振荡频率和压力幅值的影响。研究表明,随着入射角增大,凹面腔出口面积会减小,导致气动振荡频率和压力脉动幅值均增大。而当凹面腔与环形射流入口间距离增大时,气动振荡频率和压力脉动幅值会相应降低。

图 1 - 21　激波聚焦发动机的试验装置

随着技术的不断发展,近几十年来,激波聚焦发动机领域的研究取得一定进步。然而,激波聚焦及其起爆仍然是一个复杂的课题,它涉及多个相互耦合的物理化学过程,如激波之间的相互作用、化学反应、快速能量转换以及爆震起爆等,需要进一步攻克相关关键技术。

可以看出,PDE 和 RDE 技术经过近些年的发展已取得了较大的进展。本章将针对 PDE 中的脉冲爆震涡轮发动机总体性能仿真技术进行介绍,包括脉冲爆震涡轮发动机的基本概念、总体性能仿真研究现状等。

1.2 脉冲爆震涡轮发动机简介

PDTE 是一种采用脉冲爆震循环的动力装置。它利用 PDC 来替代传统涡轮发动机中的等压燃烧室(Constant Pressure Combustor,CPC),包括主燃烧室和加力燃烧室,从而将传统涡轮发动机中的等压循环转化为脉冲爆震循环,能大大提高传统涡轮发动机的性能水平。

由于爆震燃烧过程熵增小,传统涡轮喷气发动机采用脉冲爆震燃烧后,发动机的循环热效率提高,单位推力增大,耗油率降低。另外,爆震燃烧具有自增压特性(爆震波后燃烧产物压力能达到 1.51~5.57 MPa),用 PDC 代替传统发动机的主燃烧室后,在获得相同总增压比条件下,压气机所需压比可大大减小,甚至直接用 PDC 替代传统涡轮发动机的核心机,从而能减轻发动机质量,提高发动机的推重比。

另外,PDTE 的工作马赫数范围更宽($Ma = 0 \sim 4$)。由于涡轮材料存在耐温极限,传统涡轮发动机的涡轮前温度不能太高。但随着马赫数的增加,发动机燃烧室进口的总温升高,在涡轮前温度一定的条件下,燃烧室的加热量就减少,所以在马赫数较高的条件下($Ma \approx 2.5$,部分涡喷发动机通过采用一体化加力燃烧室或在压气机进口喷水等措施可以将马赫数增大到 3 左右),传统涡轮喷气发动机已经无法为飞行器提供有效的推力,导致飞行器工作马赫数范围受限。对于 PDTE 而言,由于 PDC 具有自增压所用,压气机所需的压比较小,在相同飞行条件和涡轮前温度的限制条件下,PDC 进口总温相对要小,所以爆震室的加热量要大。另外,由于压气机压比减小,涡轮需要从燃气中提取的能量也相应减少,更多的爆震燃气能量可以通过尾喷管膨胀后高速排出来产生推力。因此,PDTE 能拓宽传统涡轮发动机的工作马赫数范围。

PDTE 巨大的潜在性能优势使其在军民用动力装置领域有着广泛的应用前景,可作为无人机、超声速远程导弹、直升机、舰船、超声速战斗机、民用客机等飞行器的动力装置,还可以与超燃冲压发动机组合,形成高超声速飞行器用组合动力装置。

根据 PDC 位置的不同可以将 PDTE 大致分为以下 4 种:

(1)带 PDC 加力燃烧室的涡轮喷气/涡扇发动机,即用 PDC 替代传统涡轮喷气发动机的加力燃烧室(见图 1-22)。

(2)带 PDC 主燃烧室的涡轮喷气/涡扇发动机,即用 PDC 替代传统发动机的主燃烧室(见图 1-23)。

(3)带 PDC 主燃烧室的涡轮轴/螺旋桨发动机。在这种结构下,涡轮轴/螺旋桨发动机的主燃烧室被脉冲爆震燃烧室替代,脉冲爆震燃烧产物的能量基本上由涡轮提取并输出轴功率(见图 1-24)。

(4)带 PDC 外涵加力燃烧室的涡扇发动机,即在涡扇发动机的外涵道安装脉冲爆震加力燃烧室(见图 1-25)。

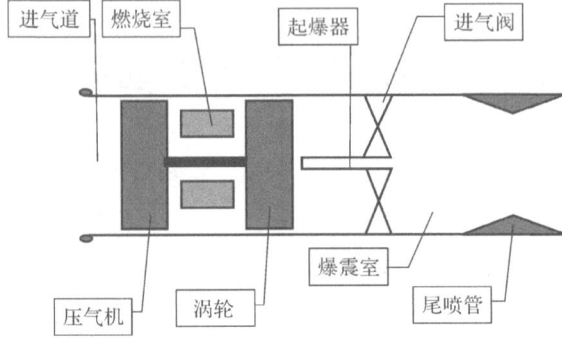

图 1-22　带 PDC 加力燃烧室的涡轮喷气发动机

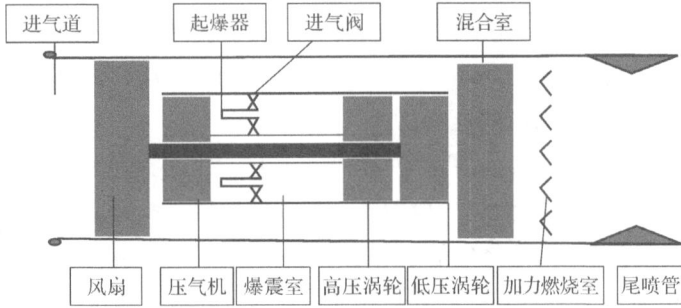

图 1-23　带 PDC 主燃烧室的涡扇发动机

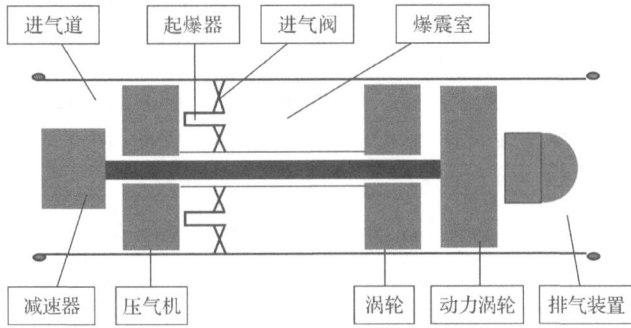

图 1-24　带 PDC 主燃烧室的涡轮轴/螺旋桨发动机

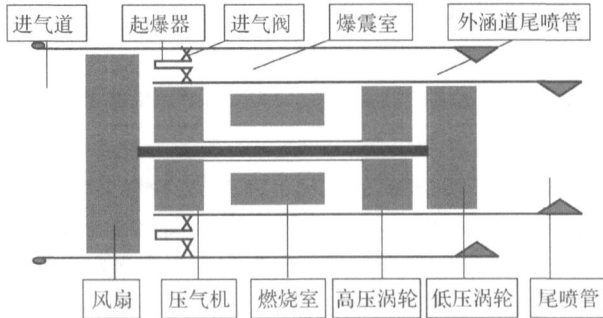

图 1-25　带 PDC 外涵加力燃烧室的涡扇发动机

1.3 脉冲爆震涡轮发动机性能分析方法

PDTE 的性能分析方法对于 PDTE 的研制具有重要意义。但 PDC 的周期性、非定常流动特性导致 PDTE 的性能分析难度较大。尽管如此,研究人员围绕 PDTE 性能分析开展了大量的研究工作,建立了多种性能分析模型来对 PDTE 的性能进行评估。根据爆震室模型的不同,可以将 PDTE 性能分析模型分为零维模型、一维模型以及多维模型 3 种。

1.3.1 零维模型

零维模型大都是基于爆震波的 C‐J(Chapman‐Jouguet)理论,并对 PDC 的非稳态工作过程进行适当简化而得到的一种半解析或解析模型。它主要考虑气动参数、几何参数等对 PDTE 性能的影响,可用于 PDTE 性能的快速评估以及 PDTE 初步的总体性能参数设计。

Heiser 和 Pratt 等将 ZND(Zel'dovich-Von Neumann‐Döring)理论和传统热力循环分析方法相结合,建立了脉冲爆震发动机的理想热力循环分析模型。该模型将理想爆震循环过程分为等熵压缩、爆震燃烧、等熵膨胀和等压放热 4 个热力学过程,其中爆震燃烧过程按照 C‐J 理论进行计算。Wu 等对该理想热力循环模型进行进一步完善,考虑反应物和产物比热比的差异,建立了分段变比热理想爆震循环分析模型。C. Kentfield 也从 ZND 理论出发,对吸气式 PDE 理想热力学性能进行分析。另外,他还基于等容循环(Humphrey 循环)来计算理想 PDE 循环过程的循环功,然后基于理想循环功全部转化为发动机排气动能这一前提,来计算发动机的等效排气速度,最后依据动量定理来获得发动机的单位推力、比冲等性能参数。此外,Wintenberger 等提出了一种替代爆震循环的热力循环模型,即 Fickett‐Jacobs(F‐J)循环,可用于计算给定质量的可爆混合物经过爆震燃烧后能够输出的最大机械功。Hutchins 等则从能量和㶲的角度出发,用等容循环替代爆震循环来计算理想 PDE 的循环热效率。Bellini 等也用㶲分析方法对用于轴功率输出的 PDTE 装置的性能进行了分析。Roux 建立了理想 PDE 性能分析模型来对 PDE 进行参数化研究,研究了压比、来流马赫数对 PDE 单位推力、油气比、热效率、推进效率以及总效率的影响。热力循环分析结果表明,在相同进口条件下,理想爆震循环的循环热效率要略高于理想等容循环,且要远高于理想等压循环(布雷顿循环)。

虽然上述理想热力循环分析模型大部分是针对 R‐PDE 而建立的,但这些模型也可用于 PDTE 理想性能的评估。其区别在于 R‐PDE 的等熵压缩过程由进气道完成,而 PDTE 的等熵压缩过程由进气道和压气机共同完成。对于等熵膨胀过程,R‐PDE 主要在尾喷管中进行,而 PDTE 则是在涡轮和尾喷管两大部件中进行的。

基于理想热力循环的性能分析模型可以很方便地计算得到理想爆震循环的热效率,进而来计算 R‐PDE 或 PDTE 的比冲或推力等性能。但这些模型没有考虑 PDC 的非定常工作过程,只是简单地将脉冲爆震燃烧过程简化为基于 ZND 理论的 C‐J 爆震燃烧过程。因此,这些模型可以认为是爆震室工作频率无穷大的一种极限情况。但在实际工作过程中,PDC 的工作频率都是有限的,这也就意味着通过这些热力循环分析模型获得的只是 R-PDE 或 PDTE 性能的上限。

为了在零维模型中考虑 PDC 的周期性工作特性,必须建立 PDC 周期性工作过程的解析模型。早在 1957 年,Nicholls 等在直管单次爆震试验基础上提出了一种光滑直管单次爆震解析模型,但该模型没有考虑压力松弛过程对推力的贡献。Zitoun 和 Desbordes 等对该模型进行了修正,考虑了压力松弛过程对推力的贡献,并给出了估算单次爆震比冲的半经验关系式。Wintenberger 等则根据爆震波后的自相似解的气体动力学原理来计算推力壁处压力平台区的压力,并结合理论分析与试验数据获得了压力松弛过程对推力的贡献,建立了直光管爆震室单次爆震比冲的半解析关系式。该模型与试验数据吻合较好,预测的比冲性能和试验值误差不超过 15%。此外,他们基于控制体方法,在单次爆震半解析模型的基础上建立了吸气式 PDE 的解析模型,详细考虑了爆震填充、吹熄等过程对发动机性能的影响。该模型可用于对吸气式 PDE 的多循环性能进行分析。B. Hitch 等则建立了带喷管的 PDE 性能解析模型并与试验结果进行了对比验证。该模型将爆震燃烧和排气过程简化为两部分:一部分为等压燃烧,另一部分为等容燃烧。在爆震波传播出去后,他们对这两部分进行了压力平衡计算。

上述单次爆震解析模型中大都包含有一个经验系数,而且不同的模型其经验系数取值不一致,因此预测得到的结果和经验系数的取值密切相关。为了获得不依赖于经验系数的完全解析模型,Endo 等通过不断发展最终建立了光滑直管爆震室完全解析模型。该模型将 PDC 的一个循环过程分为爆震起爆、传播、排气、填充 4 个部分。假设爆震波直接从推力壁处起爆生成后向爆震室出口传播,在爆震波传播到爆震室出口后,会产生一道反射膨胀波,在反射膨胀波达到爆震室推力壁处之前,爆震室内的流动都是简单波区,简单波存在自相似性,可以根据波的自相似性获得流动参数的解析解。在爆震室出口的第一个反射膨胀波达到推力壁后,会在推力壁处产生反射膨胀波,推力壁压力平台区进入压力松弛过程,此时爆震室内的流动是复杂波区,流动参数无法用简单的解析表达式来表达。Endo 等假设推力壁处反射的膨胀波是一个自相似波。也就是说,压力平台区的压力松弛过程是一个自相似过程。基于这一近似,Endo 等建立了一个不依赖经验系数的完全解析模型,并得到了试验的验证。

在上述半解析和完全解析模型基础上,研究人员将其与传统涡轮性能分析方法相结合,建立了 PDTE 性能分析模型,并对 PDTE 的性能进行研究。

Petters 等利用推进系统数值仿真程序(Numerical Propulsion System Simulation,NPSS)对采用 PDC 替代高涵道比涡扇发动机核心机的 PDTE 进行了性能分析。结果发现,用 PDC 替代发动机核心机后,在产生几乎相同推力的前提下发动机的耗油率能降低 11% 左右。对爆震室出口参数采用时间平均的等效出口参数,但他们并没有对爆震室模型进行详细介绍。

Andrus 等同样利用 NPSS 软件对用 PDC 替代高涵道比涡扇发动机主燃烧室的 PDTE 性能进行了分析,其计算模型的结构示意图如图 1-26 所示。模型中假设高压压气机出口空气只有部分进入爆震室参与爆震燃烧,剩余空气沿着爆震室外壁对爆震室管壁进行冷却,同时他们考虑了爆震室工作频率的影响。研究表明,在获得相同推力条件下,发动机耗油率能降低了 8% 左右。

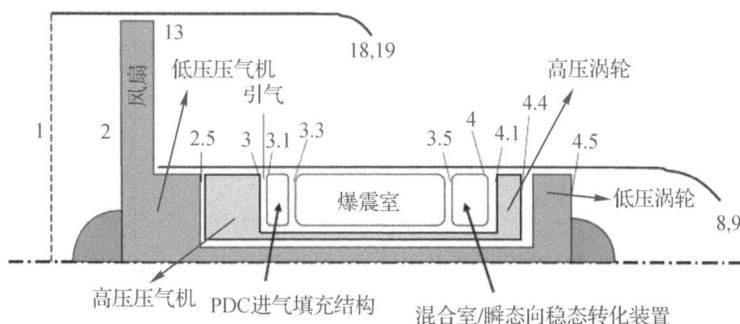

图 1 - 26 Andrus 等采用的脉冲爆震涡扇发动机结构示意图

Kumar 等利用 Endo 等的解析模型对带脉冲爆震外涵加力燃烧室的混合排气涡扇发动机的性能进行了分析。对 PDTE 的性能进行优化后,PDTE 在设计点巡航状态下的推力相对基准涡扇发动机能增加 11.8%。但在 Kumar 等的性能分析中,外涵道爆震室出口的总参数直接利用 PDC 推力壁处压力、温度在一个循环内的平均值来替代,而没有考虑爆震出口的压力、温度和推力壁处的压力、温度两者间的差异。

国内西北工业大学也在这方面开展了大量的研究工作。邓君香等基于 Nicholls、Wintenberger 等的 PDC 模型来计算 PDC 头部推力壁处的压力和温度,然后将该参数作为燃烧室出口参数来对带脉冲爆震主燃烧室的 PDTE 性能进行计算。陈文娟等将 Wintenberger 的单次爆震解析模型及能量守恒分析方法相结合,对几种不同类型的 PDTE 性能进行了分析,研究了在设计点条件下,不同结构的 PDTE 性能随马赫数和飞行高度的变化关系。何龙等也基于 ZND 理论建立了 PDTE 性能分析模型,并对装有脉冲爆震主燃烧室的混合排气涡扇发动机的性能进行了分析。此外,邱华等还提出了一种前置涡轮型脉冲爆震涡轮发动机,并对其性能进行了详细分析。卢杰等基于特征线理论提出了直管 PDC 的等效解析模型,并利用火箭式单管 PDE 和脉冲爆震涡喷发动机的试验数据验证了该模型的准确性。在等效模型的基础上,围绕脉冲爆震涡喷发动机的设计点性能和非设计点性能进行了大量的分析研究。王凌羽等在该模型的基础上进一步深化,基于一个爆震工作周期内涡轮功和压气机功相等的原理,将该模型做了进一步改进,并将该模型与传统涡轮发动机设计点性能模型相结合,对发动机设计点性能和非设计点性能进行了计算和分析。谭汶昊等则以此模型为基础,建立了脉冲爆震涡轮发动机动态性能仿真模型,利用脉冲爆震涡喷发动机原理样机试验数据对该模型的精度进行了验证,并对发动机的动态性能进行了初步分析。

从零维模型的分析结果可以看出,基于理想爆震循环的 PDTE 性能要优于基于等压循环的传统涡轮发动机的性能。在考虑爆震室的周期性工作过程后,PDTE 性能与传统涡轮发动机性能相比仍有优势。但现有的研究中采用的爆震室模型仍存在一定的假设,需要进一步开展更加精细化的建模研究工作。

1.3.2 一维模型

一维模型主要通过求解带化学反应的一维非稳态守恒方程来获得 PDC 在一个循环内详细的流动参数,进而来计算 PDTE 的性能。在 PDE 的研究过程中,一维模型曾广泛用于直管或带喷管的 PDE 性能研究。

NASA 格兰研究中心的 Paxson 等开发了用于求解爆震室内一维非定常守恒方程的代码。该代码采用二阶 Lax - Wendroff 格式对守恒方程进行积分求解,通量项采用 Roe 近似黎曼求解器获得。通过对 PDC 一个循环内的流动参数进行计算分析,Paxson 等发现,爆震室在一个循环内的时间平均总压比(PDC 出口时间平均总压与进口平均总压之比)可以表示为质量平均总焓比的函数(总焓比与 PDC 进口总温、可爆混合物油气比、燃料热值、吹熄因子等因素有关),从而可以利用一个简单的传递函数来对脉冲爆震燃烧室进行建模,大大简化了 PDC 模型。Paxson 利用该传递函数针对带进气道/尾喷管的 R - PDE 以及带 PDC 加力燃烧室的涡轮喷气发动机的性能进行了分析。Paxson 等还利用所开发的一维性能代码对变截面的 PDC 进行了优化设计。此外,他们将一维模型计算得到的一个循环内 PDC 出口参数随时间的变化加载到一个通用涡轮特性图上,以获得在 PDC 冲击下的涡轮非定常涡轮效率和输出功。

通用全球研究中心的 Tangirala 等也开发了 PDC 工作过程的非定常一维数值仿真程序。他们针对两种脉冲爆震基发动机,即 R - PDE 和带 PDC 主燃烧室的涡轮发动机来开展研究。对于带 PDC 主燃烧室的涡轮发动机,他们主要研究了 PDC 的部件特性。他们利用类似 Paxson 等的方法研究了 PDC 进出口时间平均总压比与质量平均总焓比的关系式,发现根据给定进口条件计算得到的 PDC 总压比要低于 Paxson 等的计算结果,而且比热比取值不同对计算得到的总压比有较大影响。随后,Tangirala 等利用三段变比热计算方法对 Paxson 提出的 PDC 传递函数进行了修正,并将修正后的传递函数模型与传统性能分析软件 Gate - Cycle 相结合来对带 PDC 主燃烧室的脉冲爆震涡轮发动机(替换核心机)的推进性能进行了参数化研究,其计算模型示意图如图 1 - 27 所示。结果表明,用 PDC 替换涡扇发动机的核心机后,发动机的热效率要高于基准涡扇发动机。在此基础上,他们还对不同构型的 PDTE 及其组合的热效率及单位功率进行了研究,其中包括在高低压压气机间安装空气中间冷却器的构型(构型Ⅰ)、低压涡轮出口带有再生回热装置的构型(构型Ⅱ)以及高低压涡轮间采用传统涡轮级间燃烧室的构型(构型Ⅲ)。研究表明,构型Ⅰ和构型Ⅱ的组合 PDTE 在所有压比范围内的热效率最高,而构型Ⅰ和构型Ⅲ组合则能输出最大单位功率。

通用全球研究中心的 Ma 等针对 PDTE 用脉冲爆震燃烧室建立了有限循环分析模型。他们详细考虑了进气阀、燃烧室、燃料喷嘴、爆震室出口排气喷嘴以及爆震室内的总压和传热损失。利用此模型,Ma 等对 PDC 性能进行了优化。优化参数包括 PDC 长度、喷管面积比、PDC 工作频率、阀门开启时间、燃料填充时间等。结果表明,优化后的 PDC 最大总增压比与优化前相比提高了 18%。

一维模型能够获得 PDC 多循环工作过程中较为详细的流场参数,可用于 PDTE 的性能评估,但一维模型不能处理复杂几何构型和边界条件。若要获得更为精确的流场参数信息,则必须进行二维/三维数值模拟研究。

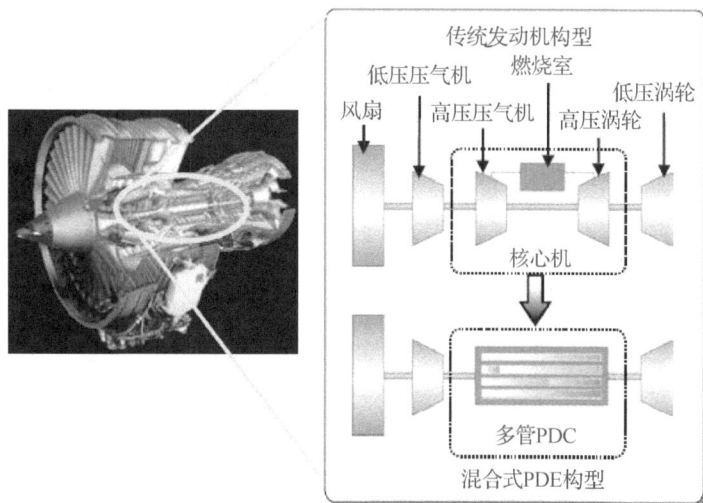

图 1-27　利用 PDC 替代传统涡扇发动机核心机计算模型

1.3.3　多维模型

多维模型就是通过求解控制爆震室流动过程的二维/三维非定常欧拉或 N-S(Navier-Stokes)方程来获得详细的压力、温度等流场参数信息,进而来计算 PDTE 性能的一种数值仿真模型。

Mawid 等利用三维数值模拟对装有 PDC 外涵加力燃烧室的涡扇发动机性能进行了分析。模型中假设涡扇发动机的传统加力燃烧室被脉冲爆震外涵加力燃烧室替代,外涵空气经爆震燃烧后不与内涵燃气掺混而是直接经过外涵喷管排出,其模型示意图如图 1-28 所示。该模型通过对外涵爆震室进行三维数值模拟来获得外涵道爆震室的推力增益,然后将该推力增益加上涡扇发动机内涵推力来计算采用外涵加力后的推力性能。性能分析结果表明,当爆震室工作频率超过 100 Hz 甚至更高时,带 PDC 外涵加力燃烧室的涡扇发动机性能与带传统加力燃烧室的涡扇发动机性能相比有明显提高,发动机推力增加一倍,耗油率降低了一半左右。另外,Mawid 等也指出,涡扇外涵道安装 PDC 后,需要研究 PDC 与风扇的匹配与相互作用等问题,以防止爆震室的压力反传影响风扇的正常工作。

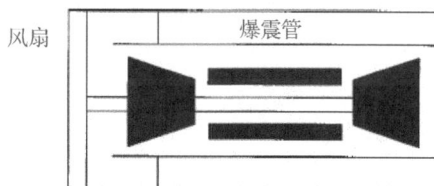

图 1-28　带 PDC 外涵加力燃烧室的涡扇发动机计算模型示意图

此外,他们也用类似的三维数值模拟方法对带 PDC 加力燃烧室的涡扇发动机性能进行了初步的分析,模型示意图如图 1-29 所示。由于计算中没有考虑核心机中进入爆震室的那部分燃气对推力的贡献,也没有考虑喷管对爆震室的增推作用,因此计算得到的加力性能与传统加力性能相比要小。在进一步的研究中,他们对上述模型进行了修正,在爆震室出口安装有简单的扩张喷管,并研究了喷管出口面积与喉道面积之比对带 PDC 加力燃烧室的涡扇发动机性能的影响。结果表明,随着喷管面积比的提高,发动机的性能大大改善。当喷管面积比超过 1.71 时,带 PDC 加力燃烧室的涡扇发动机性能要优于带传统加力燃烧室的涡扇发动机性能。

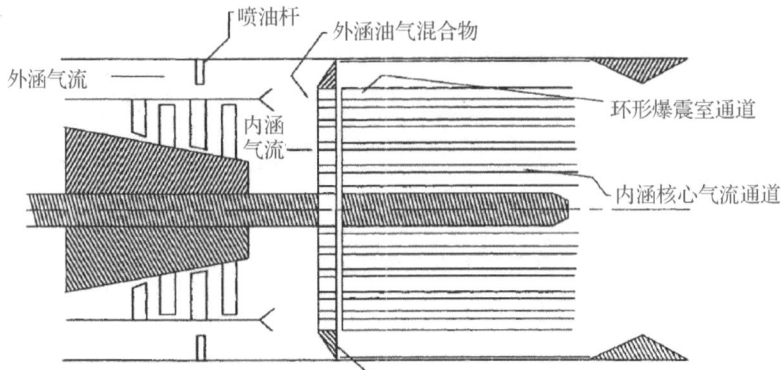

图 1-29　带 PDC 加力燃烧室的涡扇发动机计算模型示意图

多维模型能够通过非常详细的流场参数来对 PDTE 的性能进行精确评估,但多维模型的计算量偏大,可作为 PDTE 内部流动及性能优化的一个工具,不适合于 PDTE 性能的快速评估。

可以看出,国内外围绕脉冲爆震涡轮发动机总体性能分析开展了大量研究工作,提出了多种维度的性能分析模型。但为了快速获得比较准确的 PDTE 性能,实现 PDTE 的性能仿真与总体设计,需要进一步深入开展 PDTE 性能仿真技术研究,建立更加准确高效、精细化的分析模型,具体存在的关键技术问题如下:

(1)考虑 PDC 详细工作过程的精细化燃烧室解析模型。

(2)基于脉冲爆震燃气冲击下的涡轮部件特性。

(3)基于脉冲爆震燃烧室周期性工作过程的高保真动态性能仿真模型。

(4)脉冲爆震涡轮发动机稳态控制规律以及过渡态控制方法。

参 考 文 献

[1]　ANDERSON S, TONOUCHI J, LIDSTONE G, et al. Performance trends for a product scale pulse detonation engine[C]//40th AIAA/ASME/SAE/ASEE Joint Propulsion Conference and Exhibit, July 11-14, 2004, Fort Lauderdale, Florida. Reston, Viriginia: AIAA, 2004: 3402.

[2]　ROY G D, FROLOV S M, BORISOV A A, et al. Pulse detonation propulsion: challenges, current status, and future perspective[J]. Prog Energy Combust Sci, 2004, 30(6): 545 - 672.

[3]　KAILASANATH K. Research on pulse detonation combustion systems: a status report[C]//47th AIAA Aerospace Sciences Meeting including The New Horizons Forum and Aerospace Exposition, January 5-8, 2009, Orlando, Florida. Reston, Virigina: AIAA, 2009: 631.

[4]　RASHEED A, FURMAN A, DEAN A. Experimental investigations of an axial turbine driven by a multi-tube pulsed detonation combustor system [C]//41st AIAA/ASME/SAE/ASEE Joint Propulsion Conference and Exhibit, July 20-23, 2003, Tucson, Arizona. Reston, Virginia: AIAA, 2003: 4209.

[5]　RASHEED A, FURMAN A, DEAN A. Wave attenuation and interactions in a pulsed detonation combustor-turbine hybrid system [C]//44th AIAA Aerospace Sciences Meeting and Exhibit, July 21-23, 2008, Reno, Nevada. Reston, Virigina: AIAA, 2008: 1235.

[6]　RASHEED A, FURMAN T, DEAN A. Wave interactions in a multi-tube pulsed detonation combustor-turbine hybrid system[C]//42nd AIAA/ASME/SAE/ASEE Joint Propulsion Conference & Exhibit, July 9-12, 2006, Sacramento, California. Reston, Virginia: AIAA, 2006: 4447.

[7]　BAPTISTA M, RASHEED A, BADDING B, et al. Mechanical response in a multi-tube pulsed detonation combustor-turbine hybrid system[C]//44th AIAA Aerospace Sciences Meeting and Exhibit, July 21-23, 2008, Hartford, CT. Reston, Virigina: AIAA, 2008: 1234.

[8]　RASHEED A, FURMAN A H, DEAN A J. Pressure measurements and attenuation in a hybrid multitube pulse detonation turbine system[J]. J Propuls Power, 2009, 25 (1): 148 - 161.

[9]　RASHEED A, FURMAN A H, DEAN A J. Experimental investigations of the performance of a multitube pulse detonation turbine system[J]. J Propuls Power, 2011, 27(3): 586 - 596.

[10]　HOFER D, SURESH A, TANGIRALA V. Performance metrics for pulse detonation combustor turbine hybrid systems[C]//47th AIAA Aerospace Sciences Meeting including The New Horizons Forum and Aerospace Exposition, July 31-Augst 3, 2011, Orlando, Florida. Reston, Virigina: AIAA, 2011: 292.

[11]　SURESH A, HOFER D, TANGIRALA V. Turbine efficiency for unsteady periodic flows[C]//47th AIAA Aerospace Sciences Meeting including The New Horizons Forum and Aerospace Exposition, July 31-Augst 3, 2011, Orlando, Florida. Reston, Virginia: AIAA, 2011: 504.

[12]　GLASER A, CALDWELL N, GUTMARK E. Performance measurements of a

pulse detonation combustor array integrated with an axial flow turbine[C]//44th AIAA Aerospace Sciences Meeting and Exhibit, July 21-23, 2008, Reno, Nevada. Reston, Virginia: AIAA, 2006: 1232.

[13] GLASER A, CALDWELL N, GUTMARK E. Performance of an axial flow turbine driven by multiple pulse detonation combustors [C]//45th AIAA Aerospace Sciences Meeting and Exhibit, Augst 2-5, 2009, Reno, Nevada. Reston, Virginia: AIAA, 2009: 1244.

[14] CALDWELL N, BRUNET R, GUTMARK E, et al. Experimental analysis of a hybrid pulse detonation combustor/gas turbine engine[C]//46th AIAA Aerospace Sciences Meeting and Exhibit, January 7-10, 2008, Reno, Nevada. Reston, Virginia: AIAA, 2008: 121.

[15] CALDWELL N, GUTMARK E. Performance analysis of a hybrid pulse detonation combustor/gas turbine system [C]//44th AIAA/ASME/SAE/ASEE Joint Propulsion Conference & Exhibit, July 21-23, 2008, Hartford, CT. Reston, Virginia: AIAA, 2008: 4880.

[16] MUNDAY D, ST GEORGE A, DRISCOLL R, et al. The design and validation of a pulse detonation engine facility with and without axial turbine integration[C]// 51st AIAA Aerospace Sciences Meeting including the New Horizons Forum and Aerospace Exposition, January 7-10, 2013, Grapevine (Dallas/Ft. Worth Region), Texas. Reston, Virigina: AIAA, 2013: 275.

[17] ST GEORGE A, DRISCOLL R, STODDARD W, et al. Experimental investigation of axial turbine performance driven by steady and pulsating flows[C]//51st AIAA Aerospace Sciences Meeting including the New Horizons Forum and Aerospace Exposition, January 7-10, 2013, Grapevine (Dallas/Ft. Worth Region), Texas. Reston, Virginia: AIAA, 2013: 276.

[18] ST GEORGE A, DRISCOLL R, GUTMARK E, et al. Experimental comparison of axial turbine performance under steady and pulsating flows [J]. J Turbomach, 2014, 136(11): 111005.

[19] HABICHT F, YÜCEL F C, REZAY HAGHDOOST M, et al. Acoustic modes in a plenum downstream of a multitube pulse detonation combustor[J]. AIAA J, 2021, 59(11): 4569 - 4580.

[20] HAGHDOOST M R, THETHY B S, EDGINGTON-MITCHELL D, et al. Mitigation of pressure fluctuations from an array of pulse detonation combustors [J]. J Eng Gas Turbines Power, 2021, 143(7): 071011.

[21] BICALHO CIVINELLI DE ALMEIDA V, PEITSCH D. Aeroelastic assessment of a highly loaded high pressure compressor exposed to pressure gain combustion disturbances[J]. J Glob Power Propuls Soc, 2018,15(2):477 - 492.

[22] WERDER T, LIEBICH R, NEUHÄUSER K, et al. Active flow control utilizing

an adaptive blade geometry and an extremum seeking algorithm at periodically transient boundary conditions[J]. J Turbomac, 2021, 143(2):21008.

[23] LU J, ZHENG L X, QIU H, et al. Performance investigation of a pulse detonation turbine engine[J]. Proc Inst Mech Eng Part G J Aerosp Eng, 2016, 230(2): 350 - 359.

[24] 李连波, 陈雄, 周长省, 等. 旋转爆震发动机与涡轮机的集成[J]. 科学技术与工程, 2020, 20(26): 10551 - 10556.

[25] 魏万里, 翁春生, 武郁文, 等. 涡轮导向器对旋转爆轰波传播特性影响的实验研究[J]. 物理学报, 2020, 69(6): 168 - 177.

[26] 秦亚欣. 旋转爆震发动机研制新进展[J]. 航空动力, 2022(3): 16 - 19.

[27] WELSH D J, KING P, SCHAUER F, et al. RDE integration with T63 turboshaft engine components [C]//52nd AIAA Aerospace Sciences Meeting. National Harbor, Maryland. Reston, Virginia: AIAA, 2014: 2014 - 1316.

[28] FROLOV S M, AKSENOV V S, IVANOV V S, et al. Large-scale hydrogen-air continuous detonation combustor[J]. Int J Hydrog Energy, 2015, 40(3): 1616 - 1623.

[29] 鞠美娜, 袁成, 曹军伟. 旋转爆震发动机研究进展综述[J]. 航空科学技术, 2023, 34 (3): 1 - 9.

[30] STEPHEN H, TANGIRALA V. Advances made toward rotating detonation engines[J]. Aerosp AMERICA, 2017, 55(11): 61.

[31] WOLANSKI P. Application of the continuous rotating detonation to gas turbine[J]. Appl Mech Mater, 2015, 782: 3 - 12.

[32] WOLANSKI P, KALINA P, BALICKI W, et al. Development of gasturbine with detonation chamber [M]//Shock Wave and High Pressure Phenomena. Cham: Springer International Publishing, 2017: 23 - 37.

[33] WOLANSKI P, BALICKI W, PERKOWSKI W, et al. Experimental research of liquid-fueled continuously rotating detonation chamber[J]. Shock Waves, 2021, 31 (7): 807 - 812.

[34] DUNLAP R, BREHM R L, NICHOLLS J A. A preliminary study of the application of steady-state detonative combustion to a reaction engine[J]. J Jet Propuls, 1958, 28(7): 451 - 456.

[35] PRATT D T, HUMPHREY J W, GLENN D E. Morphology of standing oblique detonation waves[J]. J Propuls Power, 1991, 7(5): 837 - 845.

[36] VIGUIER C, DA SILVA L F F, DESBORDES D, et al. Onset of oblique detonation waves: comparison between experimental and numerical results for hydrogen-air mixtures[J]. Symp Int Combust, 1996, 26(2): 3023 - 3031.

[37] 林志勇. 高静温超声速预混气爆震起爆与发展过程机理研究[D]. 长沙: 中国人民解放军国防科技大学, 2008.

[38] 林志勇, 周进, 张继业, 等. 预混超声速气流斜激波诱导脱体爆轰研究[J]. 航空动力学报, 2009, 24(1):50 - 54.

[39] 张子健.斜爆轰推进理论、技术及其实验验证[D].北京:中国科学院大学,2020.

[40] 马凯夫,张子健,刘云峰,等.斜爆轰发动机流动机理分析[J].气体物理,2019,4 (3):1-10.

[41] 张子健,韩信,马凯夫,等.斜爆轰发动机燃烧机理试验研究[J].推进技术,2021, 42(4):786-794.

[42] 曾昊,陈鑫,何立明,等.凹面腔内二维激波会聚特性研究[J].空气动力学学报, 2013,31(3):316-320.

[43] 曾昊,何立明,荣康,等.凹面腔内的激波会聚冷态实验[J].航空动力学报,2012, 27(12):2655-2659.

[44] 卢杰.脉冲爆震涡轮发动机关键技术研究[D].西安:西北工业大学,2016.

[45] HEISER W H, PRATT D T. Thermodynamic cycle analysis of pulse detonation engines[J]. J Propuls Power, 2002, 18(1):68-76.

[46] WU Y H, MA F H, YANG V. System performance and thermodynamic cycle analysis of airbreathing pulse detonation engines[J]. J Propuls Power, 2003, 19 (4):556-567.

[47] KENT FIELD J A C. Thermodynamics of airbreathing pulse-detonation engines[J]. J Propuls Power, 2002, 18(6):1170-1175.

[48] KENT FIELD J A C. Fundamentals of idealized airbreathing pulse-detonation engines[J]. J Propuls Power, 2002, 18(1):77-83.

[49] WINTENBERGER E, SHEPHERD J E. Thermodynamic cycle analysis for propagating detonations[J]. J Propuls Power, 2006, 22(3):694-698.

[50] HUTCHINS T E, METGHALCHI M. Energy and exergy analyses of the pulse detonation engine[J]. J Eng Gas Turbines Power, 2003, 125(4):1075-1080.

[51] BELLINI R, LU F K. Exergy analysis of a hybrid pulse detonation power device [J]. J Propuls Power, 2010, 26(4):875-878.

[52] ROUX J A. Parametric cycle analysis of an ideal pulse detonation engine[J]. J Thermophys Heat Transf, 2014, 29(4):671-677.

[53] ZITOUN R, DESBORDES D. Propulsive performances of pulsed detonations[J]. Combust Sci Technol, 1999, 144(1/2/3/4/5/6):93-114.

[54] WINTENBERGER E, AUSTIN J M, COOPER M, et al. Analytical model for the impulse of single-cycle pulse detonation tube[J]. J Propuls Power, 2003, 19(1): 22-38.

[55] RADULESCU M I, HANSON R K. Comment on "analytical model for the impulse of single-cycle pulse detonation tube"[J]. J Propuls Power, 2004, 20(5):956-957.

[56] WINTENBERGER E, COOPER M, PINTGEN F, et al. Reply to comment on "analytical model for the impulse of single cycle pulse detonation tube" by M. I. radulescu and R. K. Hanson[J]. J Propuls Power, 2004, 20(5):957-959.

[57] WINTENBERGER E, SHEPHERD J E. Model for the performance of airbreathing

pulse-detonation engines[J]. J Propuls Power，2006，22(3)：593 - 603.

[58] HITCH B. An analytical model of the pulse detonation engine cycle[C]//40th AIAA Aerospace Sciences Meeting and Exhibit，July 11-14，2004，Fort Lauderdale，Florida. Reston，Virigina：AIAA，2004：2002 - 931.

[59] ENDO T，FUJIWARA T. A simplified analysis on a pulse detonation engine model [J]. Trans Japan Soc Aero S Sci，2002，44(146)：217 - 222.

[60] ENDO T，FUJIWARA T. Analytical estimation of performance parameters of an ideal pulse detonation engine[J]. Trans Japan Soc Aero S Sci，2003，45(150)：249 - 254.

[61] ENDO T，KASAHARA J，MATSUO A，et al. Pressure history at the thrust wall of a simplified pulse detonation engine[J]. AIAA J，2004，42(9)：1921 - 1930.

[62] PETTERS D，FELDER J. Engine system performance of pulse detonation concepts using the NPSS program[C]//38th AIAA/ASME/SAE/ASEE Joint Propulsion Conference and Exhibit，July 7-10，2002，Indianapolis，Indiana. Reston，Virginia：AIAA，2002：3910.

[63] ANDRUS I，KING P. Evaluation of a high bypass turbofan hybrid utilizing a pulsed detonation combustor [C]//43rd AIAA/ASME/SAE/ASEE Joint Propulsion Conference and Exhibit，July 8-11，2007，Cincinnati，OH. Reston，Virginia：AIAA，2007：5074.

[64] ANDRUS I Q. Comparative analysis of a high bypass turbofan using a pulsed detonation combustor[D]. Dayton：Air Force Institute of Technology，2008.

[65] KUMAR S A. Parametric and performance analysis of a hybrid pulse detonution/ Turbofan Engine[D].Arlington：The University of Texus，2011.

[66] 邓君香，严传俊，郑龙席，等. 装有脉冲爆震主燃烧室的燃气涡轮发动机热力性能计算[J]. 西北工业大学学报，2008，26(3)：362 - 367.

[67] CHEN W J，FAN W，QIU H，et al. Thermodynamic performance analysis of turbofan engine with a pulse detonation duct heater[J]. Aerosp Sci Technol，2012，23(1)：206 - 212.

[68] 何龙，郑龙席，邱华，等. 脉冲爆震涡轮发动机性能计算[J]. 推进技术，2012，33 (5)：665 - 670.

[69] 邱华，熊姹，严传俊. 前置涡轮组合脉冲爆震发动机性能分析[J]. 推进技术，2012，33(2)：327 - 332.

[70] QIU H，XIONG C，YAN C J，et al. Propulsive performance of ideal detonation turbine based combined cycle engine[J]. J Eng Gas Turbines Power，2012，134 (8)：081201.

[71] 卢杰，郑龙席，王治武，等. 采用脉冲爆震外涵加力燃烧室的涡扇发动机性能研究[J]. 推进技术，2014，35(6)：858 - 864.

[72] LU J，ZHENG L X，WANG Z W，et al. Thrust measurement method verification and analytical studies on a liquid-fueled pulse detonation engine[J]. Chin J

Aeronaut，2014，27(3)：497 - 504.

[73] 王凌羿，郑龙席，赵玉龙. 脉冲爆震涡轮发动机共同工作特性[J]. 航空动力学报，2019，34(3)：548 - 555.

[74] 王凌羿，郑龙席，贾胜锡. 离心压气机与脉冲爆震燃烧室共同工作分析[J]. 航空动力学报，2020，35(4)：704 - 710.

[75] TAN W H, ZHENG L X, LU J, et al. Analysis of dynamic operating characteristics of a pulse detonation turbine engine[J]. Aerospace，2022，9(10)：550.

[76] CAMBIER J L, ADELMAN H. Preliminary numerical simulations of a pulsed detonation wave engine[C]//24th Joint Propulsion Conference Boston, MA, USA. Reston, Virigina：AIAA，1988：2960.

[77] KAILASANATH K, PATNAIK G, LI C. Computational studies of pulse detonation engines：a status report[C]//35th AIAA/ASME/SAE/ASEE Joint Propulsion Conference and Exhibit，July 20，1999，Los Angeles，CA，USA. Reston, Virigina：AIAA，1999：2634.

[78] KAILASANATH K, PATNAIK G. Performance estimates of pulsed detonation engines[J]. Proc Combust Inst，2000，28(1)：595 - 601.

[79] FONG K, NALIM M. Gas dynamic limits and optimization of pulsed detonation static thrust[C]//36th AIAA/ASME/SAE/ASEE Joint Propulsion Conference and Exhibit，July 17-19，2000，Las Vegas，NV，USA. Reston, Virigina：AIAA，2000：3471.

[80] KAILASANATH K, PATNAIK G, LI C. The flowfield and performance of pulse detonation engines[J]. Proc Combust Inst，2002，29(2)：2855 - 2862.

[81] WU Y H, MA F H, YANG V. System performance and thermodynamic cycle analysis of airbreathing pulse detonation engines[J]. J Propuls Power，2003，19(4)：556 - 567.

[82] RADULESCU M I, HANSON R K. Effect of heat loss on pulse-detonation-engine flow fields and performance[J]. J Propuls Power，2005，21(2)：274 - 285.

[83] MAWID M. Development of transient pulse detonation engine cycle analysis and performance prediction (PDE-CAPP) code[C]//44th AIAA/ASME/SAE/ASEE Joint Propulsion Conference and Exhibit，July 21-23，2008，Hartford，CT. Reston, Virginia：AIAA，2008：4882.

[84] NALIM M R, PAXSON D E. A numerical investigation of premixed combustion in wave rotors[J]. J Eng Gas Turbines Power，1997，119(3)：668 - 675.

[85] PAXSON D E. Numerical simulation of dynamic wave rotor performance[J]. J Propuls Power，1996，12(5)：949 - 957.

[86] PAXSON D. A performance map for ideal air breathing pulse detonation engines[C]//37th AIAA/ASME/SAE/ASEE Joint Propulsion Conference and Exhibit，July 8-11，2001，Salt Lake City，UT. Reston, Virginia：AIAA，2001：3465.

[87]　PAXSON D E. Performance evaluation method for ideal airbreathing pulse detonation engines[J]. J Propuls Power, 2004, 20(5): 945 - 950.

[88]　PAXSON D. Optimal area profiles for ideal single nozzle air-breathing pulse detonation engines [C]//39th AIAA/ASME/SAE/ASEE Joint Propulsion Conference and Exhibit, July 20-23, 2003, Huntsville, Alabama. Reston, Virginia: AIAA, 2003: 4512.

[89]　TANGIRALA V, MURROW K, FAKUNLE O, et al. Thermodynamic and unsteady flow considerations in performance estimation for pulse detonation application[C]//43rd AIAA Aerospace Sciences Meeting and Exhibit. Reno, Nevada. Reston, Virigina: AIAA, 2005: 2005 - 226.

[90]　GOLDMEER J, TANGIRALA V, DEAN A. Systems-level performance estimation of a pulse detonation based hybrid engine[C]//ASME Turbo Expo 2006: Power for Land, Sea, and Air, May 8-11, 2006, Barcelona, Spain, 2008: 161 - 171.

[91]　TANGIRALA V E, RASHEED A, DEAN A J. Performance of a pulse detonation combustor-based hybrid engine[C]//ASME Turbo Expo 2007: Power for Land, Sea, and Air, May 14-17, 2007, Montreal, Canada, 2009: 403 - 414.

[92]　GOLDMEER J, TANGIRALA V, DEAN A. System-level performance estimation of a pulse detonation based hybrid engine[J]. J Eng Gas Turbines Power, 2008, 130(1): 011201.

[93]　TANGIRALA V E, JOSHI N D. Systems level performance estimations for a pulse detonation combustor based hybrid engine[C]//ASME Turbo Expo 2008: Power for Land, Sea, and Air, June 9-13, 2008, Berlin, Germany, 2009: 843 - 861.

[94]　MA F H, LAVERTU T, TANGIRALA V. Limit cycle investigations of pulse detonation combustor for pulse detonation turbine engine[C]//46th AIAA/ASME/SAE/ASEE Joint Propulsion Conference and Exhibit, July 25-28, 2010, Nashville, TN. Reston, Virginia: AIAA, 2010: 6714.

[95]　LAVERTU T, MA F H, TANGIRALA V. Estimation of PDE performance using a pulsed limit cycle unsteady combustion calculation[C]//46th AIAA/ASME/SAE/ASEE Joint Propulsion Conference and Exhibit, July 25-28, 2010, Nashville, TN. Reston, Virginia: AIAA, 2010: 6715.

[96]　MAWID M, PARK T, SEKAR B. Performance analysis of a pulse detonation device as an afterburner[C]//36th AIAA/ASME/SAE/ASEE Joint Propulsion Conference and Exhibit, July 17-19, 2000, Las Vegas, NV, USA. Reston, Virigina: AIAA, 2000: 3474.

[97]　MAWID M A, PARK T W, SEKAR B, et al. Application of pulse detonation combustion to turbofan engines[J]. J Eng Gas Turbines Power, 2003, 125(1): 270 - 283.

[98]　MAWID M, PARK T. Towards replacement of turbofan engines afterburners with

pulse detonation devices[C]//37th AIAA/ASME/SAE/ASEE Joint Propulsion Conference and Exhibit，July 8-11，2001，Salt Lake City，UT. Reston，Virginia：AIAA，2001：3470.

[99] MAWID M，PARK T，SEKAR B，et al. Turbofan engine thrust augmentation with pulse detonation afterburners[C]//38th AIAA/ASME/SAE/ASEE Joint Propulsion Conference and Exhibit，July 7-10，2002，Indianapolis，Indiana. Reston，Virginia：AIAA，2002：4073.

第2章　理想热力循环过程及性能分析

2.1　引　　言

脉冲爆震涡轮发动机的理想热力循环过程及其性能分析对发动机的研制具有重要的指导意义。通过理想热力循环性能分析可以获得发动机性能上限,同时为发动机循环参数的选择、发动机的总体设计和优化提供理论指导。因此,有必要对脉冲爆震涡轮发动机的理想热力循环性能进行分析与评估。

国外 Heiser 和 Pratt 结合 ZND 模型与传统热力循环分析方法,对爆震循环进行了热力学分析,并比较了在理想循环和实际循环两种工况下其与 Brayton(布雷顿)循环、Humphrey 循环的性能差异。Wintenberger 和 Shepherd 基于 Fickett‐Jacobs 循环建立了理想爆震循环分析模型,该模型可计算爆震燃烧产物能输出的最大机械功。Talley 和 Coy 提出了用等容循环模型来分析爆震循环性能。该模型将单次爆震循环过程分为等压填充、等容燃烧、等容排气和等压排气 4 个过程。该模型假设爆震室内的流动过程参数随时间变化但空间分布均匀,喷管流动近似为一维准稳态,排气过程为等熵排气过程。

本章首先分析脉冲爆震涡轮发动机的理想爆震循环过程;其次介绍上述几种典型的热力循环性能分析方法,并对脉冲爆震涡轮发动机理想循环性能进行计算,分析不同循环参数下脉冲爆震涡轮发动机的理想性能;最后结合 PDC 的周期性工作特点,介绍一种非稳态热力循环分析方法。

2.2　理想爆震循环过程

图 2-1 给出了理想爆震循环和理想等压循环(布雷顿循环)的 p-v 图和 T-S 图的对比,其中理想爆震循环的热力循环过程如下:0～3 为进气道/压气机等熵压缩过程,3～4 为爆震燃烧过程,4～10 为涡轮/尾喷管等熵膨胀过程,10～0 为燃气在外界环境中的一个等压放热过程。而理想等压循环与理想爆震循环的唯一区别在于其加热过程为等压加热过程。

根据爆震波的 C‐J 理论,爆震燃烧过程的熵增最小(小于等压燃烧过程的熵增),而从自由来流到燃烧室进口截面均为等熵压缩过程(0～3),因此在 T-S 图上,理想爆震循环在燃烧室出口截面 4 处的熵值要小于理想等压循环 4' 处的熵值,燃气在涡轮/尾喷管等部件中经历等熵膨胀后（4～10 和 4′～10′），截面 10 处的熵值仍小于 10′处的熵值，如图 2-1 所示。因此，理想爆震循环在外界环境中的等压放热过程（10～0）的放热量要小于理想等压循环等压放热过程（10′～0）中的放热量（等压放热过程的放热量为 T-S 图上等压放热曲线 10～0 和 10′～0 向熵坐标投影所围成的面积）。当循环过程中的加热量相同时，理想爆震循环过程的吸热量要比理想等压循环的吸热量大，即循环功大，循环的热效率高。

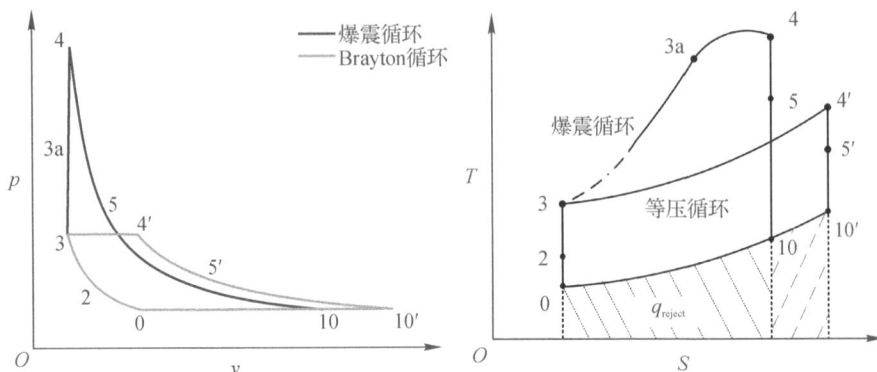

图 2-1　理想爆震循环过程 p-v 图和 T-S 图

2.3　理想热力循环性能分析

2.2 节介绍了理想爆震循环过程及其 p-v 图和 T-S 图，下面将从爆震燃烧的 ZND 理论出发，开展理想爆震循环的性能分析方法，并介绍两种近似的理想爆震循环分析方法。

2.3.1　基于 ZND 理论的理想爆震循环及其性能分析

根据理想热力循环过程可以对两种循环的理想性能进行定量计算。理想循环的热效率定义为理想循环功与加热量的比值，即

$$\eta_{th} = L_{id}/q_{add} = 1 - q_{reject}/q_{add} \tag{2-1}$$

式中：η_{th}——循环热效率；

$\quad\ L_{id}$——理想循环功；

$\quad\ q_{add}$——循环过程加热量；

$\quad\ q_{reject}$——循环过程放热量。

根据爆震波的 C-J 理论，可推导得到理想爆震循环过程的循环功及循环热效率：

$$L_{id,PDTE} = C_p T_0 \left\{ \tilde{q} - \left[\frac{\gamma_1-1}{\gamma_2-1} \left(\frac{\gamma_2}{\gamma_1}\right)^2 \frac{1}{Ma_{CJ}{}^2} \left(\frac{1+\gamma_1 Ma_{CJ}{}^2}{1+\gamma_2}\right)^{(\gamma_2+1)/\gamma_2} \times \psi^{1-[(\gamma_2-1)/(\gamma_1-1)](\gamma_1/\gamma_2)} - 1 \right] \right\} \tag{2-2}$$

$$\eta_{th,PDTE} = 1 - \left\{ \left[\frac{\gamma_1-1}{\gamma_2-1} \left(\frac{\gamma_2}{\gamma_1}\right)^2 \frac{1}{Ma_{CJ}{}^2} \left(\frac{1+\gamma_1 Ma_{CJ}{}^2}{1+\gamma_2}\right)^{(\gamma_2+1)/\gamma_2} \times \psi^{1-[(\gamma_2-1)/(\gamma_1-1)](\gamma_1/\gamma_2)} - 1 \right] \middle/ \tilde{q} \right\} \tag{2-3}$$

式中：C_p——空气定压比热容；

　　T_0——来流温度；

　　$\tilde{q}$——无量纲的加热量，$\tilde{q} = q_{\text{add}}/(C_p T_0)$；

　　γ_1——反应物比热比；

　　γ_2——产物比热比；

　　ψ——3 截面与 0 截面处的温比，$\psi = T_3/T_0$；

Ma_{CJ}——爆震波马赫数。

爆震波马赫数 Ma_{CJ} 的计算公式如下：

$$Ma_{\text{CJ}}{}^2 = \left(\frac{\gamma_2{}^2 - \gamma_1}{\gamma_1{}^2 - \gamma_1} + \frac{\gamma_2{}^2 - 1}{\gamma_1 - 1} \frac{\tilde{q}}{\psi} \right) + \sqrt{\left(\frac{\gamma_2{}^2 - \gamma_1}{\gamma_1{}^2 - \gamma_1} + \frac{\gamma_2{}^2 - 1}{\gamma_1 - 1} \frac{\tilde{q}}{\psi} \right)^2 - \left(\frac{\gamma_2}{\gamma_1} \right)^2} \qquad (2-4)$$

从式(2-2)～式(2-4)可以看出，当反应物产物比热比一定时，理想爆震循环的循环功和热效率仅为温度比 ψ、无量纲加热量 $\tilde{q}$ 的函数关系。

定义循环过程的总增压比和总的加热比分别如下：

$$\pi = p_3/p_0 \qquad (2-5)$$

$$\delta = T_4/T_0 \qquad (2-6)$$

式中：π——循环过程增压比；

　　p_3——3 截面压力；

　　p_0——0 截面压力；

　　δ——循环过程加热比；

　　T_4——4 截面温度。

根据等熵关系式及式(2-5)和式(2-6)，可以将无量纲加热量表示为循环过程增压比和总加热比的函数：

$$\tilde{q} = q_{\text{add}}/(C_p T_0) = (C_{pg} T_4 - C_p T_3)/(C_p T_0) = C_{pg}/(C_p \delta) - \pi^{(\gamma_1-1)/\gamma_1} \qquad (2-7)$$

式中：C_{pg}——燃气定压比热容。

而温度比 ψ 可以表示为

$$\psi = (p_3/p_0)^{(\gamma_1-1)/\gamma_1} = \pi^{(\gamma_1-1)/\gamma_1} \qquad (2-8)$$

这样，温度比 ψ、无量纲加热量 $\tilde{q}$ 均可以表示为循环过程增压比以及加热比的函数关系。因此，脉冲爆震涡轮发动机的理想循环功和热效率可以表示为加热比和增压比的函数关系。

类似地，可以得到传统涡轮发动机理想等压循环过程的循环功和循环热效率与温度比 ψ、无量纲加热量 $\tilde{q}$ 的函数关系：

$$L_{\text{id,Brayton}} = C_p T_0 \left(\tilde{q} - \left\{ (\tilde{q}/\psi + 1) \psi^{1-[(\gamma_2-1)/(\gamma_1-1)](\gamma_1/\gamma_2)} - 1 \right\} \right) \qquad (2-9)$$

$$\eta_{\text{th,Brayton}} = 1 - \left(\left\{ (\tilde{q}/\psi + 1) \psi^{1-[(\gamma_2-1)/(\gamma_1-1)](\gamma_1/\gamma_2)} - 1 \right\}/\tilde{q} \right) \qquad (2-10)$$

同样，利用式(2-7)和式(2-8)，可以将理想等压循环的循环功和循环热效率表示为加热比和增压比的函数关系。

根据以上关系式，可以获得两种理想循环的循环功和热效率随循环过程增压比、加热比的变化关系。图 2-2 和图 2-3 分别给出了不同的加热比下，两种循环的理想循环功和热效率随增压比的变化曲线,其中反应物和产物比热比分别为 $\gamma_1 = 1.4$、$\gamma_2 = 1.33$。从图中可以看出,两种循环的循环功和热效率的变化趋势是一致的,但存在如下差异:

(1)在相同增压比和加热比条件下,理想爆震循环的循环功和热效率均高于理想等压循环的值。增压比一定时,加热比越大,两种循环的循环功和热效率差距越大,脉冲爆震涡轮发动机的性能优势更明显。

(2)当加热比一定时,存在最佳增压比使得两种循环的循环功达到最大值。加热比越大,理想循环的循环功达到最大值所对应的最佳增压比也越大。但是由于爆震燃烧过程具有自增压作用,理想爆震循环对应的最佳增压比要小于理想等压循环的最佳增压比。因此,脉冲爆震涡轮发动机可以采用更低的设计压比来达到和传统涡轮发动机相同的性能,从而减小发动机质量。

(3)当加热比较小($\delta = 3$)时,存在最经济增压比,使两种循环的循环热效率达到最大值,这和传统涡轮发动机的实际循环过程中热效率的变化趋势是一致的。

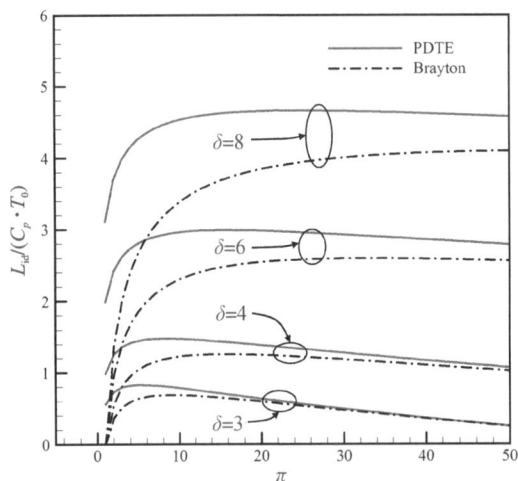

图 2-2 不同加热比下循环功随增压比的变图　　2-3 不同加热比下热效率随增压比的变化

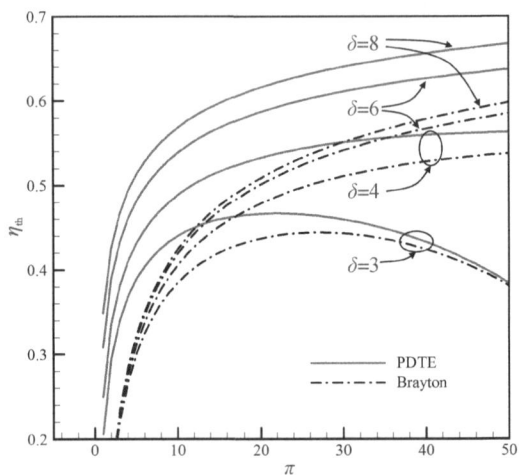

根据理想热力循环热效率,可以用如下公式计算基于理想循环的发动机性能参数,如单位推力、单位燃油消耗率等:

$$F_s = \sqrt{V_0{}^2 + 2\eta_{th} q_{add}} - v_0 \tag{2-11}$$

$$sfc = 3\,600 FAR / (\sqrt{v_0{}^2 + 2\eta_{th} q_{add}} - v_0) \tag{2-12}$$

式中:F_s——单位推力;

v_0——来流速度;

sfc——单位燃油消耗率;

FAR——油气比。

图 2-4 和图 2-5 分别给出了不同加热比下,基于理想循环的脉冲爆震涡轮发动机和传统涡轮发动机的单位推力和单位燃油消耗率随压比的变化曲线。其中,计算条件为标准海平面大气环境,$v_0 = 0$ m/s,FAR $= 0.064\,7$。

从图 2-4 中可以看出,在相同增压比和加热比条件下,脉冲爆震涡轮发动机的单位推力要大于传统涡轮发动机的值,这是由于相同进口条件下脉冲爆震涡轮发动机的理想循环功较高。单位推力随增压比的变化规律与理想循环功的变化规律类似,即当加热比一定时,存在最佳增压比使得两种发动机的单位推力达到最大值,而且脉冲爆震涡轮发动机单位推力达到最大值所对应的最佳增压比要小于传统涡轮发动机的最佳增压比。

从图 2-5 中可以看到,当加热比和增压比相同时,脉冲爆震涡轮发动机的单位燃油消耗率要低于传统涡轮发动机的值。当加热比一定时,存在最经济的增压比,使得两种发动机的耗油率最小,且脉冲爆震涡轮发动机所对应的最经济增压比要小于传统涡轮发动机的最经济增压比。另外,两种发动机的最经济增压比均随着加热比的增加而增大。

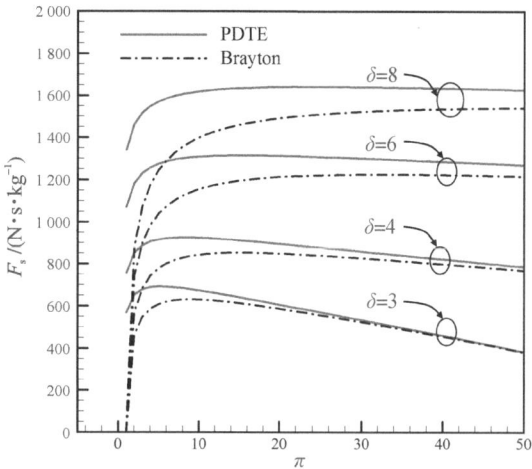

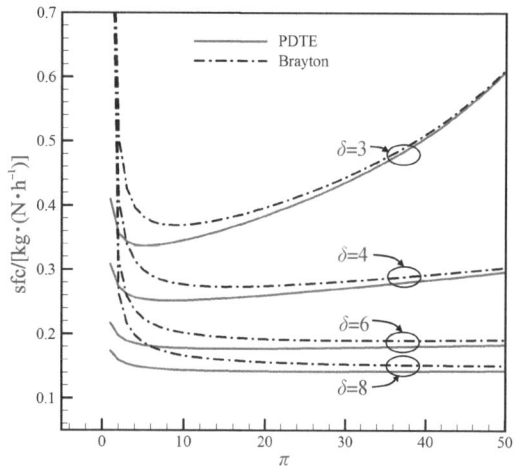

图 2-4　不同加热比下单位推力随增压比的变化　　图 2-5　不同加热比下耗油率随增压比的变化

2.3.2　Fickett-Jacobs 热力循环模型

除了基于 ZND 理论的理想爆震循环模型,国外还提出了基于 Fickett-Jacobs(F-J)循环的近似等效模型。该模型是一个假想的热力循环过程,可用于计算给定质量和体积的混合物爆震燃烧后能够输出的最大机械功。图 2-6 给出了 F-J 循环的示意图。该循环假设一个绝热的气缸内发生的热力学过程,化学反应始终发生在左部的活塞 A 与右侧活塞 B 中间的区域。活塞、缸体以及活塞中的气体整体为一个闭口系统。

整个热力循环过程如下:初始时刻,活塞缸内有预混的新鲜可爆混合物,初始压力、温度分别为 p_1、T_1(初始状态 1)。循环开始时,外部做功使左部的活塞 A 以 u_p 的速度向右移动,同时在左侧活塞内表面瞬间产生爆震波并以 u_{CJ} 的速度向右传播[见图 2-6(a)]。而爆震产物则以均匀的状态跟随着爆震波传播。当爆震波到达右侧活塞时,右侧活塞立即加速至 u_p,并与左侧活塞共同向右运动[见图 2-6(b)]。此时整个热力系统热力学状态记为状态 2。接下来,假设将整个热力系统的机械运动转化为对外输出功[见图 2-6(c)],同时活塞停止运动,爆震产物达到状态 3。然后,整个爆震燃烧产物绝热膨胀达到状态 4[见图 2-6(d)]。最后,高温燃烧产物被冷却至初始温度[见图 2-6(e)],活塞缸内的燃烧产物被替换成反应物,整个热力系统恢复到初始状态 1[见图 2-6(f)]。

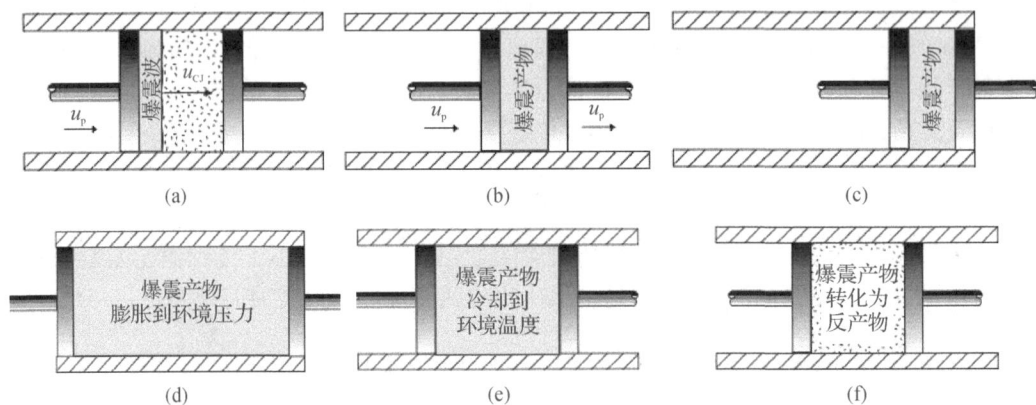

图 2-6 F-J 循环示意图

当整个热力系统从状态 1 到状态 2 时,整个闭口系统对外做的功为

$$W_{12} = -p_2 u_p (t_2 - t_1) A \tag{2-13}$$

式中:负号——外界对热力系统做功。

而左侧活塞 A 上的力为 p_2,运动速度为 u_p,作用时间为 $t_2 - t_1 = L/u_{CJ}$,活塞内的质量流量为 $\rho_1 LA$,则闭口系统对外做单位质量流量输出的功为

$$w_{12} = -\frac{p_2 u_p}{\rho_1 u_{CJ}} \tag{2-14}$$

热力系统从状态 2 到状态 3 时,整个闭口系统所产生的输出功为活塞机械运动带来的动能,故单位输出功为

$$w_{23} = \frac{u_p^2}{2} \tag{2-15}$$

状态 3 到状态 4 时,闭口系统输出功为爆震产物等熵膨胀所做的功,单位输出功为

$$w_{34} = \int_3^4 p\,dv \tag{2-16}$$

状态 4 到状态 1 时,闭口系统内为等压过程,单位输出功为

$$w_{41} = p_1 (v_1 - v_4) \tag{2-17}$$

整个循环的净功 w_{net} 为

$$w_{net} = w_{12} + w_{23} + w_{34} + w_{41} \tag{2-18}$$

整个循环的净功 w_{net} 即为 F-J 循环过程中能对外输出的最大机械功。F-J 循环的热效率定义为循环输出功与燃料完全燃烧时所释放热量 q_c 的比值:

$$\eta_{th} = \frac{w_{net}}{q_c} \tag{2-19}$$

2.3.3 等容循环分析模型分析

由于爆震波的传播速度非常快($Ma = 5\sim10$),燃烧产物来不及膨胀,所以爆震燃烧过程也可以近似认为是等容燃烧过程,可以用等容循环模型来近似替代爆震循环模型,分析其循

环性能。该模型假设：

（1）燃烧室内气动热力参数随着时间变化，在空间上均匀分布；

（2）喷管流动被近似认为是一维准定常流。

基于此，Talley 和 Coy 等提出了如图 2-7 所示的等容循环模型，包括等压填充过程、等容燃烧过程、等容排气过程和等压排气过程。

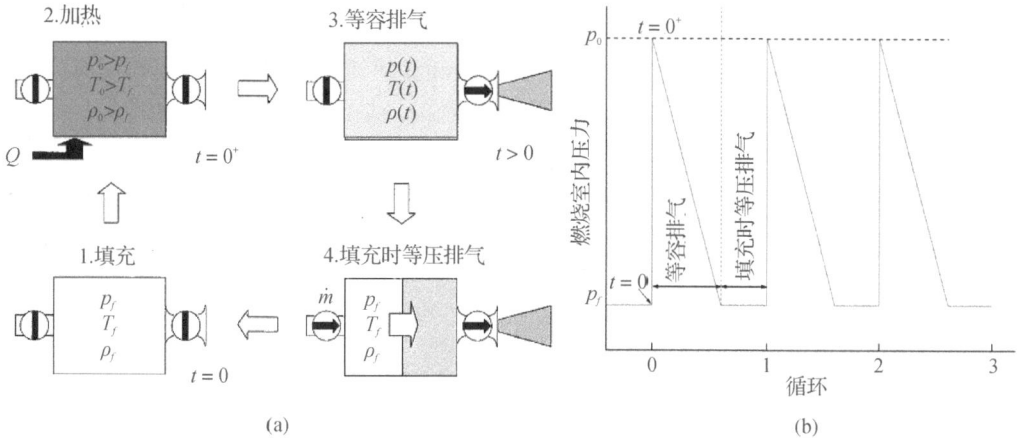

图 2-7　等容循环模型工作过程

（a）工作过程示意图；　（b）燃烧室内压力变化

1. 等压填充过程

此时进气阀打开，等压填充可燃气体，填充压力和温度分别为 p_f 和 T_f，对于脉冲爆震涡轮发动机，填充状态对应于压气机后状态。当 $t = 0$ 时，填充过程结束，关闭进气阀，此时燃烧室内的压力、温度和密度分别为 p_f、T_f 和 ρ_f。在填充过程结束后，燃烧过程立刻开始。

2. 等容燃烧过程

此时燃烧室进出口阀门关闭，可以利用等容放热计算燃烧后状态 (p_0, T_0)，即

$$T_0 = \frac{C_{Vf} T_f + q_{supp}}{C_{Vb}} \qquad (2-20)$$

式中：q_{supp}——放热量；

C_{Vf} 和 C_{Vb}——燃烧前、后定容比热；

T_f 和 T_0——燃烧前、后温度，进一步基于气体状态方程可得到燃烧后压力 p_0。

基于燃烧前气体状态，也可以利用化学平衡法确定燃烧后状态参数。

3. 等容排气过程

此时燃烧室进口阀门仍关闭，出口阀门打开，基于控制体流量及能量守恒，可得燃烧室内气体状态满足如下常微分方程：

$$\frac{d\rho}{dt} = -m_e / V \qquad (2-21)$$

式中：V——燃烧室体积；

m_e——燃烧室出口瞬时流量。

随着排气过程的进行,当燃烧室内压力 p 等于填充压力 p_f 时,等容排气过程结束,因此对式(2-21)在压力变化区间$[p_0,p_f]$进行积分可获得排气过程中燃烧室内气体状态的变化及等容排气时间。

4.填充时等压排气过程

此时燃烧室进口阀门打开,填充的新鲜混合物与残留燃烧产物存在间断面,间断面两侧压力都为 p_f,新鲜混合物温度和密度为填充温度 T_f 和密度 ρ_f;燃烧产物的气体状态保持在等容排气过程终了时状态,基于残留产物质量及产物排出流量可以确定等压填充时间。

当假设气流在喷管内的流动是一维准定常过程时,基于燃烧室内瞬时压力 $p(t)$、温度 $T(t)$ 及传统稳态喷管计算方法可以计算出喷管出口气流状态参数及瞬时流量 m_e,进而采用数值方法可以求解方程(2-21)。另外,当燃烧室压力 $p(t)$ 降低到填充压力时喷管内无激波,就能保证整个排气过程中喷管内不出现激波,此时方程(2-21)是可解析的,可应用解析公式直接求解。

2.4 非定常热力循环分析模型

基于 ZND 理论的理想爆震循环模型没有考虑 PDC 的周期性工作特性,假设 PDC 的工作频率为无穷大,而实际 PDC 工作频率一般低于 100 Hz。因此,该模型只能获得脉冲爆震涡轮发动机的性能上限。若能在理想脉冲爆震循环模型中,考虑 PDC 出口状态参数随时间的变化,建立非稳态的热力循环分析模型,则能更真实地反映出脉冲爆震涡轮发动机的热力循环性能。

本节以单轴脉冲爆震涡喷发动机为例,介绍一种非稳态热力循环分析方法。该发动机的截面符号如图 2-8 所示。整个非稳态热力循环分析模型同稳态理想模型的区别在于考虑了燃烧加热过程以及膨胀过程周期性非稳态特性。进气道和压气机的压缩过程仍然假设为稳态等熵压缩过程,而涡轮、尾喷管内的非稳态膨胀过程假设为非稳态等熵膨胀过程。

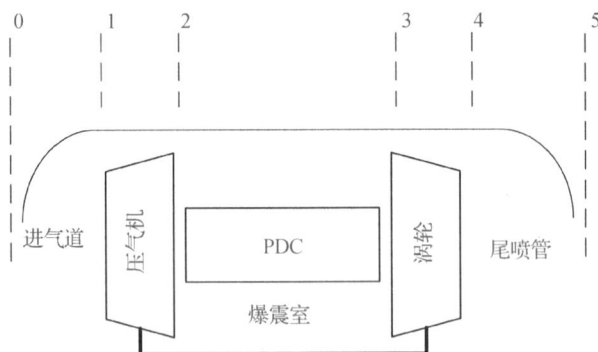

图 2-8 单轴脉冲爆震涡喷结构示意图及截面符号

对于脉冲爆震涡轮发动机中的 PDC 加热过程,可以将 PDC 假设为一端封闭、一端敞开的直光圆管,将里面填充满可燃混合物后,假设爆震波从封闭端直接起爆后传播至出口端,从而完成整个加热过程。随后,直管内的高温高压燃烧产物会在涡轮和尾喷管等部件中膨胀做功。Endo 等基于特征线方法建立了直光管 PDC 的解析模型,获得了直光管内爆震燃烧产物参数的时空分布特性。图 2-9 给出了根据该模型获得的单次循环爆震室出口参数随时间的变化。图中 t_{char} 表示特征排气阶段,$t_{fill,ht}$ 表示高温填充阶段,$t_{fill,dt}$ 表示降温填充阶段,$t_{fill,lt}$ 表示低温填充阶段。填充过程在特征排气阶段结束后已经开始进行,由 PDC 头部持续注入新鲜空气,而此处区分各种填充阶段的标准是 PDC 出口温度。高温填充阶段代表残留在 PDC 内部的高温气体被排出,而由于新鲜填充气体速度只有每秒数十米,故 PDC 出口出现一个相对较长的温度平台区域;后续 PDC 出口温度下降,一直下降至填充气体的温度,这一阶段为降温填充阶段;保持填充气体温度的填充阶段被称为冷气填充阶段。

为了分析非稳态的热力循环过程,需要给出各个特征点的参数随时间的变化。对于等熵压缩过程,可以假设压缩过程不受后面 PDC 非稳态参数变化的影响,状态 2 参数不变。因此,重点在于确定状态 3 和状态 5 不同时刻参数的变化。为了分析方便,后文以压缩部件压比为 2 来开展非稳态热力循环参数计算和分析。PDC 出口参数采用质量加权平均的方法得到。循环过程中各特征点参数见表 2-1,其中 $p_3(t)$、$T_3(t)$ 分别为爆震室出口压力和温度随时间的变化,而最后喷管出口压力和温度变化 $p_5(t)$、$T_5(t)$ 则可由爆震室出口参数及等熵关系式计算得到。表 2-1 中还给出了布雷顿循环参数以做对比。

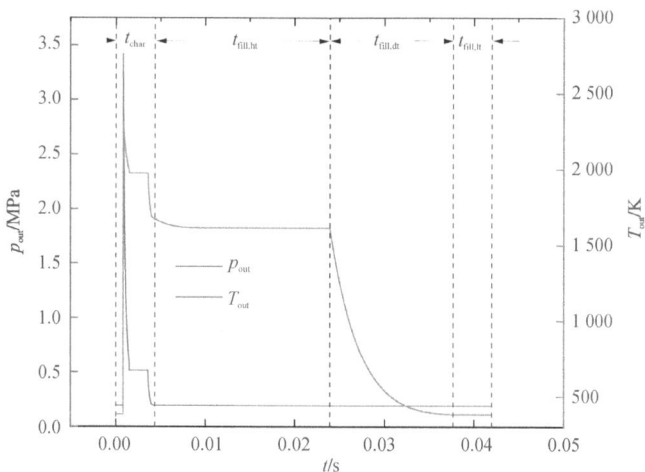

图 2-9　爆震室出口压力、温度随时间的变化

表 2-1　两种循环的特征点参数

参数	布雷顿循环		爆震循环	
	p/atm①	T/K	p/atm	T/K
状态 0	1	288.15	1	288.15
状态 2	2	336.5	2	336.5
状态 3	2	1 733.4	$p_3(t)$	$T_3(t)$
状态 5	1	1 435.6	$p_5(t)$	$T_5(t)$

①　1 atm＝$1.01×10^5$ Pa。

为了便于分析,需要将整个非稳态热力循环过程进行时间离散化,而每个微元时间段内 PDC 出口参数都是采用质量加权平均的方法计算得到的。

图 2-10 给出了 PDC 出口气体质量流量、温度、压力随时间的变化。图中将一个爆震循环的时间划分为两部分,第一部分是由灰虚线和黑虚线围成的时间区间,对应上文的特征排气时间 t_{char}。这个阶段的特点是压力、温度、气体质量流量均发生剧烈变化,但该阶段时间较短,仅为 5 ms。由于第一阶段的参数变化剧烈,为尽可能展示爆震循环特征的演变过程,在第一阶段选定 5 个观测时间,分别为 1 ms、2 ms、3 ms、4 ms、5 ms。第二阶段为黑虚线和灰虚线围成的时间区间,对应上文中的填充阶段 t_{fill},这个阶段的特点是压力近乎保持不变,温度在经历一个平台阶段后衰减为填充温度,而气体质量流量会有一个较小且缓慢的上升,直至恢复到填充流量,这和刚提到的压力、温度变化是刚好对应的,此阶段持续时间较长。但该阶段参数变化相对较缓,且存在参数平台区,所以只选取了 3 个观测时间点,分别为 10 ms、27.5 ms、50 ms,对应图中的 t_1、t_2、t_3。

获得不同时刻各个点处的状态参数后,就可以画出两种循环的 $p-v$ 图。下文用 B-cycle、D-cycle 分别对布雷顿循环和爆震循环进行简称,并且图中参数的下标 b、d 分别对应上述两种循环。

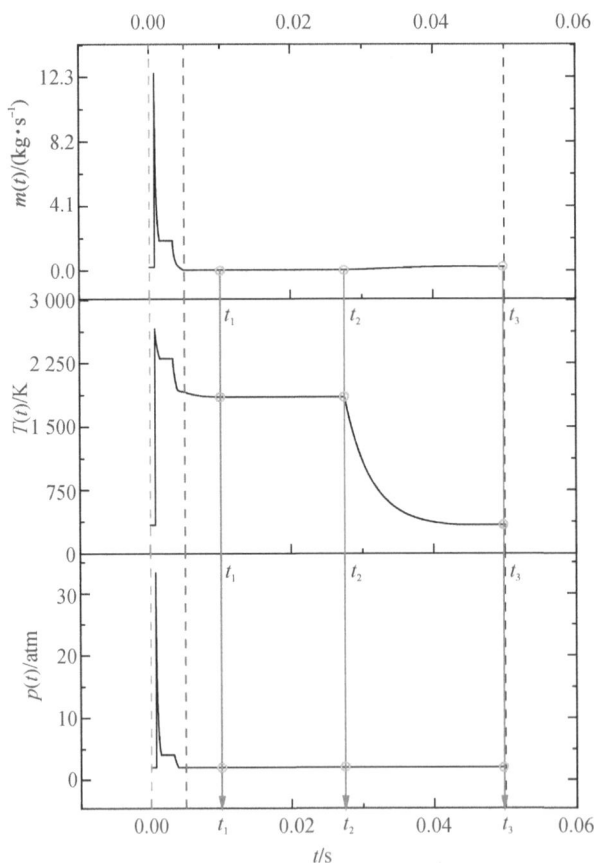

图 2-10 爆震室出口气体质量流量、温度、压力随时间的变化

图 2-11 中黑色区域为布雷顿循环 $p-v$ 图围成区域,其面积 S_{023b5b} 对应该循环的循环功。而爆震循环的 $p-v$ 图由包含多个时刻组成。

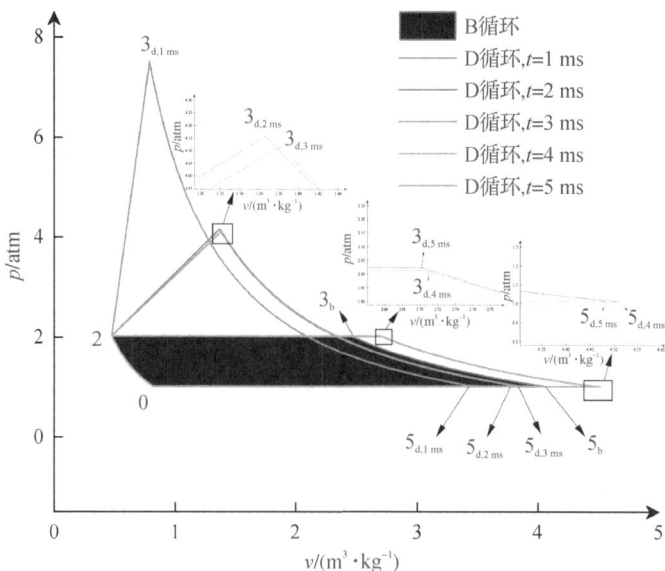

图 2-11　特征排气阶段内不同观测点下的两种循环 $p-v$ 图对比

当 $t=1$ ms 时,压气机出口的气体状态由点 2 跃迁至点 $3_{d,1\,ms}$,这对应了爆震压力峰值时刻,点 $3_{d,1\,ms}$ 处气体等熵膨胀至 $5_{d,1\,ms}$。当 $t=2$ ms 时,PDC 出口的气体压力急剧衰减至点 $3_{d,2\,ms}$ 所对应的状态。在 $t=2\sim3$ ms 期间,PDC 出口气体经历了一个压力平台区,故爆震室出口压力变化较小。通过压力平台区后,爆震室出口的气体压力继续衰减,直至恢复到点 2 压力。

从图 2-11 中可以看出,点 $3_{d,4\,ms}$ 和点 $3_{d,5\,ms}$ 压力已恢复至点 2 状态的压力,但此刻的爆震室出口气流仍保持在高温状态。总之,特征排气阶段内的爆震循环 $p-v$ 图变化主要源于压力的剧烈变化。特征排气阶段结束时,PDC 出口的气体处于低压、高温状态。

当 $t=10\sim27.5$ ms 时,PDC 出口气流处于高温填充状态。当 $t=27.5\sim50$ ms 时,爆震室出口气流降温,恢复至填充状态 $3_{d,50\,ms}$(点 2 所对应的气流状态),如图 2-12 所示。图中点 2 与点 $3_{d,50\,ms}$ 已经重合,其物理意义是在填充阶段,压气机出口气体未发生任何变化地穿过了燃烧室,并进入涡轮进行膨胀。而本书中的压缩和膨胀过程均为理想等熵过程,这就意味着气体在经历一个等熵压缩过程,又经历了一个逆向的等熵膨胀过程后回到了初始状态,没有对外输出功。

循环功的本质为各热力过程所做技术功的代数和。对于非稳态热力循环过程,其循环功的计算需要对各时间段的循环功进行积分。图 2-13 给出了两种循环的循环功以及累计循环功的变化曲线。黑色区域和灰色实线包围区域分别对应布雷顿循环和爆震循环的循环功随时间的变化。带星号的黑色实线和灰色实线分别对应布雷顿循环和爆震循环的累计循环功,即循环功的积分。双向箭头代表的是一个工作周期后爆震循环高于布雷顿循环的那部分累计循环功,对于压比为 2 的两种理想循环,非稳态理想爆震循环的循环功比布雷顿循环高 44% 左右。虚线所对应的时刻 t_0 为循环功高低的分界线。当 $t < t_0$ 时,爆震循环的循环功高于布雷顿循环;当 $t > t_0$ 时,爆震循环的循环功低于布雷顿循环。对于布雷顿循环,随着时间的推移循环功保持恒定,故累计循环功线性增加。对于爆震循环,$t > t_0$ 后累计循环功还有细微的上升,但累计循环功几乎在 t_0 时已达到了峰值。从循环功可以看出,爆震循环的做功阶段主要是在高温高压燃烧产物的排气阶段。而在填充阶段,若不考虑压气机-涡轮的部件损失,填充阶段不对外输出机械功,若考虑填充过程中各部件的损失,则填充过程是对外界输出负功的阶段,也就意味着在脉冲爆震涡轮发动机中,需要依靠转子惯性等储存的能量带动压气机给气流做功。因此,要提高脉冲爆震涡轮发动机的循环有效功,需要尽可能提高排气阶段燃气的做功能力,同时缩短填充阶段的时间,减少各部件的损失,进而减小填充阶段消耗的功。

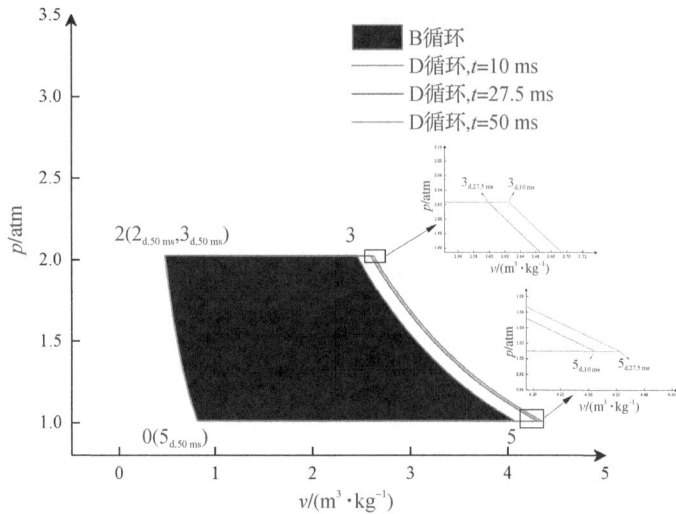

图 2-12 填充阶段内不同观测点下的两种循环 $p-v$ 图对比

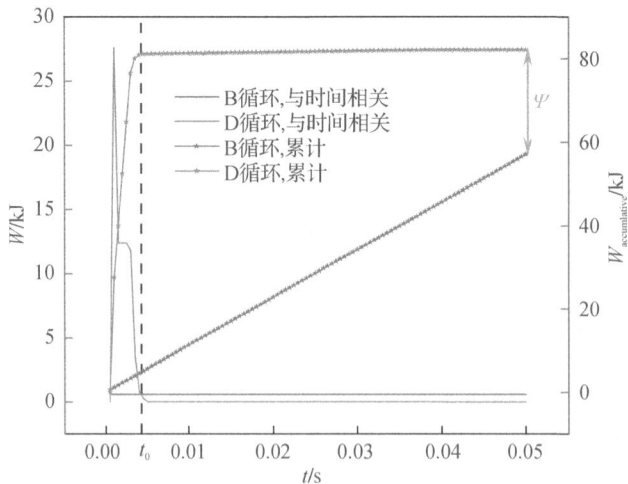

图 2-13 两种循环不同时刻的循环功及累计循环功

参 考 文 献

[1]　HEISER W H，PRATT D T. Thermodynamic cycle analysis of pulse detonation engines[J]. J Propuls Power，2002，18(1)：68 - 76.

[2]　SHEPHERD J，WINTENBERGER E. Thermodynamic analysis of combustion processes for propulsion systems[C]//42nd AIAA/ASME/SAE/ASEE Aerospace Sciences Meeting and Exhibit，January 5-8，2006，Reno，Nevada. Reston，Virginia：AIAA，2006：1033.

[3]　TALLEY D G，COY E B. Constant volume limit of pulsed propulsion for a constant γ ideal gas[J]. J Propuls Power，2002，18(2)：400 - 406.

[4]　卢杰. 脉冲爆震涡轮发动机关键技术研究[D]. 西安：西北工业大学，2016.

[5]　XIAO Z Y，LU J，ZHENG L X，et al. Performance analysis of a pulse detonation turbine engine based on unsteady finite-time model[J]. Case Stud Therm Eng，2023，51：103628.

[6]　肖治邑. 脉冲爆震涡轮发动机非稳态工作特性研究[D]. 西安：西北工业大学，2024.

[7]　ENDO T，KASAHARA J，MATSUO A，et al. Pressure history at the thrust wall of a simplified pulse detonation engine[J]. AIAA J，2004，42(9)：1921 - 1930.

第3章 脉冲爆震燃烧室性能仿真模型

3.1 引 言

理想热力循环分析一般用于获得脉冲爆震涡轮发动机的性能上限以及不同循环参数对发动机性能的影响规律。而在脉冲爆震涡轮发动机中，脉冲爆震燃烧室是周期性、强非稳态工作的部件，其工作频率一般在 100 Hz 以下。通过理想热力循环分析很难获得真实的脉冲爆震涡轮发动机性能。因此，要准确评估脉冲爆震涡轮发动机的性能，必须建立考虑脉冲爆震燃烧室周期性工作特性的总体性能仿真模型。而这其中，最基础的工作是建立准确的爆震室性能模型。

本章将结合国内外在脉冲爆震燃烧室性能模型方面的研究情况，介绍 PDC 特性图模型、考虑爆震室实际工作过程的等效模型以及非稳态脉冲爆震燃烧室模型，并结合原理样机的试验数据对等效模型、非稳态脉冲爆震燃烧室模型的精度进行验证。

3.2 PDC 特性图模型

PDC 特性图模型则是 Paxson 等根据准一维数值模拟总结得到的一种等效模型。根据该模型，爆震室进出口时间平均总压比（PR）可以表示为质量平均总焓比（HR）的参数：

$$PR = HR^{0.12\gamma/(\gamma-1)} \qquad (3-1)$$

式中：PR——爆震室一个循环内进出口时间平均总压之比；

HR——爆震室一个循环内进出口质量流量平均总焓之比；

γ——比热比。

因此，只要知道爆震室进口总参数、燃料热值以及当量比等参数，就可以计算得到爆震室的质量平均总焓比和时间平均总压比，进而得到爆震出口等效总温和总压。

随后，Tangirala 等利用三段变比热计算方法对 Paxson 提出的 PDC 传递函数进行了修正，修正后的传递函数如下：

$$PR = HR^{0.105\gamma/(\gamma-1)} \qquad (3-2)$$

式（3-2）中，爆震室进出口的平均总焓比可以根据爆震室的燃料热值 ΔH_f、油气比 FAR、吹熄因子 p_f、爆震室进口总温 $T_{t,in}$ 等参数来计算，具体公式如下：

$$HR = 1 + q_0(\gamma - 1)(1 - p_f) \tag{3-3}$$

$$q_0 = \frac{\Delta H_f}{(1 + FAR)\gamma R_g T_{t,in}} \tag{3-4}$$

在 PDC 特性图模型中：①由给定的燃料热值、油气比、爆震室进口总温等参数，根据式（3-3）和式（3-4）计算得到爆震室进出口的平均总焓比；②由修正后的传递函数［见式（3-2）］可以计算得到爆震室进出口的时间平均总压比；③根据爆震室进口的总温、总压以及进出口总焓比、总压比可以计算得到爆震室出口等效总温、总压；④结合传统涡轮发动机性能计算方法即可开展脉冲爆震涡轮发动机总体性能仿真分析。

3.3　等效爆震室模型

在直光管爆震室模型基础上，结合一维特征线理论和爆震室工作过程可以获得爆震室各阶段（包括起爆、传播、排气、填充）出口参数的计算解析模型，进而通过质量流量平均方法可以建立爆震室的等效性能计算模型，从而为脉冲爆震涡轮发动机总体性能分析模型的建立奠定基础。

3.3.1　一维特征线理论简介

特征线方法是研究一维流体动力学问题的有效方法之一。爆震室工作过程涉及流体动力学的运动规律，需要用到特征线相关理论。

1. 特征线

来自一个给定点的扰动所达到的区域的边界称为马赫面或特征面，在平面定常气流的情况下，可以用流动平面内的特征线代替特征面。在 (x,t) 平面上传播小扰动的曲线就是特征线，小扰动按下列曲线传播，并把它们分别叫作 $c+$ 特征线和 $c-$ 特征线。

$$\left.\begin{aligned} \frac{\mathrm{d}x}{\mathrm{d}t} &= u + c \\ \frac{\mathrm{d}x}{\mathrm{d}t} &= u - c \end{aligned}\right\} \tag{3-5}$$

一维非定常流的特征线可定义为：xOt 平面上斜率 $(\mathrm{d}x/\mathrm{d}t)$ 等于小扰动相对于静止坐标系的传播速度的曲线。相对于气体以声速向 x 轴的正方向或负方向传播的扰动，相对于静止坐标系则以速度 $u+c$ 或 $u-c$ 移动，这两组特征线的微分方程见式（3-5）。

2. 黎曼不变量

在整个流动区域存在一个始终不变的量，叫作黎曼不变量，多方气体的黎曼不变量为

$$\left.\begin{aligned} J_+ &= u + \frac{2}{\gamma - 1}c \\ J_- &= u - \frac{2}{\gamma - 1}c \end{aligned}\right\} \tag{3-6}$$

3.简单波

简单波是指特征线上的黎曼不变量为常数的一类波。这类波具有 3 个重要的性质:

(1)有一族特征线是直线;

(2)是单向行波(朝一个方向传播);

(3)传播速度随流体质点速度的增大而增大,反之亦然。

若穿过简单波流体的压力和密度都增大,则为简单压缩波,其特征线是聚拢的;若流体的压力和密度都减小,则为稀疏波,其特征线是散开的。若简单波中的特征线,有一个共同的起点 $x=x_0$,则称其为中心简单波,特征线的共同起点叫作中心点,本书用以上特征线方法对爆震波工作过程进行描述。

3.3.2 脉冲爆震燃烧室工作过程分析

目前,在性能分析中,一般将脉冲爆震燃烧室简化为一端封闭、一端敞开的直光管模型。图 3-1 为一个循环内爆震室工作过程示意图,图中的 8 个过程分别为:

(a)爆震波在封闭端起爆;

(b)爆震波向开口端传播;

(c)爆震波向外衍射形成衰减激波(透射冲击波)和反射膨胀波,反射膨胀波向封闭端传播,开始排气过程(膨胀过程);

(d)排气过程(膨胀过程)结束时,爆震管内全部为静止的燃烧产物;

(e)打开阀门,填充隔离气体及可燃混合物,并在燃气中形成一道激波,其后紧随空气-产物界面(开启清除废气/填充新鲜混气的过程);

(f)继续填充隔离气体,将废气排出爆震管,避免因燃烧产物与可燃混合物直接接触引起过早燃烧;

(g)隔离气体(用于清除废气的空气)被反应物推出爆震室;

(h)反应物完全填充爆震室,阀门关闭。

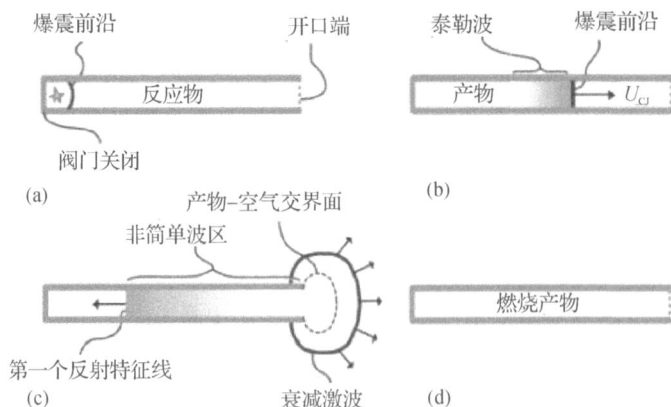

图 3-1 爆震室工作过程示意图

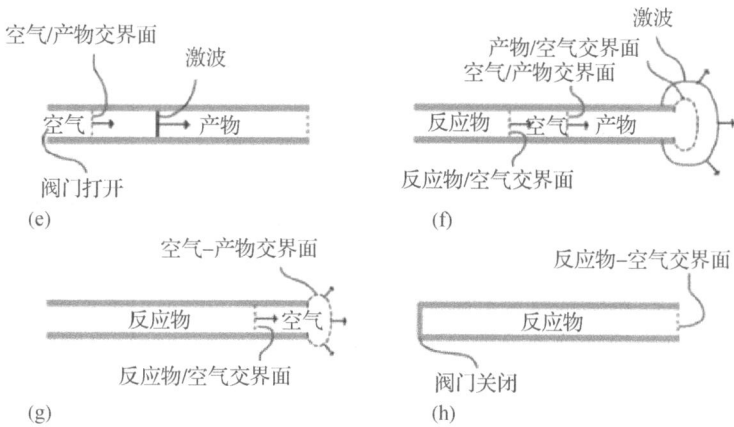

续图 3 - 1 爆震室工作过程示意图

3.3.3 脉冲爆震燃烧室工作过程建模

本小结将爆震室工作过程分为 5 个阶段,利用一维特征线理论分别建立各阶段的解析模型。在模型建立之前首先做如下基本假设:

(1)爆震室为一端封闭、一端敞开的直光管,且管内的流动为一维流动;

(2)爆震室头部有能够瞬间关闭的阀门,用以控制燃料及氧化剂填充,爆震室填充过程总压恢复系数为 σ_{vavle};

(3)气体初始温度和压力分别为 T_1 和 p_1;

(4)排气时的膨胀过程为等熵膨胀。

图 3 - 2 描述了一个工作循环过程中直管爆震室内的时空(x - t)特性,图中主要变量的意义如下:

x_2:爆震波位置。

x_3:减速稀疏波后缘位置。

x_{rf}:排气稀疏波前边界位置。

x_{rf}^*:排气稀疏波与减速稀疏波后边界相交的位置。

x_{ir}:排气稀疏波和其来自推力壁的反射波相互干涉区域边界。

t_{CJ}:爆震波到达开口端。

t^*:排气稀疏波与减速稀疏波后边界相交。

t_{plateau}:排气稀疏波前边界到达封闭端。

$t^\#$:排气稀疏波和其来自推力壁的反射波相互干涉区到达开口端。

t_{exhaust}:推力壁处的压力降低到初始压力。

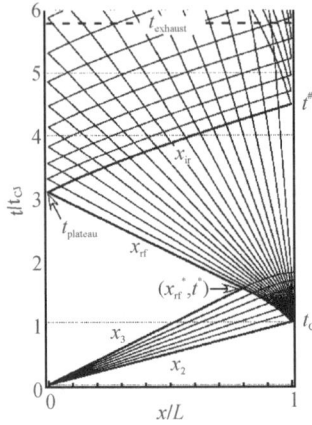

图 3-2 直管爆震室内时空 $(x-t)$ 特性图

管内开始填充满均匀的静止可爆混气,初始未扰动气体特征量用 γ_1、p_1、a_1、$u_1(=0)$ 来表示。$t=0$ 时,爆震波经过 t_{DDT} 在封闭端形成并向开口端传播,爆震波后缘紧随的已燃气体征量用 γ_2、p_2、a_2、u_2 来表示,图中 x_2 表示爆震波的位置。

爆震波是压缩波,其后缘的气体以有限的速度与爆震波同向运动($u_2>0$),直管爆震室封闭端的气体是静止的,故已燃气体在爆震波和封闭端间减速到 $u=0$,减速流只有速度特征参量,没有长度特征参量,因此可看作爆震波后的自相似稀疏波,此稀疏波称为减速稀疏波(通常也叫 Taylor 膨胀波)。C-J 爆震波后跟随着减速稀疏波。减速稀疏波前缘与 C-J 爆震波后缘相耦合,后缘也向开口端传播。图中 x_3 表示减速稀疏波后缘的位置,特征量用 $\gamma_3(=\gamma_2)$、p_3、a_3、$u_3(=0)$ 来表示,$0 \leqslant x \leqslant x_3$ 区域的气体特征量也用 $\gamma_3(=\gamma_2)$、p_3、a_3、$u_3(=0)$ 来表示,爆震波到达开口端的时间用 t_{CJ} 表示。

气流经过减速稀疏波是亚声速流动的,当 $t=t_{CJ}$ 时,另一道稀疏波从开口端向封闭端传播。通过这道稀疏波,已燃气体从开口端排出,我们把该稀疏波称为排气稀疏波。在某些初始条件下,这道稀疏波之前可能存在反射激波,但由于稀疏波比前导激波传播得更快,前导激波会快速衰减,为简单起见,我们忽略前导激波。排气稀疏波前边界的位置用 x_{rf} 表示,传播过程中当 $t=t^*$ 时与减速稀疏波后边界相交,相交的位置用 x_{rf}^* 表示,随后传播到位于封闭端的静止均匀气体中,当 $t=t_{plateau}$ 时排气稀疏波前边界到达封闭端。在 $0<t \leqslant t_{plateau}$ 时间段内,封闭端压力一直保持 $p_w=p_3$ 不变,也就是说,推力壁处的压力变化呈现平台区。

在 $t_{plateau}$ 之后,在排气稀疏波和来自推力壁的反射波之间的相互干涉作用下,推力壁处的压力衰减,它们的干涉区域从封闭端延伸到开口端,其边界用 x_{ir} 表示,且在 $t=t^\#$ 时到达开口端。当 $t=t_{exhaust}$ 时,推力壁处的压力降低到初始压力,清除剩余燃气,开始下一个循环。

下面参考一维特征线理论,建立各个工作阶段的解析模型。

1.爆震波起爆过程($0<t<t_{DDT}$)

对于爆震波起爆过程,即 DDT 过程,目前的认识有限,尚无数学模型来描述,但 DDT 过程中,爆震室出口的参数即为爆震室填充的可爆混合物的总参数,因此在性能计算中只需

考虑 DDT 过程的持续时间,DDT 过程时间可根据试验数据近似拟合得到如下公式:

$$\left.\begin{array}{l} t_{DDT} = e^{m\lg f+n} \\ m = -0.291 \\ n = 2.924\ 35 \end{array}\right\} \tag{3-7}$$

式中:f——爆震室工作频率。

2.爆震波传播过程($t_{DDT} < t < t_{CJ}$)

起爆后,爆震波从封闭端向出口传播,t_{CJ} 时刻爆震波到达出口端,出口端压力激增,根据爆震波前后参数关系式,爆震波后燃气参数可用下式表示:

$$P_2 = \frac{\gamma_1 Ma_{CJ}^2 + 1}{\gamma_2 + 1} P_1 \tag{3-8a}$$

$$a_2 = \frac{\gamma_1 Ma_{CJ}^2 + 1}{\gamma_1 Ma_{CJ}^2} \frac{\gamma_2}{\gamma_2 + 1} D_{CJ} \tag{3-8b}$$

$$u_2 = \frac{\gamma_1 Ma_{CJ}^2 + 1}{\gamma_1 Ma_{CJ}^2} \frac{\gamma_2}{\gamma_2 + 1} D_{CJ} \tag{3-8c}$$

忽略爆震波的厚度,爆震波后的位置可由下式确定:

$$x_2 = D_{CJ} t \tag{3-8d}$$

爆震波到达开口端的时间可用下式计算,t_{CJ} 是管内的一个气体动力学特征时间:

$$t_{CJ} = L/D_{CJ} \tag{3-9}$$

在减速膨胀波(即空间区域 $x_3 < x < x_2$)中的气体状态参数可用下式表示:

$$p = \left(1 - \frac{\gamma_2 - 1}{\gamma_2 + 1} \frac{x_2 - x}{a_2 t}\right)^{2\gamma_2/(\gamma_2 - 1)} \frac{\gamma_1 Ma_{CJ}^2 + 1}{\gamma_2 + 1} p_1 \tag{3-10a}$$

$$a = \frac{\gamma_1 Ma_{CJ}^2 + \gamma_2}{\gamma_1 Ma_{CJ}^2} \frac{1}{\gamma_2 + 1} D_{CJ} + \frac{\gamma_2 - 1}{\gamma_2 + 1} \frac{x}{t} \tag{3-10b}$$

$$u = \frac{\gamma_1 Ma_{CJ}^2 + \gamma_2}{\gamma_1 Ma_{CJ}^2} \frac{1}{\gamma_2 + 1} D_{CJ} + \frac{2}{\gamma_2 + 1} \frac{x}{t} \tag{3-10c}$$

上述公式通过减速稀疏波前边界与 C-J 爆震波后表面一致的边界条件即可获得。由不等式 $x \leqslant x_2$ 和 $\gamma_2 > 1$ 可导出不等式 $u < a$。减速稀疏波后边界的气体状态参数(即区域 $0 \leqslant x \leqslant x_3$)由下式给出:

$$p_3 = \delta_{A_1} p_1 \tag{3-11a}$$

$$a_3 = D_{CJ}/\delta_{A_2} \tag{3-11b}$$

$$x_3 = a_3 t \tag{3-11c}$$

式中:

$$\delta_{A_1} = \frac{\gamma_1 Ma_{CJ}^2 + \gamma_2}{2\gamma_1} \left(\frac{\gamma_1 Ma_{CJ}^2 + \gamma_2}{\gamma_1 Ma_{CJ}^2 + 1} \frac{\gamma_2 + 1}{2\gamma_2}\right)^{(\gamma_2+1)/(\gamma_2-1)} \tag{3-12a}$$

$$\delta_{A_2} = 2 \frac{\gamma_1 Ma_{CJ}^2}{\gamma_1 Ma_{CJ}^2 + \gamma_2} \tag{3-12b}$$

通过式(3-11a)~式(3-11c)以及边界条件 $u_3 = 0$ 可得到上述公式。压力 p_3 是爆震室头部的平台压力,这是表征脉冲爆震燃烧室性能的重要参数之一。

当 $Ma_{CJ}^2 \gg 1$ 时,δ_{A_1} 和 δ_{A_2} 分别为

$$\delta_{A_1}\Big|_{Ma_{CJ}^2 \gg 1} \approx (\gamma_1/\gamma_2)\frac{1}{2}Ma_{CJ}^2 \big[(\gamma_2+1)/2\gamma_2\big]^{(\gamma_2+1)/(\gamma_2-1)} \tag{3-13a}$$

$$\delta_{A2}\Big|_{Ma_{CJ}^2 \gg 1} \approx 2 \tag{3-13b}$$

此处采用了双 γ 模型。如果采用单 γ 模型,推力变化中的平台压力将变为

$$p_3\Big|_{\gamma_1=\gamma_2=\gamma} = \frac{Ma_{CJ}^2+1}{2}\left(\frac{Ma_{CJ}^2+1}{\gamma Ma_{CJ}^3+1}\frac{\gamma+1}{2}\right)^{(\gamma+1)/(\gamma-1)} p_1 \tag{3-14a}$$

当 $Ma_{CJ}^2 \gg 1$ 时,式(3-14a)变为

$$p_3\Big|_{\gamma_1=\gamma_2=\gamma,\,Ma_{CJ}^2 \gg 1} \approx \frac{1}{2}Ma_{CJ}^2 \big[(\gamma+1)/2\gamma\big]^{(\gamma+1)/(\gamma-1)} p_1 \tag{3-14b}$$

式(3-11a)、式(3-13a)、式(3-14b)表明,当 $Ma_{CJ}^2 \gg 1$ 时,由于 γ_2/γ_1 因子的存在,与双 γ 模型相比,单 γ 模型计算结果会使平台压力更低,而因子 γ_2/γ_1 一般不一致,双 γ 模型与大多数实验结果吻合更好,所以双 γ 模型更适合于脉冲爆震燃烧室性能的评估。

在此过程中,爆震波没有到达爆震室出口,故此时的出口总压、总温与可燃混合物填充过程的总压、总温相等,可用下式计算:

$$p(t) = p_1 \sigma_{valve} \tag{3-15a}$$

$$T(t) = T_1 \tag{3-15b}$$

3.简单波区排气($t_{CJ} < t < t^*$)

该阶段内,从爆震室出口端传入一束左传膨胀波,并与爆震波后的泰勒膨胀波相互作用,使出口压力快速下降。

在 t_{CJ} 时刻,减速稀薄波开始从开口端向封闭端(推力壁)传播,最初排气稀疏波前边界在减速稀疏波中传播,减速稀疏波中的声速和气体流速分别由式(3-10b)和式(3-10c)给出,排气稀疏波前边界的传播速度用如下公式表示:

$$\frac{dx_{rf}}{dt} = u-a = -\frac{\gamma_1 Ma_{CJ}^2+\gamma_2}{\gamma_1 Ma_{CJ}^2}\frac{1}{\gamma_2+1}D_{CJ} + \frac{3-\gamma_2}{\gamma_2+1}\frac{x_{rf}}{t} \tag{3-16}$$

给出边界条件:$t=t_{CJ}$ 时 $x_{rf}=L$,求解该微分方程,得到以下解:

$$x_{rf} = \frac{D_{CJ}t}{\gamma_2-1}\left[\gamma_2\frac{\gamma_1 Ma_{CJ}^2+1}{\gamma_1 Ma_{CJ}^2}\left(\frac{t_{CJ}}{t}\right)^{2(\gamma_2-1)/(\gamma_2+1)} - \frac{\gamma_1 Ma_{CJ}^2+\gamma_2}{\gamma_1 Ma_{CJ}^2}\right] \tag{3-17}$$

该公式适用于 $x_3 \leqslant x_{rf}$ 区域,排气稀疏波前边界在时间 t^* 和位置 x_{rf}^* 处与减速稀疏波的后边界相交。将条件 $x_{rf}=x_3$ 代入式(3-17),获得时间 t^* 和位置 x_{rf}^*:

$$t^* = \left(\frac{\gamma_1 Ma_{CJ}^2+\gamma_2}{\gamma_1 Ma_{CJ}^2+1}\frac{\gamma_2+1}{2\gamma_2}\right)^{-(\gamma_2+1)/2(\gamma_2-1)} t_{CJ} \tag{3-18a}$$

$$x_{rf}^* = \frac{1}{\delta_{A2}}\left(\frac{\gamma_1 Ma_{CJ}^2+\gamma_2}{\gamma_1 Ma_{CJ}^2+1}\frac{\gamma_2+1}{2\gamma_2}\right)^{-(\gamma_2+1)/2(\gamma_2-1)} L \tag{3-18b}$$

从开口端向封闭端传播的排气稀疏波在均匀静止的已燃气体中传播时,其气体状态参

数可由下式计算：

$$p_4 = \left(\frac{2}{\gamma_2+1} + \frac{\gamma_2-1}{\gamma_2+1}\frac{L-x}{a_3 t - a_3 t_{\text{plateau}} + L}\right)^{2\gamma_2/(\gamma_2-1)} p_3 \tag{3-19a}$$

$$a_4 = \frac{2}{\gamma_2+1}a_3 + \frac{\gamma_2-1}{\gamma_2+1}\frac{L-x}{t - t_{\text{plateau}} + L/a_3} \tag{3-19b}$$

$$u_4 = a_4 - \frac{L-x}{t - t_{\text{plateau}} + L/a_3} \tag{3-19c}$$

式中：

$$t_{\text{plateau}} = \delta_B t_{CJ} \tag{3-20}$$

$$\delta_B = 2\left(\frac{\gamma_1 Ma_{CJ}^2 + \gamma_2}{\gamma_1 Ma_{CJ}^2 + 1}\frac{\gamma_2+1}{2\gamma_2}\right)^{-(\gamma_2+1)/2(\gamma_2-1)} \tag{3-21}$$

在此阶段中，出口参数在减速稀疏波与排气稀疏波的相互作用下减小，上述公式不可直接用于计算出口参数，需要对时间进行线性变换，变换过程如下：

$$t_1 = \frac{t^* - t_{x_3}}{t_{CJ} - t_{x_3}}(t - t_{CJ}) + t^* \tag{3-22}$$

将 $x=L$ 代入式（3-10a）~式（3-10c）可得到减速膨胀波中管口处的气流参数 p_{2L}、a_{2L}、u_{2L}，再将 $p_3 = p_{2L}$、$x = a_3 t_1$、$t = t_1$ 代入式（3-19a）~式（3-19c）即可得到此阶段出口气流参数：

$$p_5 = \left(\frac{2}{\gamma_2+1} + \frac{\gamma_2-1}{\gamma_2+1}\frac{L-a_3 t_1}{a_3 t_1 - a_3 t_{\text{plateau}} + L}\right)^{2\gamma_2/(\gamma_2-1)} p_{2L} \tag{3-23a}$$

$$a_5 = \frac{2}{\gamma_2+1}a_3 + \frac{\gamma_2-1}{\gamma_2+1}\frac{L-a_3 t_1}{t_1 - t_{\text{plateau}} + L/a_3} \tag{3-23b}$$

$$u_5 = a_5 - \frac{L-a_3 t_1}{t_1 - t_{\text{plateau}} + L/a_3} + u_{2L} \tag{3-23c}$$

可得到此阶段内爆震室出口压力和温度的计算方法：

$$p(t) = p_5\left(1 + \frac{\gamma_2-1}{2}Ma^2\right)^{\frac{\gamma_2}{\gamma_2-1}} \tag{3-24a}$$

$$T(t) = \frac{a_5^2}{kR}\left(1 + \frac{\gamma_2-1}{2}Ma^2\right)^{\frac{\gamma_2}{\gamma_2-1}} \tag{3-24b}$$

4.压力平台区（$t^* < t < t_{\text{plateau}}$）

在时间 $t^* \sim t_{\text{plateau}}$ 内，出口压力为一平台，在这一时间段内左传膨胀波到达封闭端后又反射一束右传膨胀波，t_{plateau} 时刻右传膨胀波到达管口。

在时间区域 $0 < t \le t_{\text{plateau}}$ 中，封闭端（推力壁）的压力保持为 $p_w = p_3$。当 $Ma_{CJ}^2 \gg 1$ 时，δ_B 将变为

$$\delta_B\Big|_{M_{CJ}^2 \gg 1} \approx 2\left[(\gamma_2+1)/2\gamma_2\right]^{-(\gamma_2+1)/2(\gamma_2-1)} \tag{3-25}$$

如果采用单 γ 模型，那么推力平台的持续时间为

$$t_{\text{plateau}}\bigg|_{\gamma_1=\gamma_2=\gamma} = 2\left(\frac{Ma_{\text{CJ}}^2+1}{\gamma Ma_{\text{CJ}}^2+1}\frac{\gamma+1}{2}\right)^{-(\gamma+1)/2(\gamma-1)} t_{\text{CJ}} \qquad (3-26a)$$

当 $Ma_{\text{CJ}}^2 \gg 1$ 时,式(3-26a)变为

$$t_{\text{plateau}}\bigg|_{\gamma_1=\gamma_2=\gamma,Ma_{\text{CJ}}^2\gg 1} \approx 2\left[(\gamma+1)/2\gamma\right]^{-(\gamma+1)/2(\gamma-1)} t_{\text{CJ}} \qquad (3-26b)$$

研究推力壁压力变化的衰减部分时,首先考虑时间 t_{plateau} 之前爆震管中的流场,如果 $x_{\text{rf}}^* \approx L$,排气稀薄波应该是一个自相似的稀疏波,在以 $\gamma_3(=\gamma_2)$, p_3 , a_3 和 $u_3(=0)$ 为特征量的均匀气体中,从开口端向封闭端传播,称这种自相似的稀疏波为近似的自相似稀疏波。简要总结近似自相似稀疏波的气体动力学特征,其前边界在时间 t_{plateau} 到达封闭端,近似自相似稀疏波中的压力、声速和气体流速见式(3-23a)～式(3-23c)。

这一阶段推力壁处压力保持为 p_3 ,根据式(3-19a)～式(3-19c)可知在爆震室出口 $x=L$ 处,气流状态参数计算公式如下:

$$p_6 = \left(\frac{2}{\gamma_2+1}\right)^{-\frac{2\gamma_2}{\gamma_2-1}} p_3 \qquad (3-27a)$$

$$a_6 = \frac{2a_3}{\gamma_2+1} \qquad (3-27b)$$

$$u_6 = a_6 \qquad (3-27c)$$

爆震室出口总压和总温的计算公式如下:

$$p(t) = p_6\left(1+\frac{\gamma_2-1}{2}Ma^2\right)^{\frac{\gamma_2}{\gamma_2-1}} \qquad (3-28a)$$

$$T(t) = \frac{a_6^2}{kR}\left(1+\frac{\gamma_2-1}{2}Ma^2\right) \qquad (3-28b)$$

5.压力衰减阶段($t_{\text{plateau}} < t < t_{\text{exhaust}}$)

该过程实际为复杂波排气阶段,爆震室出口和封闭端处压力继续下降,直至封闭端压力下降为填充压力, $t=t_{\text{exhaust}}$ 时,排气过程结束,压力恢复。

当描述推力壁处的压力衰减过程时,即当时间区域 $t_{\text{plateau}} < t$ 中的推力壁处的压力变化时,可将排气稀薄波与其封闭端的反射之间的干扰置换为从开口端向封闭端传播的自相似稀疏波与其从封闭端的反射之间的干扰。当近似自相似稀疏波的前边界在 t_{plateau} 时刻到达长度为 L 的直管封闭端时,在时间 t_{plateau} 之后的封闭端的气体状态由下式描述:

$$t-\left(t_{\text{plateau}}-\frac{L}{a_3}\right) = \frac{L}{2^n n!}\left(\frac{1}{a}\frac{\partial}{\partial a_{\text{w}}}\right)^n\left[\frac{1}{a_{\text{w}}}(a_{\text{w}}^2-a_3^2)^n\right] \qquad (3-29)$$

严格来说,只有 γ_2 的离散值存在解析解。利用前面的解和等熵关系:

$$a_3^2/a_{\text{w}}^2 = (p_{\text{w}}/p_3)^{-2/(2n+3)} \qquad (3-30)$$

推力壁上压力衰减过程可以用与正整数 n 相关的函数表示如下:

$$a_3(t-t_{\text{plateau}})/L+1 = f_n(p_3/p_{\text{w}}) \qquad (3-31)$$

对于任意的 γ_2 的值,可以通过内插或者外推得到近似推力衰减过程,表3-1给出了适当值 n 对应的 f_n 的值。

表 3 - 1　推力壁处推力衰减函数

n	γ_2	f_n
1	$\dfrac{5}{3}=1.667$	$f_1\left(\dfrac{p_3}{p_w}\right)=\dfrac{1}{2}\left(\dfrac{p_3}{p_w}\right)^{\frac{1}{3}}+\dfrac{1}{2}\left(\dfrac{p_3}{p_w}\right)^{\frac{3}{3}}$
2	$\dfrac{7}{5}=1.4$	$f_2\left(\dfrac{p_3}{p_w}\right)=\dfrac{3}{2^3}\left(\dfrac{p_3}{p_w}\right)^{\frac{1}{7}}+\dfrac{1}{2^2}\left(\dfrac{p_3}{p_w}\right)^{\frac{3}{7}}+\dfrac{3}{2^3}\left(\dfrac{p_3}{p_w}\right)^{\frac{5}{7}}$
3	$\dfrac{9}{7}=1.286$	$f_3\left(\dfrac{p_3}{p_w}\right)=\dfrac{5}{2^4}\left(\dfrac{p_3}{p_w}\right)^{\frac{1}{9}}+\dfrac{3}{2^4}\left(\dfrac{p_3}{p_w}\right)^{\frac{3}{9}}+\dfrac{3}{2^4}\left(\dfrac{p_3}{p_w}\right)^{\frac{5}{9}}+\dfrac{5}{2^4}\left(\dfrac{p_3}{p_w}\right)^{\frac{7}{9}}$
4	$\dfrac{11}{9}=1.222$	$f_4\left(\dfrac{p_3}{p_w}\right)=\dfrac{35}{2^7}\left(\dfrac{p_3}{p_w}\right)^{\frac{1}{11}}+\dfrac{5}{2^5}\left(\dfrac{p_3}{p_w}\right)^{\frac{3}{11}}+\dfrac{9}{2^6}\left(\dfrac{p_3}{p_w}\right)^{\frac{5}{11}}+\dfrac{5}{2^5}\left(\dfrac{p_3}{p_w}\right)^{\frac{7}{11}}+\dfrac{35}{2^7}\left(\dfrac{p_3}{p_w}\right)^{\frac{9}{11}}$
6	$\dfrac{15}{13}=1.154$	$f_6\left(\dfrac{p_3}{p_w}\right)=\dfrac{231}{2^{10}}\left(\dfrac{p_3}{p_w}\right)^{\frac{1}{15}}+\dfrac{63}{2^9}\left(\dfrac{p_3}{p_w}\right)^{\frac{3}{15}}+\dfrac{105}{2^{10}}\left(\dfrac{p_3}{p_w}\right)^{\frac{5}{15}}+\dfrac{25}{2^8}\left(\dfrac{p_3}{p_w}\right)^{\frac{7}{15}}+\dfrac{105}{2^{10}}\cdot\left(\dfrac{p_3}{p_w}\right)^{\frac{9}{15}}+\dfrac{63}{2^9}\left(\dfrac{p_3}{p_w}\right)^{\frac{11}{15}}+\dfrac{231}{2^{10}}\left(\dfrac{p_3}{p_w}\right)^{\frac{13}{15}}$
10	$\dfrac{23}{21}=1.095$	$f_{10}\left(\dfrac{p_3}{p_w}\right)=\dfrac{46\ 189}{2^{18}}\left(\dfrac{p_3}{p_w}\right)^{\frac{1}{23}}+\dfrac{12\ 155}{2^{17}}\left(\dfrac{p_3}{p_w}\right)^{\frac{3}{23}}+\dfrac{19\ 305}{2^{18}}\left(\dfrac{p_3}{p_w}\right)^{\frac{5}{23}}+\dfrac{2\ 145}{2^{15}}\cdot\left(\dfrac{p_3}{p_w}\right)^{\frac{7}{23}}+\dfrac{8\ 085}{2^{17}}\left(\dfrac{p_3}{p_w}\right)^{\frac{9}{23}}+\dfrac{3\ 969}{2^{16}}\left(\dfrac{p_3}{p_w}\right)^{\frac{11}{23}}+\dfrac{8\ 085}{2^{17}}\left(\dfrac{p_3}{p_w}\right)^{\frac{13}{23}}+\dfrac{2\ 145}{2^{15}}\left(\dfrac{p_3}{p_w}\right)^{\frac{15}{23}}+\dfrac{19\ 305}{2^{18}}\left(\dfrac{p_3}{p_w}\right)^{\frac{17}{23}}+\dfrac{12\ 155}{2^{17}}\left(\dfrac{p_3}{p_w}\right)^{\frac{19}{23}}+\dfrac{46\ 189}{2^{18}}\left(\dfrac{p_3}{p_w}\right)^{\frac{21}{23}}$

f_n 由 n_a 和 n_b 表示为

$$a_3(t-t_{plateau})/L+1=f_n(p_3/p_w) \tag{3-32a}$$

式中：

$$n=(3-\gamma_2)/2(\gamma_2-1) \tag{3-32b}$$
$$f_n(p_3/p_w)=(1-X)f_{n_a}(p_3/p_2)+Xf_{n_b}(p_3/p_w) \tag{3-32c}$$
$$X=(\gamma_2-\gamma_a)/(\gamma_b-\gamma_a) \tag{3-32d}$$
$$\gamma_a=(2n_a+3)/(2n_a+1) \tag{3-32e}$$
$$\gamma_b=(2n_b+3)/(2n_b+1) \tag{3-32f}$$

此外,还可以用时间的显式函数给出推力壁处压力衰减过程,根据 $t=t_{plateau}$ 时, $p_w=p_3$ 的条件,拟合函数:

$$p_w/p_3=k_A\exp[-k_B(a_3/L)(t-t_{plateau})]+(1-k_A)\exp[-k_C(a_3/L)(t-t_{plateau})] \tag{3-33}$$

式中: k_A、k_B 和 k_C——由 χ 方差最小化确定的数值常数,拟合结果为 $k_A=0.606\ 6$, $k_B=2.991$, $k_C=0.501\ 4$。

此时可得

$$a_w=a_3\{k_A\exp[-k_B(a_3/L)(t-t_{plateau})]+(1-k_A)\exp[-k_C(a_3/L)(t-t_{plateau})]\}^{(\gamma_2-1)/(2\gamma_2)} \tag{3-34}$$

当 $p_w = p_1$ 时，$t = t_{exhaust}$，将该条件代入式 (3-26a) 中，根据该条件可确定排气时间：

$$t_{exhaust} = \{\delta_{A_2}[f_{n'}(\delta_{A_1}) - 1] + \delta_B\}t_{CJ} \tag{3-35}$$

结合式 (3-28a)～式 (3-28c)，出口处可近似为

$$p_7 = p\left[k_A e^{-k_B \frac{a}{L}(t-t^\#)} + (1-k_A)e^{-k_C \frac{a}{L}(t-t^\#)}\right] \tag{3-36a}$$

$$a_7 = a\left[k_A e^{-k_B \frac{a}{L}(t-t^\#)} + (1-k_A)e^{-k_C \frac{a}{L}(t-t^\#)}\right]^{(\gamma_2-1)/(2\gamma_2)} \tag{3-36b}$$

该阶段内出口速度下降迅速，可近似认为线性下降，则

$$u_7 = a + \frac{Ma_{fill}\sqrt{\gamma_1 R T_3} - a}{t_{exhaust} - t^\#}(t - t^\#) \tag{3-36c}$$

可得此时出口参数可近似为

$$p(t) = p_7\left(1 + \frac{\gamma_2 - 1}{2}Ma^2\right)^{\gamma_2/(\gamma_2-1)} \tag{3-37a}$$

$$T(t) = \frac{a_7{}^2}{\gamma_2 R}\left(1 + \frac{\gamma_2 - 1}{2}Ma^2\right) \tag{3-37b}$$

6. 封闭端改为压力入口，填充新鲜可燃物

新鲜可燃物的填充速度为

$$V_{fill} = M_{fill}a_1 = M_{fill}\sqrt{\gamma_1 R T_1} \tag{3-38}$$

式中：T_1——初始静温；

γ_1——可燃混合物比热比；

M_{fill}——可燃混合物填充马赫数；

a_1——可燃混合物声速；

R——可燃混合物的气体常数，值为 287 J/(kg·K)。

填充过程时间可以根据爆震室长度和填充速度来计算：

$$t_{fill} = L/v_{fill} \tag{3-39}$$

在填充过程中，爆震室出口总压、总温为

$$p(t) = p_1\sigma_{valve} \tag{3-40a}$$

$$T(t) = T_1 \tag{3-40b}$$

3.3.4 脉冲爆震燃烧室等效性能计算模型

在传统航空燃气涡轮发动机总体性能计算中，一般从进气道入口截面逐个部件依次进行计算，求出每个截面上的总温总压，直到尾喷管出口截面，然后再计算发动机总体性能。对于脉冲爆震涡轮发动机性能计算而言，关键是爆震室出口总参数的确定。3.3.3 节建立了爆震室出口压力温度等状态参数随时间变化的解析关系，为了确定爆震室出口等效总参数，本书采用对一个工作周期内爆震室出口瞬态参数进行积分平均的方法，而根据积分时加权参数的不同，平均方法也不同。其中，时间平均和质量平均是两种常用的平均方法。

采用时间平均方法计算压力：

$$p^{TA} = \frac{1}{\tau}\int_0^\tau p(t)\,dt \tag{3-41a}$$

采用质量平均方法计算压力：

$$p^{MA} = \frac{\int_0^\tau \dot{m}(t)p(t)\mathrm{d}t}{\int_0^\tau \dot{m}(t)\mathrm{d}t} \qquad (3-41\mathrm{b})$$

式中：τ ——一个工作循环的时间；

$\dot{m}(t)$ ——出口质量流量随时间的变化函数；

$p(t)$ ——出口压力随时间的变化函数。

针对某一 PDC 工作工况，通过时间平均方法计算得到的爆震室增压比约为 1.15，而通过质量平均计算得到的爆震室增压比约为 4.2。可见，不同加权平均得到的爆震室增压能力相差甚远。然而，哪种等效方法较为精确，目前没有定论。但需要注意的是，所建立的爆震室模型要能准确反映脉冲爆震涡轮发动机的性能，所以当建立爆震室性能计算模型时需要考虑爆震室对涡轮做功能力的影响。

图 3-3(a)给出了爆震室出口压力和累计流量随时间的变化关系(工况为爆震室入口压力为 1.2 atm，温度为 300 K，工作频率为 30 Hz，反应物为 $H_2 - Air$，当量比为 1)。为了更清晰地看出各阶段压力变化情况，横坐标采用对数坐标，如图 3-3(b)所示，可以发现在一个工作周期内，93.5% 的工质在 $6.3\ t_{CJ}$ 时间内已经排出爆震室，总排气时间为 $49.8\ t_{CJ}$，即爆震室在总工作时间的 12.6% 内排出了 93.5% 的工质。可见，爆震室对涡轮做功主要集中在起爆至压力松弛前的这一时间段内，其做功能力在时间上分配不均，按时间平均法将会降低具有高做功能力的工质在循环中所占的比例，故本书采用质量平均的方法建立爆震室等效模型。

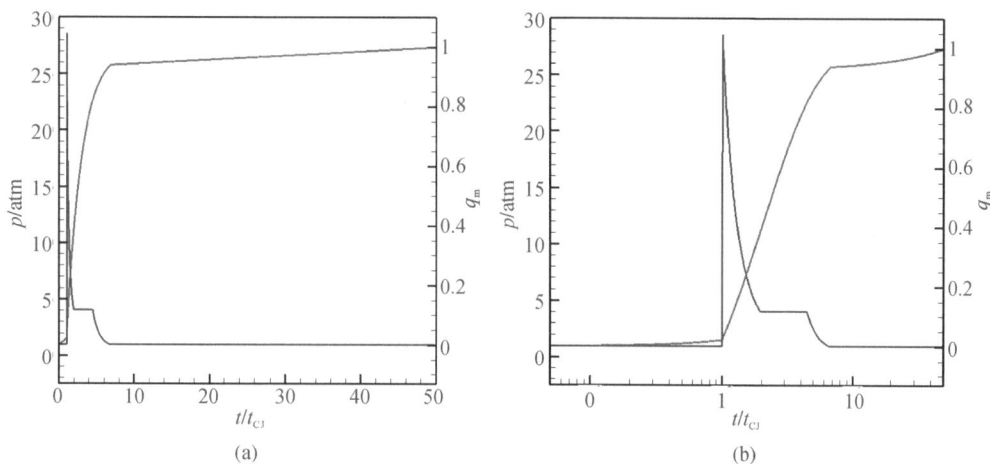

图 3-3　爆震室出口压力和累计流量(单位为 1)随时间变化关系

根据 3.3.3 节对爆震室工作过程解析模型的研究可知，一个循环内的爆震室工作过程可分为起爆(阶段 1)、传播(阶段 2)、排气(阶段 3~5)、填充(阶段 6)4 部分，图 3-4 为本书所建立的脉冲爆震燃烧室性能计算模型流程图，具体计算步骤如下。

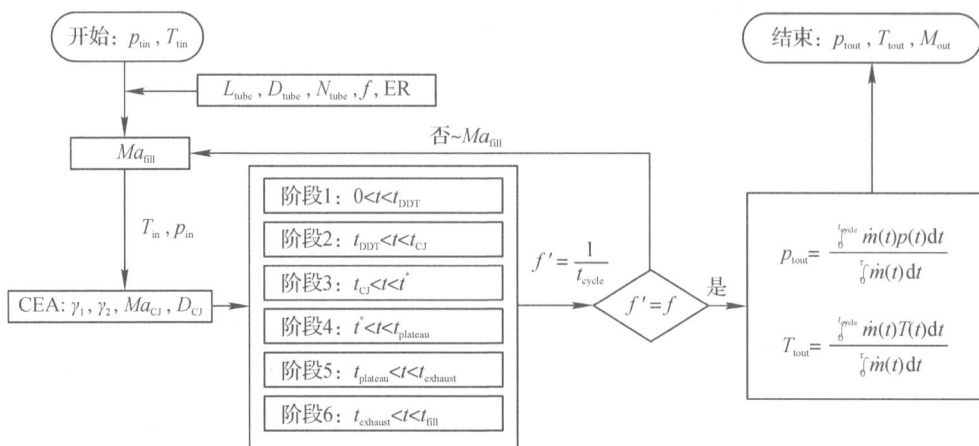

图 3 - 4　直管脉冲爆震燃烧室性能计算模型流程图

CEA——一种软件

第一步,已知爆震室进口总压和总温 p_{t3}、T_{t3}(即 p_{tin} 和 T_{tin}),确定爆震室的结构参数及工作参数(管长 L_{tube}、管径 D_{tube}、管数 N_{tube}、工作频率 f、当量比 ER 等)。

第二步,计算可爆混合物静参数:首先假设爆震室进口填充马赫数为 Ma_{fill},然后根据总温、总压与静温、静压的函数关系确定可爆混合物的静压 p_4 和静温 T_4:

$$T_4 = T_{tin} / \left(1 + \frac{\gamma_1 - 1.0}{2} Ma_{fill}^2\right) \tag{3-42a}$$

$$p_4 = p_{tin}\sigma_{valve} / \left(1 + \frac{\gamma_1 - 1.0}{2} Ma_{fill}^2\right)^{\frac{\gamma_1}{\gamma_1 - 1}} \tag{3-42b}$$

第三步,计算爆震波参数:根据爆震室当量比 ER 和可爆混合物静压 p_4 及静温 T_4 计算得到爆震燃烧前后的比热比 γ_1 和 γ_2、爆震波马赫数 Ma_{CJ}、爆震波速 D_{CJ} 等(该步骤可利用 CEA 软件进行)。

第四步,计算工作时间及工作频率:首先利用各阶段工作过程解析模型,计算爆震室各个阶段的工作时间,从而得到一个循环内爆震室的工作时间,再根据计算得到的工作时间确定对应的工作频率:

$$t_{cycle} = t_{DDT} + t_{CJ} + t_{exhaust} + t_{fill} \tag{3-43}$$

$$f' = \frac{1}{t_{DDT} + t_{CJ} + t_{exhaust} + t_{fill}} \tag{3-44}$$

当确定工作频率时,需要进行迭代计算,首先设定计算频率 f' 与给定频率 f 的允许误差,然后以第二步假设的爆震室进口填充马赫数 Ma_{fill} 为初值进行计算,若 f' 与 f 的误差不在允许范围内,则更改 Ma_{fill} 的值,直到误差小于允许误差,即迭代过程收敛,计算结束,输出此时的填充马赫数,根据填充马赫数求出相关状态参数。

第五步,利用下式计算得到爆震室出口的平均总压和平均总温:

$$p_{tout} = \frac{\int_0^{t_{cycle}} \dot{m}(t) p(t) \mathrm{d}t}{\int_0^{\tau} \dot{m}(t) \mathrm{d}t} \tag{3-45a}$$

$$T_{\text{tout}} = \frac{\int_0^{t_{\text{cycle}}} \dot{m}(t) T(t) \mathrm{d}t}{\int_0^{\tau} \dot{m}(t) \mathrm{d}t} \tag{3-45b}$$

式中：

$$\dot{m} = \frac{p(t)}{RT(t)} \frac{\pi D_{\text{tube}}^2}{4} N_{\text{tube}} u(t) f \tag{3-46}$$

式中：$u(t)$——t 时刻气流速度。

一个循环内参与爆震燃烧的空气流量可用如下公式表示：

$$Ma_{\text{out}} = \frac{p_{\text{in}}}{RT_{\text{in}}} A_{\text{tube}} N_{\text{tube}} L_{\text{tube}} f \tag{3-47}$$

3.4 非稳态脉冲爆震燃烧室模型

PDTE 由于受到爆震室周期工作特性的影响,其部件工作参数均为脉动的,所以对于 PDTE 而言,其工作过程是一个完全的非稳态过程,不存在稳态工作点。上述等效爆震室模型将 PDC 出口参数在一个周期内进行了等效平均,根据爆震室进口参数求解出爆震室出口等效总参数,然后结合传统涡轮发动机性能计算方法来对 PDTE 性能进行评估。但这种等效模型无法反映一个周期内 PDC 出口非稳态工作参数对涡轮部件效率、转子转速等的影响,只能获得 PDTE 的等效平均性能,无法计算 PDTE 本质上的非稳态工作特性。因此,要计算 PDTE 的非稳态工作特性,需要建立非稳态脉冲爆震燃烧室模型,从而准确地模拟发动机的动态特性。下面将介绍在等效模型基础上发展起来的两种非稳态爆震室模型。

3.4.1 共同工作模型

该模型在 3.3.4 节所建立的等效爆震室模型的基础上,结合传统航空涡轮发动机共同工作计算方法,从压气机、涡轮部件特性图上获取一个脉冲爆震循环周期内不同时刻的部件效率进行非定常计算,然后基于压气机和涡轮在一个周期内的总功相同这一共同工作条件,通过迭代确定 PDC 的工作参数。该模型建立过程如下。

首先根据爆震室入口状态参数和工作参数,结合等效爆震室工作过程解析模型,可以计算出一个爆震循环周期内任意时刻爆震室出口总温 $T_t(t)$、总压 $p_t(t)$。

由于爆震室出口燃气的强非定常特性,涡轮入口气流参数随时间周期性变化,对于某一时刻 t,涡轮流量 $W_5(t)$ 和换算流量 $W_{5,\text{cor}}(t)$ 如下：

$$W_5(t) = K_g \frac{p_t(t)}{\sqrt{T_t(t)}} A_5 q [\lambda_5(t)] \tag{3-48a}$$

$$W_{5,\text{cor}}(t) = W_5(t) \frac{\sqrt{T_t(t)}}{p_t(t)} = K_g A_5 q [\lambda_5(t)] \tag{3-48b}$$

$$K_{g} = \sqrt{\frac{\gamma_5}{R_{fuel}} \left(\frac{2}{\gamma_5 + 1}\right)^{\frac{\gamma_5 + 1}{\gamma_5 - 1}}} \qquad (3-48c)$$

式中：λ_5——涡轮导向器喉道处速度因数；

$\quad\gamma_5$——涡轮导向器喉道处气流的比热比；

$\quad A_5$——涡轮导向器喉道面积；

$\quad R_{fuel}$——燃气常数。

当 PDTE 稳定工作时，由于转动部件的惯性，可近似认为发动机的物理转速保持不变，根据转速平衡，涡轮物理转速等于压气机转速，此时涡轮的换算转速 $n_{5,cor}(t)$ 为

$$n_{5,cor}(t) = n_{c,cor}\sqrt{\frac{T_{t2}}{T_{t45}(t)}} \qquad (3-49)$$

式中：$n_{c,cor}$——压气机换算转速；

$\quad T_{t3}$——压气机进口总温；

$\quad T_{t45}(t)$——涡轮导向器出口温度。

根据涡轮换算流量和换算转速，可从涡轮特性图上插值得到此时刻的涡轮落压比 $\pi_T(t)$ 和效率 $\eta_T(t)$，并由此计算涡轮出口截面 t 时刻的总温 $T_{t5}(t)$、总压 $p_{t5}(t)$ 和涡轮功 $L_T(t)$ 分别为

$$T_{t5}(t) = T_{t45}(t) / \{1 - [1 - \pi_T(t)^{\frac{1-\gamma_g}{\gamma_g}}]\eta_T(t)\} \qquad (3-50a)$$

$$p_{t5}(t) = p_{t45}(t) / \pi_T(t) \qquad (3-50b)$$

$$L_T(t) = C_{pg}[T_{t45}(t) - T_{t5}(t)]W_5(t) \qquad (3-50c)$$

从上述分析可知涡轮输出功 $L_T(t)$ 随时间变化，根据爆震室的周期性工作特性可知，在一个爆震循环周期内压气机和涡轮需满足功率平衡，可得功率平衡的残差方程 E_1 为

$$E_1 = t_{cycle}(L_c + C_{TO}W_2) - \eta_m \int_0^{t_{cycle}} L_T(t)\mathrm{d}t \qquad (3-51)$$

式中：t_{cycle}——一个爆震周期时间；

$\quad L_c$——压气机功；

$\quad W_2$——压气机进口气流流量；

$\quad C_{TO}$——涡轮相对功率提取系数；

$\quad \eta_m$——轴机械效率。

此外，在爆震室一个工作周期内需满足流量平衡，那么压气机入口与涡轮出口的流量平衡残差方程 E_2 为

$$E_2 = t_{cycle}[(1-\beta)W_2 + W_f] - \int_0^{t_{cycle}} W_5(t)\mathrm{d}t \qquad (3-52)$$

式中：W_f——燃油流量；

$\quad \beta$——引气量。

选择压气机换算转速 $n_{c,cor}$ 和压气机工作点 Z_F 为迭代参数，求解使得残差方程 E_1、E_2 满足给定的误差条件，就可得出该工况下爆震室与压气机、涡轮的匹配工作频率、流量以及爆震室出口的瞬态参数，进而计算得到 PDTE 各个截面状态参数和发动机性能参数。

3.4.2　动态模型

虽然 3.4.1 节所建立的共同工作模型考虑了爆震室非稳态工作特性对涡轮等部件性能的影响,但上述模型认为在 PDTE 匹配工作过程中,压气机、转子系统是一个稳态工作部件。而实际上压气机是处于非稳态工作的,转子系统转速在一个周期内也是波动的,整机匹配试验也发现了上述规律。因此,共同工作模型还无法完全反映 PDTE 的非稳态工作特性。要获得这类发动机的动态特性和非稳态性能,需要建立完整的动态模型。本节将简要介绍一下前期结合传统航空发动机过渡态性能计算方法建立的考虑 PDTE 部件容腔效应、转子惯性的动态性能模型,详细的建模过程及分析将在后续相关章节进行介绍。

首先,将压气机和爆震室之间的转接段视为一个容腔。由于 PDC 的强脉动性,转接段内的空气受到压缩和膨胀的影响,使得转接段的进出口参数是不相等的,其容积引起的参数变化不可忽略。因此,需要考虑转接段的容积效应,从而计算出转接段出口参数。

其次,根据转接段出口参数和爆震室总压恢复系数 δ_{PDC} 和爆震室流通面积 A_{PDC} 计算出爆震室内的填充静压 p_{sfill} 和填充静温 T_{tfill}。根据获得的爆震室填充参数调用 CEA 程序可以计算得到爆震室出口燃气的比热比 γ_4、爆震波马赫数 Ma_{CJ} 和爆震波速 D_{CJ},继而可以计算得到一个爆震周期内 PDC 出口燃气的静压 $p_{t4}(t)$、$T_{t4}(t)$、$T_{s4}(t)$、$W_4(t)$:

$$p_{t4}(t) = p_{s4}(t) \left\{ 1 + \frac{\gamma_4 - 1}{2} \left[\frac{u_4(t)}{a_4(t)} \right]^2 \right\}^{\frac{\gamma_4}{\gamma_4 - 1}} \tag{3-53a}$$

$$T_{s4}(t) = \frac{a_4(t)^2}{\gamma_4 R_4} \tag{3-53b}$$

$$T_{t4}(t) = T_{s4}(t) \left\{ 1 + \frac{\gamma_4 - 1}{2} \left[\frac{u_4(t)}{a_4(t)} \right]^2 \right\} \tag{3-53c}$$

$$W_4(t) = \frac{P_{s4}(t)}{R_4 T_{s4}(t)} u_4(t) A_{PDC} \tag{3-53d}$$

式中:$p_{s4}(t_{PDC})$、$u_4(t_{PDC})$、$a_4(t_{PDC})$——爆震室一个周期内的出口静压、气流速度和燃气声速;

R_4——气体常数。

由于爆震室是周期性工作的,涡轮部件特性图是在稳态条件下获得的,所以假设涡轮在所有工况下均为准稳态工作的。通过涡轮换算转速 $n_{T,cor}$ 和涡轮落压比 π_T 在涡轮特性图上的插值,可以得到涡轮效率 η_T 和涡轮换算流量 $W_{5,cor}$。

爆震室的间歇工作特性导致 PDTE 的非稳态工作特性,在爆震室工作过程中,与 3.4.1 节中模型不同的是,PDTE 转子不满足功率平衡,涡轮产生的功率过剩或者不足,会导致转速的脉动,这与实际情况也是相符合的。因此考虑转子转动惯量 J,根据涡轮功、压气机功和转子机械效率 η_m,可得到转子加速度:

$$\frac{dn}{dt} = (N_T \eta_m - N_c) / \left[J n \left(\frac{\pi}{30} \right)^2 \right] \tag{3-54}$$

PDTE 部件的共同工作必须同时满足流量连续以及功率平衡,但由于 PDTE 是非稳态工作的,压气机功率和涡轮功率不平衡,使用式(3-54)替代功率平衡关系,但 PDTE 仍然满足流量连续条件。因此,选取迭代初值为压气机工作点 Z_c 和涡轮落压比 π_T 后,可以建立共同工作方程,包括压气机进口流量与压气机转接段进口流量平衡残差方程 E_1,涡轮出口流量与喷管出口流量平衡残差方程 E_2。求解残差方程就可得出发动机各个截面状态参数。

3.5 脉冲爆震燃烧室模型试验验证

3.4.2 节所建立的 PDTE 动态模型的验证将在后续相关章节进行详细介绍,这里仅对 3.4.1 节所建立的 PDTE 共同工作分析模型的试验验证进行介绍。首先,利用该模型对脉冲爆震涡喷发动机原理样机的压气机/爆震室/涡轮三部件共同工作规律和发动机性能进行计算。其次,利用该原理样机中爆震室与涡轮匹配工作的三维数值模拟结果和原理样机在 5~20 Hz 工作频率的试验数据对计算模型进行对比验证。

3.5.1 原理样机简介

双管脉冲爆震涡喷发动机原理样机的试验系统示意图如图 3-5 所示。其基本结构由涡轮增压器(离心压气机、径流涡轮)、双管脉冲爆震燃烧室、点火系统、润滑系统以及推力测试系统等组成,并在爆震室尾部安装高频动态压电传感器 $p_1 \sim p_4$ 用于测量爆震室出口参数。该原理样机详细系统介绍及其工作过程可见参考文献[10~12]。

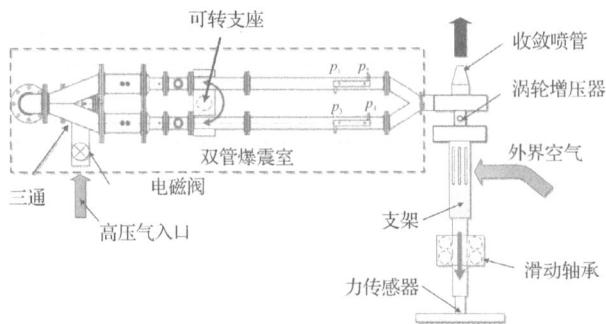

图 3-5 双管脉冲爆震涡喷发动机原理样机示意图

3.5.2 原理样机共同工作规律分析

1.脉冲爆震燃气驱动涡轮做功分析

从 3.4.1 节 PDTE 模型可以看出,涡轮入口条件从传统航空发动机的定常燃气变为随时间周期变化的脉冲爆震燃气。传统基于定常的涡轮部件出口参数计算方法不再适用。此时,只有对周期脉动条件下的涡轮做功能力进行准确的分析,才能准确计算 PDTE 整机性能。下面对 PDTE 原理样机在工作频率 20 Hz 下,一个爆震循环周期内涡轮的工作特性进行计算分析。

分析时首先根据涡轮入口换算流量 $W_{5,cor}(t)$ 和换算转速 $n_{5,cor}(t)$ 从涡轮特性图中插值出落压比 $\pi_T(t)$，最后根据涡轮入口压力 $p_{t45}(t)$ 和落压比 $\pi_T(t)$ 计算得出涡轮出口压力 $p_{t5}(t)$。

一个爆震循环周期内涡轮进出口总压变化如图 3-6 所示。图中曲线为共同工作分析模型计算结果，虚线为爆震室与涡轮匹配工作的三维数值模拟结果。可见，数值模拟与分析模型计算得到的涡轮出口压力峰值和压力变化趋势基本一致，但是相差了时间 Δt。这是因为采用数值模拟时 t 时刻的脉动气流微团需要时间 Δt 从涡轮入口流动到涡轮出口，此时对应出口时刻为 $t+\Delta t$。而 PDTE 共同工作分析模型计算时并未考虑 Δt。因为在 PDTE 共同工作分析模型中，涡轮做功的计算是在一个完整的爆震循环周期内进行积分得到的，所以气流微团流动时间 Δt 对计算并无影响，表明本分析模型可对爆震燃气驱动下的涡轮特性进行评估分析。

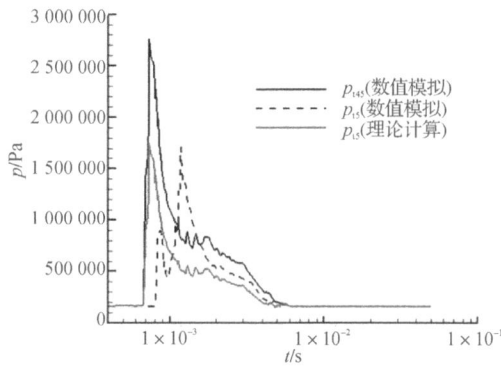

图 3-6　涡轮进出口总压随时间的变化关系

对于传统涡轮发动机，其稳定工作时从涡轮特性图上得出的落压比和效率是一定值；而在脉冲爆震燃气驱动下，涡轮的涡轮落压比和效率将随时间变化，图 3-7 给出了不同时刻的换算流量和涡轮落压比，图 3-8 给出了不同时刻的涡轮效率和累计流量（以一个循环累计流量为 1）。综合分析图 3-7、图 3-8 可知，爆震燃气驱动涡轮做功可分为 4 个阶段。

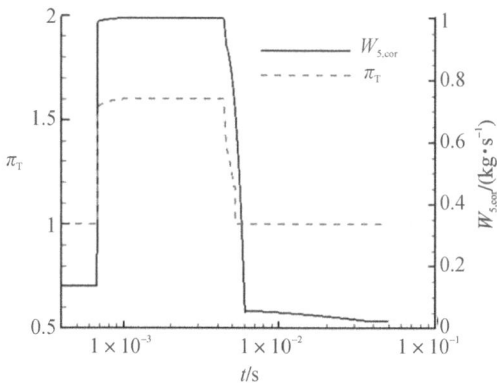

图 3-7　涡轮落压比和换算转速随时间的变化

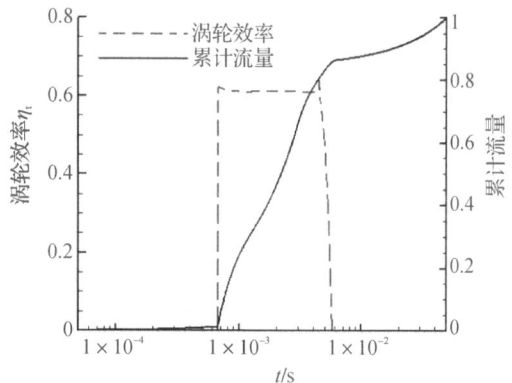

图 3-8　涡轮效率和累计流量随时间的变化

（1）爆震起爆与爆震波传播阶段，在时间 $0 \sim 6 \times 10^{-4}$ s 内，爆震波沿爆震室头部向出口传播，此时由于原理样机匹配工作时压气机增压比仅有 1.3，并且爆震室出口温度为填充温度，所以此时涡轮入口燃气换算流量低，无法驱动涡轮做功。该阶段涡轮效率为 0，落压比为 1，在这段时间内累计流过总流量的 1.2%。

（2）脉冲爆震燃烧室排气临界阶段，在时间 $6 \times 10^{-4} \sim 4.4 \times 10^{-3}$ s 内，被爆震波增压后的高温、高压燃气流入涡轮，此时涡轮喉道处于临界状态，涡轮入口换算流量保持不变，驱动涡轮做功。该阶段为涡轮主要做功阶段，涡轮效率为 0.61 左右（排气温度略有变化，使涡轮换算转速变化，导致涡轮效率变化），落压比为 1.60，燃气累计流过总流量的 79.4%。

（3）脉冲爆震燃烧室排气亚临界阶段，在时间 $4.4 \times 10^{-3} \sim 5.3 \times 10^{-3}$ s 内，随着爆震室不断排气，爆震室出口压力逐渐降低，涡轮喉道从临界状态过渡到亚临界状态，落压比和效率随之降低，涡轮做功逐渐减少，该阶段燃气累计流过总流量的 5%。

（5）脉冲爆震燃烧室填充阶段，在时间 $5.3 \times 10^{-3} \sim 0.5$ s 内，此时爆震室内压力已经降低为填充压力，爆震室内开始填充新鲜可燃混气，并且推动高温低压燃气流入涡轮，此时燃气换算流量低，燃气已经没有了做功能力。该阶段，涡轮效率为 0，涡轮落压比为 1，燃气累计流过总流量的 14.4%。此后进入下一个循环，并重复上述过程。

2.压气机/爆震室/涡轮共同工作规律

PDTE 在稳定匹配工作过程中，除了非定常的脉冲爆震燃气驱动涡轮做功外，还比传统航空涡轮发动机多了一个爆震室工作频率与发动机流量之间的匹配关系。随着爆震室工作频率的改变，PDTE 工作状态将随之改变，从而重新满足发动机压力、转速、流量和压气机/涡轮功率的平衡。

PDTE 工作流量和工作频率的关系如图 3-9 所示，图中流量数据利用原理样机的压气机设计点工作流量进行无量纲化。从图中可以看出，流量为压气机设计点的 25% 和 31% 的两组试验数据远离了计算所得的工作频率值，但是其他计算得出的爆震室工作频率与实验数据相近。这主要是因为计算中近似认为 $B_m = 1$，即认为压气机出口气流全部参与爆震燃烧，而试验过程中，爆震室内新鲜燃气会存在过填充情况，使 $B_m < 1$，使得计算出来的工作频率会高于实际工作频率。图 3-10 为 PDTE 原理样机在不同工作频率下的共同工作线在其离心压气机特性图上的显示。可见，计算得到的不同频率下压气机换算流量与压气机压比的关系与试验数据基本吻合，所建立的模型能在一定误差范围内对 PDTE 的共同工作规律进行预测。

此外，由爆震室工作频率与工作流量的匹配关系可知，爆震室工作频率与流量成正比，与气流密度成反比。从图 3-9 中可以看出，随着 PDTE 工作流量的增大，爆震室工作频率随之增加，当流量达到压气机设计流量的 35% 时，工作频率增长趋势逐渐变得平缓。这是因为随着工作流量的不断增加，压气机压比迅速提高（见图 3-10），使爆震室入口的气流密度快速增加，从而使爆震室工作频率增长减缓。当压气机工作流量从设计点的 30% 提高 1 倍至 60% 时，爆震室与之匹配的工作频率从 35 Hz 提高到 47 Hz，仅提高了 34%。可见，通过提高爆震室工作频率可以大幅增加 PDTE 的流量。此外，对图 3-10 分析可知，随着爆震室工作频率的提高，PDTE 工作流量增加，压气机压比急剧增加，共同工作线将靠近压气机喘振边界，可以增大 PDTE 原理样机的喷管喉道面积，使共同工作线下移。

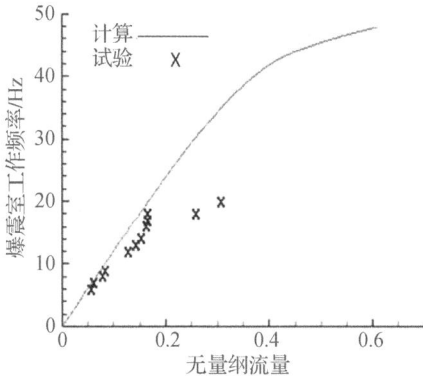

图 3 - 9　PDTE 流量与工作频率的关系　　　**图 3 - 10　PDTE 共同工作线**

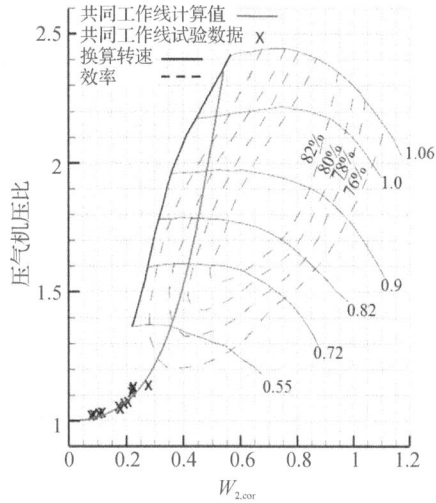

3.5.3　原理样机性能对比验证

图 3-11(a)为 PDTE 原理样机推力传感器安装示意图,图 3-11(b)为传感器推力测试简化原理图。图中 m 表示传感器质量,$F_t(t)$ 代表发动机产生的推力,$n(t)$ 代表传感器感受到的推力,x 是传感器受力后的形变,k 为传感器刚度,c 为传感器阻尼系数。可建立推力测量系统的动力学方程及传感器受力表达式:

$$\left.\begin{array}{l} m\ddot{x}(t) = F_t(t) - kx(t) - c\dot{x}(t) \\ n(t) = kx(t) + c\dot{x}(t) \end{array}\right\} \qquad (3-55)$$

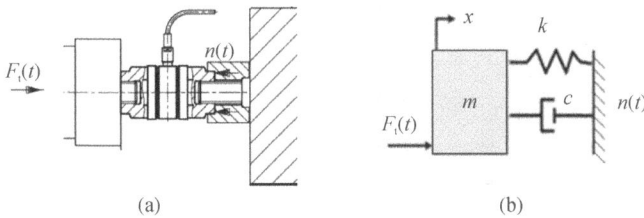

(a)　　　　　　　　　　(b)

图 3 - 11　推力测试系统简化模型
(a)推力传感器安装示意图;　(b)推力测试简化原理图

试验时采用的推力传感器 Kistler 9331B 的质量为 0.17 kg、最大形变为 4 mm、刚度为 2.53×10^5 N/m、阻尼系数为 70 N·s/m。

原理样机工作频率为 20Hz 时计算得到的 PDTE 原理样机瞬时推力 $F_t(t)$、传感器感受推力 $n(t)$ 和试验测得的推力在 1 s 内的波形如图 3-12～图 3-14 所示。可见,瞬时推力按照爆震室工作频率周期性重复,峰值可达 5 510 N,传递到传感器上,感受到的推力峰值为 962 N。理论计算得到的推力在 1 s 内的时均值为 235 N。试验实测的推力峰值约为

540 N,主要是因为理论计算中发动机产生的瞬态推力峰值是由爆震波的瞬态压力峰值在涡轮和喷管中膨胀后得到的,但实际过程中进入喷管的峰值压力由于喷管本身的容积效应其压力峰值会降低,因此实测的推力峰值降低。但是传感器感受推力的理论计算值和实测值的变化趋势相似,在一个爆震循环周期内都是推力首先达到峰值,然后开始下降并来回波动数次,最后趋于平稳。另外,由于推力峰值作用时间极短,对平均推力贡献不大,所以实测的推力均值与理论均值相近,实测推力均值为 226 N,较理论值 235 N 低 4.0%。可见,由共同工作分析模型计算出的发动机推力可对发动机性能进行较为准确的评估。

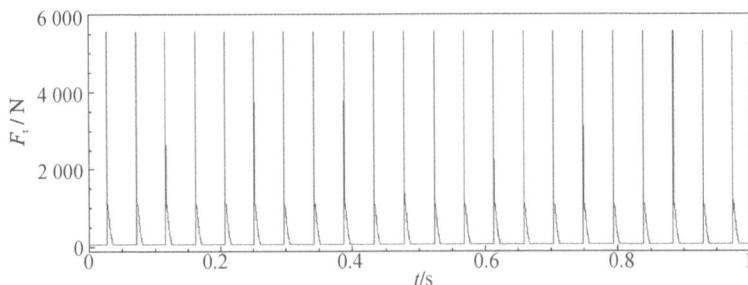

图 3-12　PDTE 原理样机出口瞬态推力

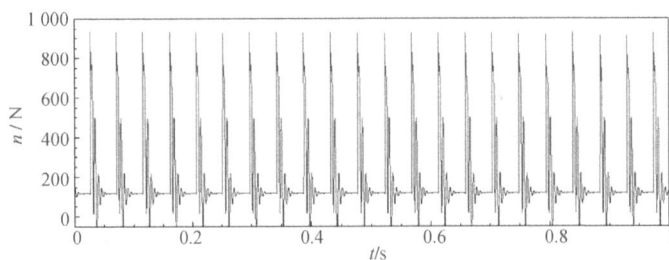

图 3-13　推力传感器感受到的瞬态推力

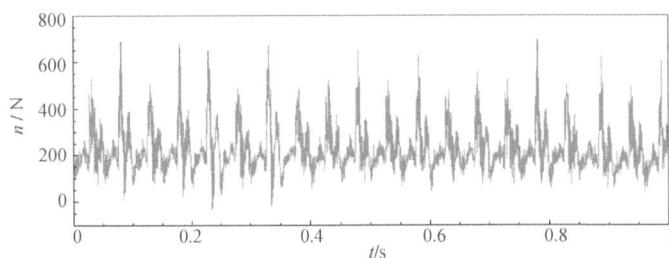

图 3-14　试验测得的 PDTE 推力

　　图 3-15 给出了利用 PDTE 共同工作模型计算得到的发动机平均推力与 PDTE 等效模型以及试验获得的平均推力数据对比。图中推力的值利用原理样机在 10 Hz 的推力数据进行了无量纲化处理。从图中可以看出,共同工作模型计算所得推力高于试验所测值1.2%～6.0%,这主要是因为在计算过程中认为喷管出口燃气完全膨胀,但是在实际工作过程中,脉冲形式的高压气流有时在喷管内会欠膨胀,导致部分燃烧产物能量浪费。另外,对比共同工作模型和等效模型可以看出,当使用等效模型对 PDTE 性能进行评估分析时,需

要通过经验对部件效率进行假设,并且根据假设的不同部件效率,计算结果会相差很大,如图中部件效率为 1 和假定部件效率较低时获得的两条推力曲线。而共同工作模型可以通过共同工作平衡方程的约束,从部件特性图上获得一个爆震周期内不同时刻的部件效率,避免了人为给定部件效率产生的计算误差,使得对 PDTE 的性能评估更加简便、准确。此外,由图 3-15 可以看出,PDTE 原理样机的推力随着爆震室工作频率的增大而增大,在工作频率 10~25 Hz 下,发动机推力提高了 3.3 倍。可见,通过调节爆震室工作频率可以有效调节发动机推力。但是在试验过程中爆震室的反传问题,使得压气机工作不稳定,发动机只能在较低转速下匹配工作,从而使发动机整机工作频率偏低、流量小,合理地解决爆震室反传问题,提高整机工作频率,可实现发动机推力的大幅提升。

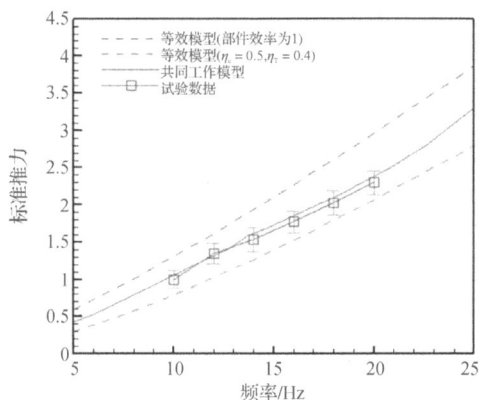

图 3-15 PDTE 推力计算值与试验数据对比

参 考 文 献

[1] PAXSON D E. Performance evaluation method for ideal airbreathing pulse detonation engines[J]. J Propuls Power, 2004, 20(5): 945-950.

[2] GOLDMEER J, TANGIRALA V, DEAN A. Systems-level performance estimation of a pulse detonation based hybrid engine[C]//ASME Turbo Expo 2006: Power for Land, Sea, and Air, May 8-11, 2006, Barcelona, Spain. New York: ASME, 2008: 161-171.

[3] TANGIRALA V E, RASHEED A, DEAN A J. Performance of a pulse detonation combustor-based hybrid engine[C]//ASME Turbo Expo 2007: Power for Land, Sea, and Air, May 14-17, 2007, Montreal, Canada. New York: ASME, 2009: 403-414.

[4] GOLDMEER J, TANGIRALA V, DEAN A. System-level performance estimation of a pulse detonation based hybrid engine[J]. J Eng Gas Turbines Power, 2008, 130(1): 011201.

[5] 卢杰. 脉冲爆震涡轮发动机关键技术研究[D]. 西安:西北工业大学, 2016.

[6] 张淑婷. 脉冲爆震涡轮发动机性能计算与总体方案研究[D]. 西安:西北工业大

学,2018.

［7］　WINTENBERGER E，SHEPHERD J E. Model for the performance of air breathing pulse‑detonation engines[J]. J Propuls Power，2006，22(3)：593‑603.

［8］　ENDO T，KASAHARA J，MATSUO A，et al. Pressure history at the thrust wall of a simplified pulse detonation engine[J]. AIAA J，2004，42(9)：1921‑1930.

［9］　王凌羿. 脉冲爆震涡轮发动机总体及增压部件匹配技术研究[D]. 西安：西北工业大学，2021.

［10］　李晓丰. 脉冲爆震涡轮发动机技术研究[D]. 西安：西北工业大学，2013.

［11］　李晓丰，郑龙席，邱华，等. 两相脉冲爆震涡轮发动机原理性试验[J]. 航空动力学报，2013，28(12)：2731‑2736.

［12］　李晓丰，郑龙席，邱华，等. 脉冲爆震涡轮发动机原理性试验研究[J]. 实验流体力学，2013，27(6)：1‑5.

［13］　LU J，ZHENG L X，QIU H，et al. Performance investigation of a pulse detonation turbine engine[J]. Proc Inst Mech Eng Part G J Aerosp Eng，2016，230(2)：350‑359.

第4章 脉冲爆震涡轮发动机设计点性能仿真分析

4.1 引　　言

指定的飞行条件和大气条件通常称为燃气涡轮发动机的"设计点",设计点的飞行条件和大气条件由飞机设计人员和发动机设计人员共同确定,发动机在设计点获得的性能参数,称为发动机性能。脉冲爆震涡轮发动机作为一种新概念发动机,也需要开展设计点性能计算分析,确定发动机设计点热力循环参数,并获得发动机单位性能随循环参数的变化规律,为该类发动机的总体设计提供指导。

本章将结合传统涡轮发动机设计点性能计算方法和第3章所建立的脉冲爆震燃烧室等效模型来开展脉冲爆震涡轮发动机(包括脉冲爆震涡喷、脉冲爆震涡扇、脉冲爆震涡轴、脉冲爆震外涵加力4种基本类型)设计点性能仿真分析,研究不同循环参数对脉冲爆震涡轮发动机性能的影响,并分析对比脉冲爆震涡轮发动机设计点性能同传统涡轮发动机设计点性能的差异。

4.2　设计点性能仿真模型

设计点性能计算过程一般做如下假设:

(1)气流在脉冲爆震涡轮发动机中的流动为一维流动;

(2)气流流经脉冲爆震燃烧室以及混合室过程中,定压比热容 C_p、定容比热容 C_v 和比热比 $T_{45} = f_8(T_4, \mathrm{DHTCHP}, \mathrm{ETATHP})$ 值是变化的;流经脉冲爆震涡轮发动机其他部件时上述值是恒定不变的。

(3)压气机出口与脉冲爆震燃烧室之间存在能够瞬间关闭的阀门,阀门打开时,气流以给定的填充速度填充,填充完成后阀门关闭。发动机工作过程中近似认为进气道、压气机内的气流为稳态流动。

设计点性能计算已知的数据有:

(1)给定发动机设计点的飞行条件:马赫数 Ma_0、飞行高度 H。

(2)发动机设计点参数:风扇/压气机增压比 π_{CL}、π_{CH},涡轮进口总温 T_{t4},涵道比 B 等。

(3)部件设计点效率:例如对于脉冲爆震涡扇发动机,已知风扇效率 η_{CL}、高压压气机效率 η_{CH}、高压涡轮效率 η_{TH}、低压涡轮效率 η_{TL}、高压轴机械效率 η_{mH}、低压轴机械效率 η_{mL} 等。

(4)损失系数:进气道总压恢复系数 σ_i、混合室总压恢复系数 σ_m、尾喷管总压恢复系数 σ_e、相对功率提取系数 C_{TO}、高压涡轮的相对冷却空气量 δ_1、低压涡轮的相对冷却空气量 δ_2、飞机相对引起量 β 等。

(5)空气的定压比热容 C_p、比热比 γ,燃气的定压比热容 C_{pg}、比热比 γ_g、气体常数 R,燃油的低热值 H_u 等。

不同类型的脉冲爆震涡轮发动机设计点性能计算模型如下。

4.2.1 脉冲爆震涡喷发动机

脉冲爆震涡喷发动机的模型和各截面符号如图 4-1 所示。发动机模型由进气道、压气机、隔离段、PDC、混合室、涡轮和尾喷管和引气增压压气机组成。当 PDTE 工作时,由于 PDC 的增压作用,PDC 内的压力将高于压气机出口压力,所以需要在压气机与 PDC 之间设置隔离段,用于隔离 PDC 的反传压力。隔离段出口的气流分成两股:一股流入 PDC 参与燃烧,另一股从 PDC 外流过,在混合室内与爆震燃气混合后冲击涡轮,并通过尾喷管加速排出,产生推力。另外,为了防止涡轮处的高压燃气倒流进入涡轮冷却通道或者封严通道,从压气机引出的封严气流经过一个小型增压压气机,以提高冷却空气的压力,从而确保涡轮的有效冷却和封严。

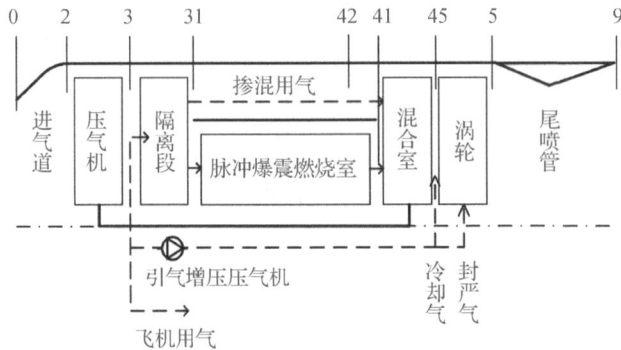

图 4-1　脉冲爆震涡喷发动机截面符号

设计点性能计算从 0 截面开始,依次求出各个截面上的总温、总压,直到求出 9 截面的参数后,再计算脉冲爆震涡轮发动机的总体性能,计算步骤如下。

1.0 — 0 截面的温度和压力

已知飞行高度,可通过下式,计算得到大气静温 T_0 及静压 p_0:

当 $H \leqslant 11$ km 时,有

$$T_0 = 288.15 - 6.5H \tag{4-1}$$

$$p_0 = 101\,325(1 - H/44.308)^{5.2553} \tag{4-2}$$

当 $H > 11 \text{ km}$ 时,有

$$T_0 = 216.7 \tag{4-3}$$

$$p_0 = 0.227 \mathrm{e}^{\frac{11-H}{6.338}} \times 10^5 \tag{4-4}$$

当地声速以及 0 — 0 截面的气流速度分别为

$$a_0 = \sqrt{\gamma R T_0} \tag{4-5}$$

$$c_0 = a_0 \times Ma_0 \tag{4-6}$$

0 — 0 截面的总温和总压分别为

$$T_{t0} = T_0 \left(1 + \frac{\gamma - 1}{2} Ma_0^2 \right) \tag{4-7}$$

$$p_{t0} = p_0 \left(1 + \frac{\gamma - 1}{2} Ma_0^2 \right)^{\frac{\gamma-1}{\gamma}} \tag{4-8}$$

2. 进气道出口参数

进气道总压恢复系数按下式确定:

当 $Ma_0 \leqslant 1.0$ 时,有

$$\sigma_i = 0.97 \tag{4-9}$$

当 $Ma_0 > 1.0$ 时,有

$$\sigma_i = 0.97 [1.0 - 0.075(Ma_0 - 1)^{1.35}] \tag{4-10}$$

出口总压和总温分别为

$$p_{t2} = \sigma_i = \times p_{t0} \tag{4-11}$$

$$T_{t2} = T_{t0} \tag{4-12}$$

3. 压气机出口参数

近似认为压气机进口总压与进气道出口总压相等,故压气机出口总压和总温分别为

$$p_{t3} = p_{t2} \times \pi_{CH} \tag{4-13}$$

$$T_{t3} = T_{t2} [1 + (\pi_{CH}^{\frac{\gamma-1}{\gamma}} - 1) / \eta_{CH}] \tag{4-14}$$

每千克空气消耗的功为

$$L_{CH} = C_p (T_{t3} - T_{t2}) \tag{4-15}$$

4. 爆震室出口参数

爆震室出口参数的计算模型在前面章节已经进行过详细介绍,根据爆震室模型以及给定的爆震室设计参数(爆震室尺寸、工作频率等)可以计算得到爆震室出口(即涡轮进口)总温 T_{t4} 和总压 p_{t4}。

5. 涡轮参数计算

设涡轮导向器出口截面为 4a 截面,涡轮转子出口截面为 5 截面。在计算中,认为冷却气流和主流首先在导向器中混合,然后进入转子做功。混合后气体流量为 W_{4a},混合后的总温由能量平衡关系式求得。由于冷却气流流量相对于主流来说很小,混合后的总压认为等于混合前主流的总压:

$$C_p W_3 \delta_1 T_{t3} + C_{pg}(W_{3c} + W_f) T_{t4} = C_{pg} W_{4a} T_{t4a} \tag{4-16}$$

$$W_{3c} = (1 - \beta - \delta_1) W_3 \qquad (4-17)$$

由此可得涡轮导向器进出口总温比 τ_{m1} 为

$$\tau_{m1} = \frac{T_{t4a}}{T_{t4}} = \frac{(1-\beta-\delta_1)(1+f) + C_p \delta_1 T_{t3} / C_{pg} T_{t4}}{(1-\beta-\delta_1)(1+f) + \delta_1} \qquad (4-18)$$

式中:f ——油气比。

涡轮导向器出口总温为

$$T_{t4a} = T_{t4} \tau_{m1} \qquad (4-19)$$

涡轮导向器出口总压为

$$p_{t4a} = p_{t4} \qquad (4-20)$$

涡轮出口总温 T_{t5} 由转子功率平衡计算

$$C_{pg} W_{4a} (T_{t4a} - T_{t5}) \eta_{mH} = C_p W_3 (T_{t3} - T_{t2}) \qquad (4-21)$$

$$\frac{T_{t5}}{T_{t4a}} = 1 - \frac{C_p (T_{t3} - T_{t2})}{[(1-\beta-\delta_1)(1+f) + \delta_1] \eta_{mH} C_{pg} T_{t4a}} \qquad (4-22)$$

涡轮出口总温为

$$T_{t5} = \frac{T_{t5}}{T_{t4a}} T_{t4a} \qquad (4-23)$$

涡轮膨胀比为

$$\pi_{TH} = \frac{p_{t4a}}{p_{t5}} \left[1 - (1 - \frac{T_{t5}}{T_{t4a}}) / \eta_{TH} \right]^{-\frac{\gamma_4}{\gamma_4 - 1}} \qquad (4-24)$$

涡轮出口总压为

$$p_{t5} = p_{t4a} / \pi_{TH} \qquad (4-25)$$

6.尾喷管出口参数计算

尾喷管总压恢复系数为 σ_e,尾喷管速度系数为 Ψ_e,可取 0.98。

尾喷管进口总温、总压分别为

$$T_{t7} = T_{t5} \qquad (4-26)$$

$$p_{t7} = \sigma_{b,ab} p_{t5} \qquad (4-27)$$

尾喷管出口总温、总压分别为

$$T_{t9} = T_{t7} \qquad (4-28)$$

$$p_{t9} = \sigma_e p_{t7} \qquad (4-29)$$

假设尾喷管完全膨胀,则有 $p_9 = p_0$,此时

$$Ma_9 = \sqrt{\frac{2}{\gamma_6 - 1} \left[\left(\frac{p_{t9}}{p_9} \right)^{\frac{\gamma_6}{\gamma_6 - 1}} - 1 \right]} \qquad (4-30)$$

出口静温为

$$T_9 = T_{t9} \left(1 + \frac{\gamma_6 - 1}{2} Ma_9^2 \right)^{-1} \qquad (4-31)$$

出口声速为

$$a_9 = \sqrt{\gamma_6 R T_9} \qquad (4-32)$$

排气速度为

$$c_9 = a_9 Ma_9 \Psi_e \tag{4-33}$$

7.发动机单位性能参数计算

发动机的总油气比 f_0 为

$$f_0 = (1 - \beta - \delta_1) f \tag{4-34}$$

发动机的单位推力 F_s 为

$$F_s = (1 + f_0 - \beta) \left[c_9 + \frac{RT_9}{c_9} \left(1 - \frac{p_0}{p_9} \right) \right] - c_0 \tag{4-35}$$

单位燃油消耗率 sfc 为

$$\text{sfc} = \frac{3\,600 f_0}{F} \tag{4-36}$$

4.2.2　脉冲爆震涡扇发动机

图 4-2 为 PDC 替代主燃烧室的混合排气涡扇发动机模型和各截面符号。该总体性能计算模型基本假设和设计点性能计算已知的数据见 4.2.1 节。设计点性能计算从 0 截面开始,依次求出各个截面上的总温、总压,直到 9 截面的参数求出后,再计算脉冲爆震涡轮发动机的总体性能,计算步骤与 4.2.1 节类似,这里是双转子涡扇发动机,因此在 4.2.1 节计算步骤的基础上进行如下补充。

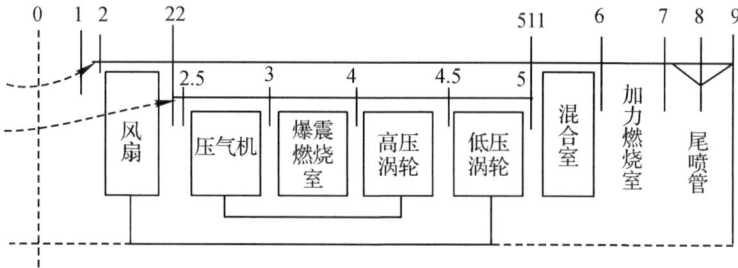

图 4-2　PDC 代替主燃烧室的混合排气涡扇发动机各截面符号

1.风扇出口参数

出口总压为

$$p_{t22} = p_{t2} \pi_{CL} \tag{4-37}$$

出口总温为

$$T_{t22} = T_{t2} \left[1 + (\pi_{CL}^{\frac{\gamma-1}{\gamma}} - 1) / \eta_{CL} \right] \tag{4-38}$$

每千克空气所消耗的功为

$$L_{CL} = C_p (T_{t22} - T_{t2}) \tag{4-39}$$

2.高压压气机出口参数

近似认为高压压气机进口总压与风扇出口总压相等,故总压和总温分别为

$$p_{t3} = p_{t22} \pi_{CH} \tag{4-40}$$

$$T_{t3} = T_{t22} \left[1 + \left(\pi_{CH}^{\frac{\gamma-1}{\gamma}} - 1 \right) / \eta_{CH} \right] \tag{4-41}$$

每千克空气消耗的功为

$$L_{CH} = C_p (T_{t3} - T_{t22}) \tag{4-42}$$

3. 爆震室出口参数

爆震燃烧室出口参数计算方法类似,可以根据其进口参数和设计参数得到爆震室出口总温总压分别为 T_{t4}、p_{t4}。

4. 高压涡轮参数计算

设高压涡轮导向器出口截面为 4a 截面,高压涡轮转子出口截面为 4.5 截面。在计算中,认为冷却气流和主流首先在导向器中混合,然后进入转子做功。混合后气体流量为 W_{4a},混合后的总温由能量平衡关系式求得。由于冷却气流流量相对于主流来说很小,混合后的总压认为等于混合前主流的总压。

$$C_p W_3 \delta_1 T_{t3} + C_{pg} (W_{3c} + W_f) T_{t4} = C_{pg} W_{4a} T_{t4} \tag{4-43}$$

$$W_{3c} = (1 - \beta - \delta_1 - \delta_2) W_3 \tag{4-44}$$

由此可得高压涡轮导向器进出口总温比 τ_{m1} 为

$$\tau_{m1} = \frac{T_{t4a}}{T_{t4}} = \frac{(1 - \beta - \delta_1 - \delta_2)(1 + f) + C_p - \delta_1 T_{t3} / (C_{pg} T_{t4})}{(1 - \beta - \delta_1 - \delta_2)(1 + f) + \delta_1} \tag{4-45}$$

式中:f ——油气比。

高压涡轮导向器出口总温为

$$T_{t4a} = T_{t4} \tau_{m1} \tag{4-46}$$

高压涡轮导向器出口总压为

$$p_{t4a} = p_{t4} \tag{4-47}$$

高压涡轮出口总温 $T_{t4.5}$ 由高压转子功率平衡计算

$$C_{pg} W_{4a} (T_{t4a} - T_{t45}) \eta_{mH} = C_p W_3 (T_{t3} - T_{t22}) \tag{4-48}$$

$$\frac{T_{t4.5}}{T_{t4a}} = 1 - \frac{C_p (T_{t3} - T_{t22})}{[(1 - \beta - \delta_1 - \delta_2)(1 + f) + \delta_1] \eta_{mH} C_{pg} T_{t4a}} \tag{4-49}$$

高压涡轮出口总温为

$$T_{t4.5} = \frac{T_{t4.5}}{T_{t4a}} T_{t4a} \tag{4-50}$$

高压涡轮膨胀比为

$$\pi_{TH} = \frac{p_{t4a}}{p_{t4.5}} = \left[1 - \left(1 - \frac{T_{t4.5}}{T_{t4a}} \right) / \eta_{TH} \right]^{-\frac{\gamma_4}{\gamma_4 - 1}} \tag{4-51}$$

高压涡轮出口总压为

$$p_{t4.5} = p_{t4a} / \pi_{TH} \tag{4-52}$$

5. 低压涡轮参数计算

设低压涡轮导向器出口截面为 4c 截面,低压涡轮转子出口截面为 5 截面。

计算方法与上一步类似,根据能量平衡,确定导向器出口总温之比:

$$\tau_{m2}=\frac{T_{t4c}}{T_{t4.5}}=\frac{(1-\beta-\delta_1-\delta_2)(1+f)+C_p\delta_2 T_{t3}/C_{pg}T_{t4.5}}{(1-\beta-\delta_1-\delta_2)(1+f)+\delta_1+\delta_2} \tag{4-53}$$

低压涡轮导向器出口总温为

$$T_{t4c}=T_{t4.5}\tau_{m2} \tag{4-54}$$

低压涡轮导向器出口总压为

$$p_{t4c}=p_{t4.5} \tag{4-55}$$

低压涡轮转子出口总温与进口总温之比为

$$\frac{T_{t5}}{T_{t4c}}=1-\frac{[C_p(T_{t22}-T_{t2})+C_{TO}/\eta_{mp}](1+B)}{[(1-\beta-\delta_1-\delta_2)(1+f)+\delta_1+\delta_2]\eta_{mL}C_{pg}T_{t4c}} \tag{4-56}$$

式中：η_{mp}——功率提取机械效率；

C_{TO}——提取功率与总空气质量流量之比（相对功率提取系数），一般取值
为 3.0 kJ/kg。

低压涡轮出口总温为

$$T_{t5}=\frac{T_{t5}}{T_{t4c}}T_{t4c} \tag{4-57}$$

低压涡轮膨胀比为

$$\pi_{TL}=\frac{p_{t4c}}{p_{t5}}=\left[1-\left(1-\frac{T_{t5}}{T_{t4c}}\right)/\eta_{TL}\right]^{-\frac{\gamma_4}{\gamma_4-1}} \tag{4-58}$$

低压涡轮出口总压为

$$p_{t5}=p_{t4c}/\pi_{TL} \tag{4-59}$$

6.混合室出口参数计算

混合室出口总温与进口总温之比可由混合室进出口的能量平衡计算：

$$\frac{T_{t6}}{T_{t5}}=\frac{C_{pg}}{C_{p6}}\frac{1+B_m C_p T_{t22}/(C_{pg}T_{t5})}{1+B_m} \tag{4-60}$$

式中：B_m——混合室进口涵道比，即

$$B_m=\frac{B}{(1-\beta-\delta_1-\delta_2)(1+f)+\delta_1+\delta_2} \tag{4-61}$$

C_{p6}——混合气流的定压比热容，可用质量平均值计算

$$C_{p6}=\frac{C_{pg}+B_m C_p}{1+B_m} \tag{4-62}$$

混合后气流的比热比为

$$\gamma_6=\frac{C_{p6}}{C_{p6}-R_6}$$

式中：R_6——混合后的气体常数。

气流质量平均总压 p_m 为

$$p_m=\frac{p_{t5}+B_m\sigma_{\parallel}p_{t22}}{1+B_m} \tag{4-63}$$

式中：$\sigma_{\parallel}$——外涵风扇出口至混合室进口的总压恢复系数，可取 0.98。

混合室出口气流总压为

$$p_{t6}=\sigma_m p_m \tag{4-64}$$

式中：σ_m——混合室总压恢复系数，可取 0.97。

7.尾喷管出口参数计算

发动机不加力时，选取加力燃烧室总压恢复系数为 $\sigma_{b.ab}$，尾喷管总压恢复系数为 σ_e，尾喷管速度系数为 Ψ_e，可取 0.98。计算步骤与脉冲爆震涡喷发动机类似，见 4.2.1 节。

8.发动机单位性能参数计算

不加力时发动机的总油气比 f_0 为

$$f_0 = \frac{(1-\beta-\delta_1-\delta_2)f}{1+B} \tag{4-65}$$

发动机的单位推力 F 为

$$F = \left(1 + f_0 - \frac{\beta}{1+B}\right)\left[c_9 + \frac{RT_9}{c_9}\left(1 - \frac{p_0}{p_9}\right)\right] - C_0 \tag{4-66}$$

单位燃油消耗率 sfc 为

$$\mathrm{sfc} = \frac{3\ 600 f_0}{F_s} \tag{4-67}$$

4.2.3　脉冲爆震涡轴发动机

脉冲爆震涡轴发动机的各截面符号如图 4-3 所示。

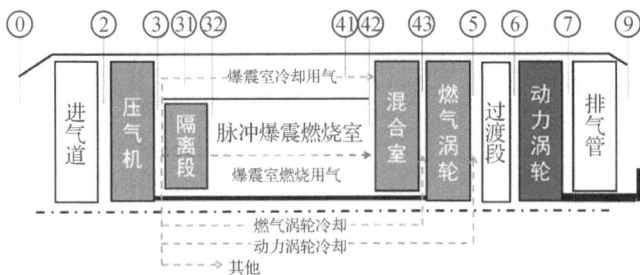

图 4-3　脉冲爆震涡轴发动机截面符号

发动机设计点性能计算模型与 4.2.1 节涡喷发动机计算步骤类似，不同之处在于涡轴发动机含有动力涡轮，动力涡轮出口参数计算过程如下。

动力涡轮导向器入口 6 截面：过渡段内为绝热过程，总温为 $T_{t6} = T_{t5}$，总压为 $p_{t6} = \sigma_G p_{t5}$。其出口总压为 $p_{t7}\sigma_e = p_{t9} = p_0\pi_e$。其导向器出口截面 $6a$ 处总温计算方法与上一步类似，根据能量平衡，确定出口总温之比：

$$\tau_{m2} = \frac{T_{t6a}}{T_{t6}} = \frac{(1-\delta_1-\delta_2-\beta)(1+f) + C_p\delta_2 T_{t3}/C_{pg}T_{t6}}{(1-\delta_1-\delta_2-\beta)(1+f) + \delta_1 + \delta_2} \tag{4-68}$$

动力涡轮导向器出口总温为

$$T_{t6a} = T_{t6}\tau_{m2} \tag{4-69}$$

动力涡轮导向器出口总压为

$$p_{t6a} = p_{t6} \tag{4-70}$$

由动力涡轮落压比 $\pi_{TL} = p_{t6a}/p_{t7}$ 可得动力涡轮出口总温:

$$T_{t7} = T_{t6a}\left[1 + \left(\pi_{TL}^{\frac{\gamma_6-1}{\gamma_6}} - 1\right)/\eta_{TL}\right] \tag{4-71}$$

那么每千克空气动力涡轮输出功为

$$L_{TL} = C_{pg}(T_{t7} - T_{t6a}) \tag{4-72}$$

发动机的总油气比 f_0 为

$$f_0 = (1 - \delta_{PDC} - \delta_1 - \delta_2 - \beta)f \tag{4-73}$$

发动机的单位轴功率 P_s 为

$$P_s = L_{TL}\eta_{mL} \tag{4-74}$$

单位燃油消耗率 sfc 为

$$\text{sfc} = \frac{3\,600 f_0}{P_s} \tag{4-75}$$

4.2.4　脉冲爆震外涵加力涡扇发动机

常规加力燃烧耗油率极高、热负荷极大、加力状态使用时间受到限制,连续工作时间一般只有几分钟。而新一代发动机要求加力时推力大,耗油率低,同时能考虑持久加力。在涡扇发动机外涵道采用脉冲爆震加力是一种新型加力形式。相关研究表明,脉冲爆震外涵加力涡扇发动机在增加推力的同时可以有效降低耗油率,有望成为军用战斗机加力燃烧室的主要形式。

将 PDC 应用于外涵加力时,根据排气形式的不同分为分开排气方式和混合排气方式,分别如图 4-4 和图 4-5 所示。带脉冲爆震外涵加力燃烧室的涡扇发动机工作过程如下:自由来流经过进气道压缩后进入风扇,经风扇压缩做工后分为内外涵道两股气流。外涵道气流经过进气阀后分成两股:一股气流在外涵爆震室中组织爆震燃烧产生高温、高压燃气;另一股气流首先冷却爆震室外壁,并在外涵混合室内与爆震燃气混合,这有利于降低燃气的脉动性。内涵道气流经过高压压气机进一步压缩,在主燃烧室经等压燃烧室加热后通过高、低压涡轮膨胀做功。对脉冲爆震外涵加力分排涡扇发动机而言,内外涵高温、高压燃气分别在内外涵尾喷管膨胀并高速排出产生推力;对于脉冲爆震外涵加力混排涡扇而言,内外涵燃气先在混合室进行能量交换后再在尾喷管膨胀后产生推力。

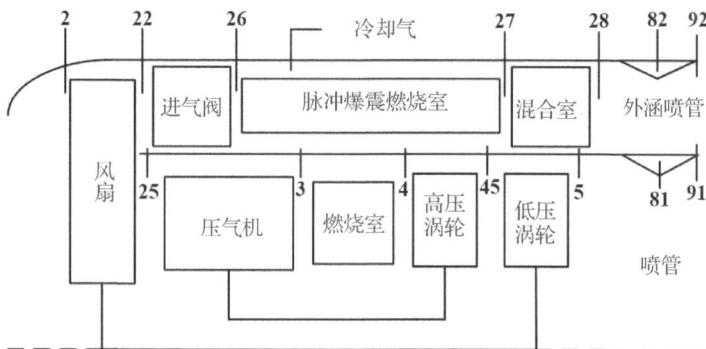

图 4-4　脉冲爆震外涵加力分排涡扇发动机性能模型

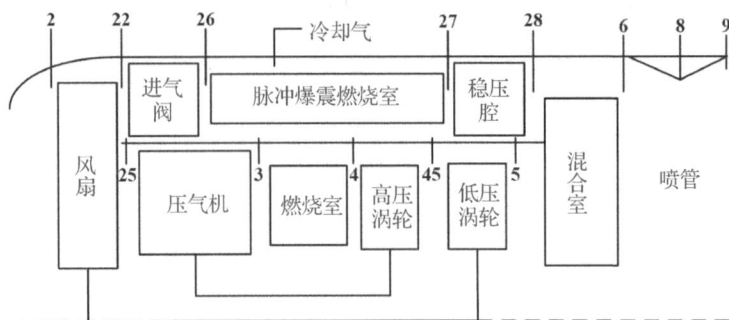

图 4 - 5　脉冲爆震外涵加力混排涡扇发动机性能模型

外涵部分截面标识见表 4 - 1。

表 4 - 1　发动机截面标识

截面名称	截面符号
PDC 进气阀出口	26
PDC 出口	27
外涵混合室出口	28
分排外涵喷管喉道	82
分排外涵喷管出口	92
分排内涵喷管喉道	81
分排内涵喷管出口	91

　　带脉冲爆震外涵加力燃烧室的涡扇发动机计算模型与传统加力涡扇发动机性能计算模型不同点为进入外涵道的气流在外涵道组织爆震燃烧,产生高温、高压爆震燃气。因此,带脉冲爆震外涵加力燃烧室的涡扇发动机性能计算和传统加力涡扇发动机性能计算除外涵道不同外,其余均相同,此处只介绍外涵脉冲爆震加力燃烧室计算过程。而脉冲爆震外涵加力混排发动机与分排类似,且混合室计算过程与 4.2.2 节涡扇发动机类似,在此不再详细介绍。

　　脉冲爆震外涵加力分排涡扇发动机性能参数计算如下:

$$F_s = \left[\frac{1-\beta}{1+B} + \frac{(1-\beta-\delta_1-\delta_2)f_b}{1+B}\right]c_{91} + \frac{B}{1+B}(1+f_{28})c_{92} - c_0 \quad (4-76)$$

$$f_0 = \frac{f_b}{1+B}(1-\beta-\delta_1-\delta_2) + \frac{B}{1+B}f_{28} \quad (4-77)$$

$$\mathrm{sfc} = 3\,600 f_0/F_s \quad (4-78)$$

　　对脉冲爆震外涵加力混排涡扇发动机来说,发动机总的油气比和耗油率依照式(4-77)和式(4-78)计算,单位推力可由下式计算:

$$F_s = \left[\frac{1-\beta+(1-\beta-\delta_1-\delta_2)f_b+B(1+f_{28})}{1+B}\right]c_9 - c_0 \quad (4-79)$$

4.3　热力循环参数对脉冲爆震涡轮发动机性能的影响分析

4.3.1　脉冲爆震涡喷发动机

1.压气机压比对爆震室增压能力的影响

PDC 是脉冲爆震涡轮发动机的核心部件,其性能直接影响着整机性能,因此要先对 PDC 的性能开展研究。

爆震波是超声速传播的,波后燃烧产物压力来不及膨胀,因此爆震燃烧具有自增压的能力。本小节计算了当 $Ma=0$, $H=0$ 时,PDC 增压比以及总增压比(压气机压比乘以 PDC 增压比)随压气机增压比的变化曲线,如图 4-6 和图 4-7 所示。PDC 进口一般存在防止反传的阀门结构,在 PDC 进气填充阶段阀门处会存在总压损失 σ_{in} ,进而影响 PDC 的增压比以及总增压比。因此,图 4-6 和图 4-7 中给出了不同 σ_{in} 情况下两种增压比的变化曲线。

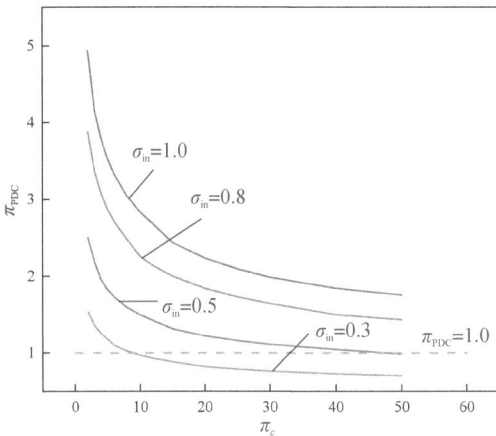

图 4-6　爆震室增压比随压气机增压比的变化　　　图 4-7　总增压比随压气机增压比的变化

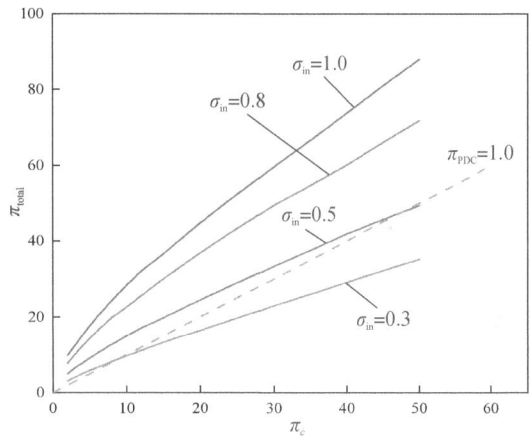

从图 4-6 和图 4-7 中可以看出,PDC 的增压能力受压气机增压比和进气阀总压损失的影响。进气阀总压损失一定,随着压气机设计压比的提高,PDC 的平均增压比下降。显然,随着压气机设计压比的提高,PDC 进口温度增加,进而会影响爆震波的峰值压力,导致 PDC 的增压能力下降,而 PDC 进口的基线压力也会随着压气机压力增加而增大,最终导致 PDC 的增压比随着设计压比的提高而降低。当进气阀总压损失较大时,在较高的压气机增压比情况下,PDC 甚至都没有增压能力,反而存在一定的总压损失。因此,在 PDTE 研制中,必须尽量减小进气阀的总压损失,以确保 PDTE 的性能优势得以实现。爆震室的自增压能力可减轻压气机的压比设计负担,可以大大降低压气机级数,从而减轻发动机质量,有效提高推重比。

2.压气机压比和涡轮前温度对发动机性能的影响

图 4-8 和图 4-9 分别给出了不同飞行条件下涡喷发动机单位推力 F_s、耗油率 sfc 随压气机增压比 π、涡轮前总温 T_{t4} 的变化关系。从图 4-8 和图 4-9 中可以看出：

(1)与传统涡喷发动机类似,在发动机涡轮前温度一定的情况下,存在一个最佳的压气机增压比,使单位推力达到最大值。最佳增压比会随着涡轮前总温的升高而增大;当马赫数较大时,压气机最佳增压比较小,此时提高增压比,单位推力将明显降低[见图 4-8(a)~(c)]。

(2)耗油率随压比的变化关系受涡轮前温度、飞行高度、马赫数的影响较大。当在低速条件下飞行时:若涡轮前总温较低,则耗油率随压比的增加先减小后增大,因此存在一个最经济增压比;若涡轮前总温较高,则在整个计算增压比范围内,耗油率随压比的增加一直呈降低趋势。当在高速条件下飞行时,耗油率随压比的增加一直呈先减小后增大的变化趋势,即始终存在最经济增压比,且最经济增压比随涡轮前总温的升高而增大。当马赫数较小时,由于压气机最经济增压比较大,所以提高压气机增压比可以降低耗油率[见图 4-8(a)~(c)]。

(3)在压气机增压比一定的情况下,脉冲爆震涡轮发动机的单位推力随涡轮前总温的增加而增加,存在使耗油率达到最小值的涡轮前总温,该温度称为最经济涡轮前总温。飞行状态一定时,最经济涡轮前总温随压气机增压比的增加而增加,且随马赫数的增大而增大[见图 4-9(a)~(c)]。

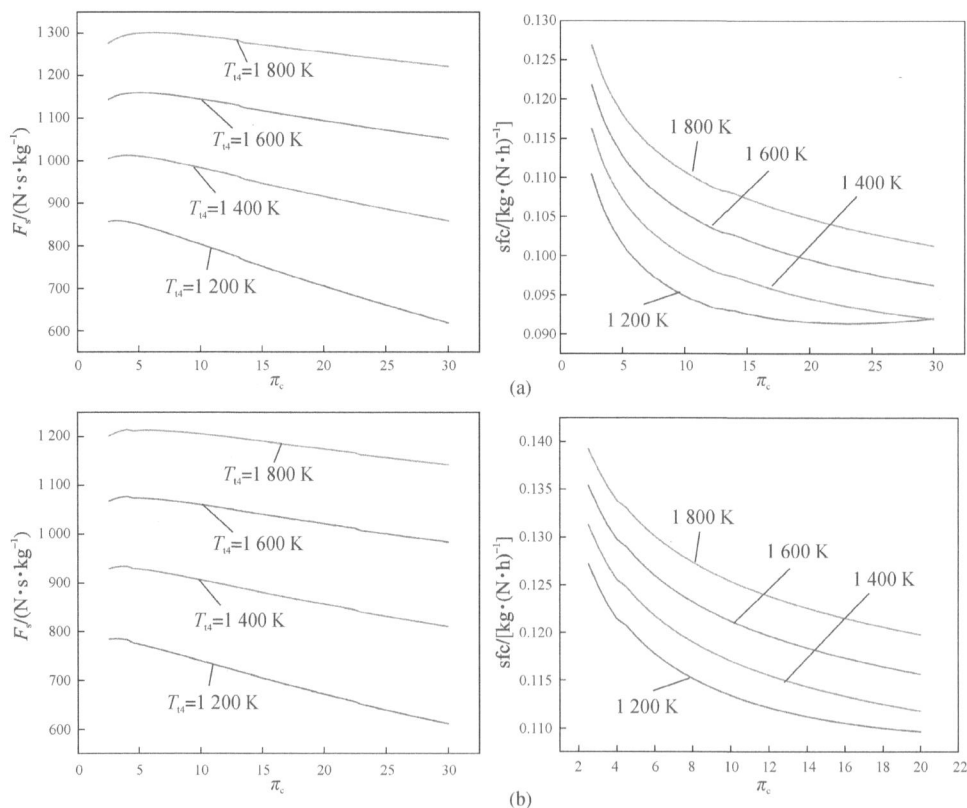

图 4-8 涡喷发动机性能参数随压气机增压比的变化

(a)飞行条件:$H=0$,$Ma=0$; (b)飞行条件:$H=11$,$Ma=0.8$

(c)

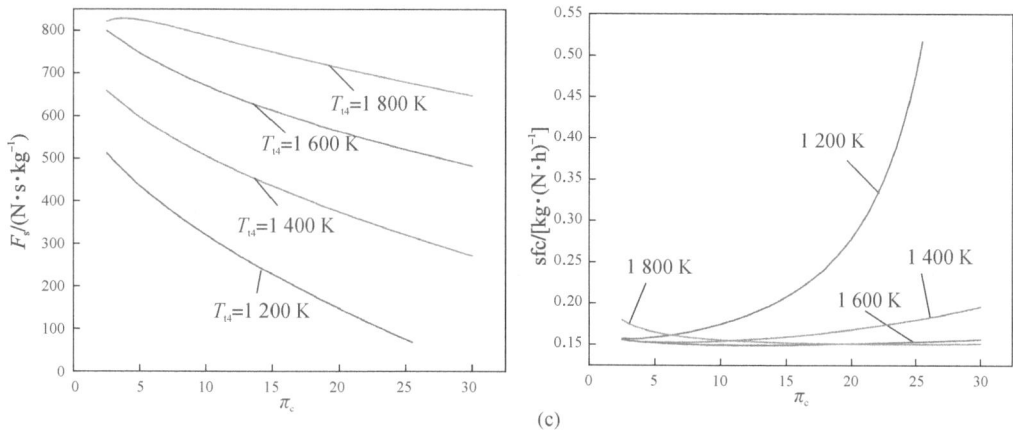

续图 4 - 8　涡喷发动机性能参数随压气机增压比的变化

(c)飞行条件：$H=25$，$Ma=2.5$

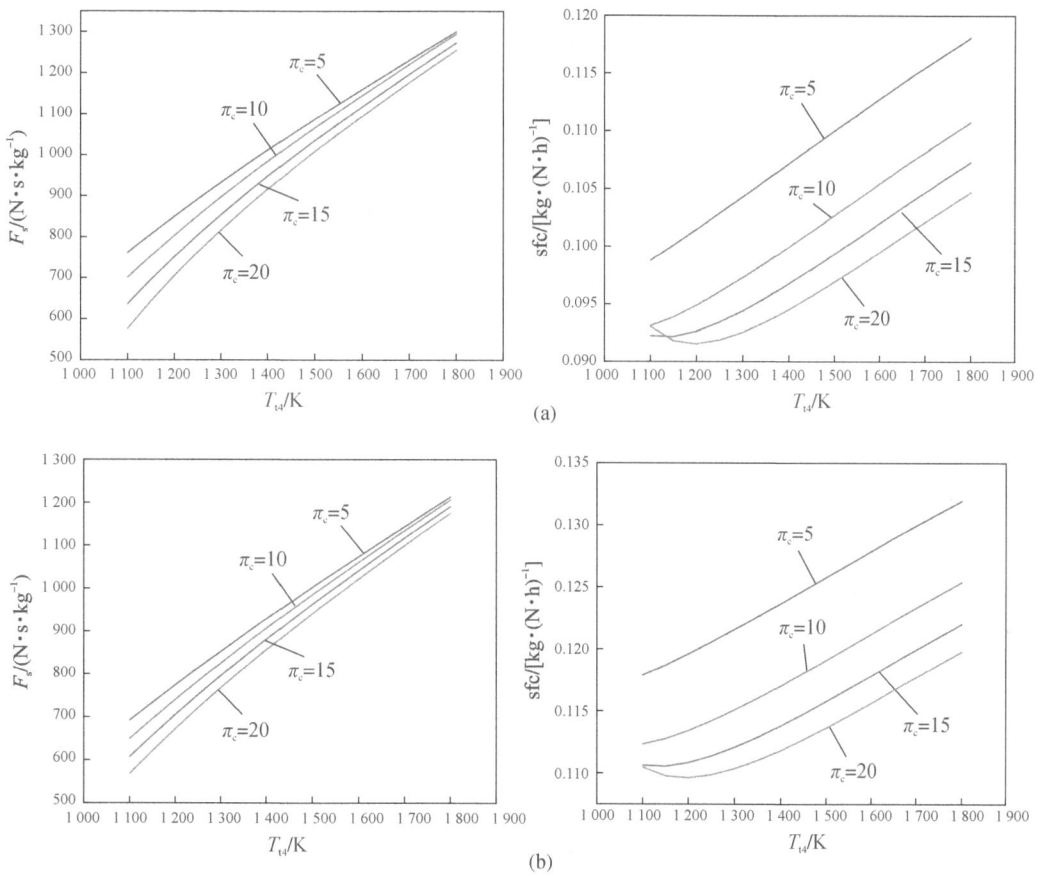

(a)

(b)

图 4 - 9　涡喷发动机性能参数随涡轮前温度的变化

(a)飞行条件：$H=0$，$Ma=0$；　(b)飞行条件：$H=11$，$Ma=0.8$

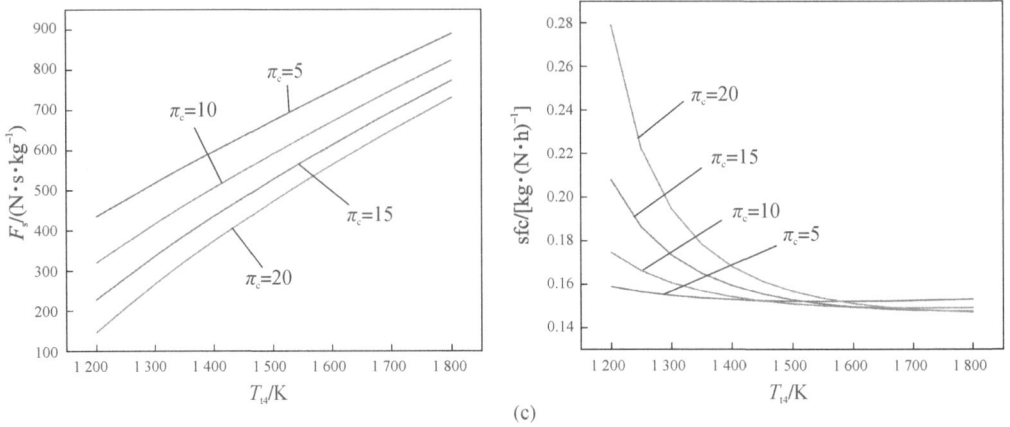

续图 4-9　涡喷发动机性能参数随涡轮前温度的变化

(c)飞行条件：$H=25$，$Ma=2.5$

图 4-10 给出了不同涡轮前总温 T_{t4} 和增压比 π 下,单位推力 F_s 和耗油率 sfc 之间的关系。可以看出,在常用范围内,耗油率均随单位推力的增大而增大,很难同时兼顾最佳增压比和最经济增压比的影响。选择设计参数时,可根据飞行器对发动机性能的要求,根据单位推力高、耗油率低的原则确定涡轮前总温和压气机增压比,在参数选择过程中,一般先确定涡轮前总温,然后在最佳增压比附近选择压气机设计增压比。

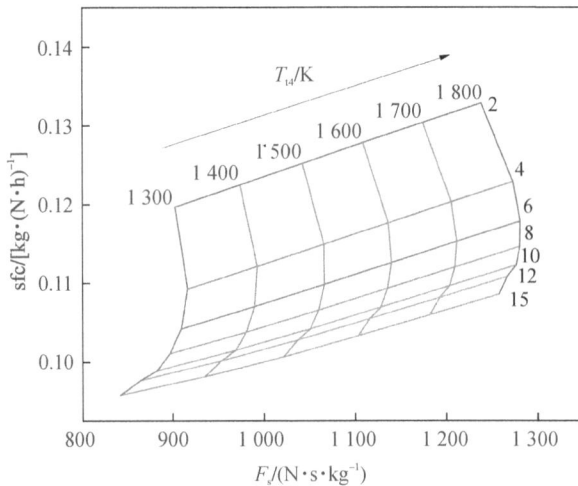

图 4-10　不同 T_{t4} 和 π 下 sfc 随 F_s 的变化关系

3.部件效率对发动机性能的影响

PDC 的自增压、周期性工作特性会影响压气机和涡轮部件的效率,进而影响整机性能,本小节主要介绍部件效率对发动机性能的影响。图 4-11~图 4-13 给出了压气机/涡轮部件效率对发动机单位推力、耗油率、爆震室增压比的影响,图 4-14 给出了压气机效率对发动机推力 F、流量 W 的影响(计算工况为 $Ma=0$,$H=0$,$T_{t4}=1\,800$ K,$\pi_c=3$,$f=30$ Hz)。从图中可以得出以下结论：

（1）在给定的工作频率下，压气机效率越低，发动机的单位推力越小，耗油率越高。结合图 4-11 和图 4-12 可知：若压气机效率从 0.9 下降到 0.8，对应发动机的单位推力下降 2.4%，耗油率增加 1.89%；若压气机效率从 0.8 下降到 0.7，单位推力下降了 3.24%，耗油率升高了 2.41%；若压气机效率从 0.7 下降到 0.6，单位推力下降了 4.99%，耗油率升高了 4.25%。从数据可知，压气机效率越低，发动机的性能参数随压气机效率下降的恶化速度越快。

（2）对于涡轮而言，涡轮效率越高，涡轮只需从燃气中提取较少的功就能满足压气机的功率需求，从而更多的燃气能量可转化为推进功，增加发动机的推力。图 4-11 和图 4-12 给出了发动机的单位推力和耗油率随涡轮效率的变化，随着涡轮效率降低，发动机单位推力减小，耗油率升高。若涡轮效率从 0.9 下降到 0.8，发动机单位推力下降 1.12%，耗油率升高 1.12%；若涡轮效率从 0.8 下降到 0.7，单位推力下降 1.51%，耗油率升高 1.57%；若涡轮效率从 0.7 下降到 0.6，发动机单位推力下降 2.14%，耗油率升高 2.1%。可见，涡轮效率越低，发动机单位推力随涡轮效率下降的速度越快，耗油率增加的速度也越快。

（3）图 4-13 给出了压气机效率和涡轮效率对爆震室增压比的影响。可以看出，随着压气机效率的下降，爆震室增压比逐渐减小，且压气机效率越低，爆震室增压比减小得越快；而随着涡轮效率的下降，爆震室增压比几乎不变，可见涡轮效率对爆震室增压比没有影响。由于压气机效率降低一方面使得发动机性能变差，另一方面降低了爆震室的增压比，从而使得发动机性能进一步恶化。这使得发动机性能对压气机效率变化更敏感（从上面的性能变化数据中可以明显看出这一点）。

（4）在给定的工作频率下，压气机效率越低，发动机的流量越小，发动机的推力也随之降低。当压气机的压比保持不变时，压气机效率下降会导致压气机出口总温和静温增加，空气密度减小，在相同的爆震室工作频率下，爆震室进口的填充速度基本不变，所以进入爆震室参与爆震燃烧的空气流量减小，而发动机的单位推力亦随着压气机效率的降低而减小，导致发动机的推力比流量下降得更快，如图 4-14 所示。

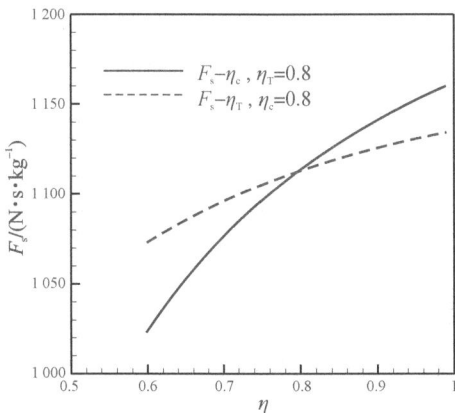

图 4-11　部件效率对单位推力的影响　　**图 4-12　部件效率对耗油率的影响**

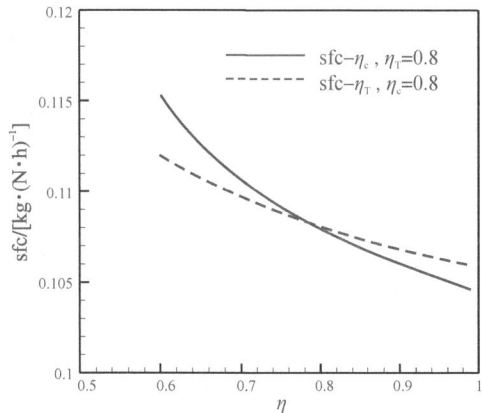

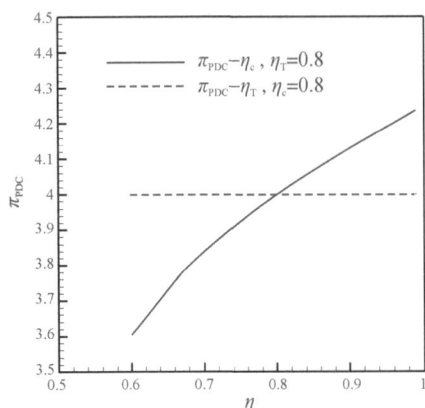

图 4-13 部件效率对爆震室增压比的影响

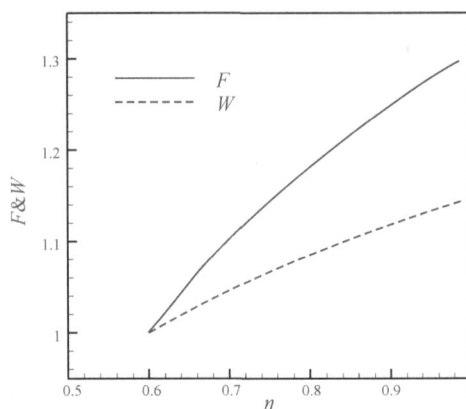

图 4-14 压气机效率对推力、流量的影响

4.3.2 脉冲爆震涡扇发动机

1.压气机压比和涡轮前温度对发动机性能的影响

图 4-15 和图 4-16 分别给出了不同飞行条件下涡扇发动机单位推力 F_s、耗油率 sfc 随压气机增压比 π、涡轮前总温 T_{t4} 的变化关系。从图中可以看出：

(1)脉冲爆震涡扇发动机也存在最佳增压比,使单位推力达到最大值,最佳增压比会随着涡轮前总温的升高而增大。当马赫数较大时,压气机最佳增压比较小,此时提高增压比,单位推力将明显降低[见图 4-15(a)~(d)左]。

(2)耗油率随压比的变化关系受涡轮前温度、飞行高度、马赫数的影响较大。当在低速条件下飞行时:若涡轮前总温较低,则耗油率随压比的增加先减小后增大,因此存在一个最经济增压比;若涡轮前总温较高,则在整个计算范围内,耗油率随压比的增加一直呈降低趋势。当在高速条件下飞行时,最经济增压比随涡轮前总温的升高而增大。当马赫数较小时,由于压气机最经济增压比较大,所以提高压气机增压比可以降低耗油率[见图 4-15(a)~(d)右]。

(3)在压气机增压比一定的情况下,脉冲爆震涡轮发动机的单位推力随涡轮前总温的增加而增加。存在使耗油率达到最小值的涡轮前总温,该温度称为最经济涡轮前总温,飞行状态一定时,最经济涡轮前总温随压气机增压比的增加而增加,且随马赫数的增大而增大[见图 4-16(a)~(d)左]。

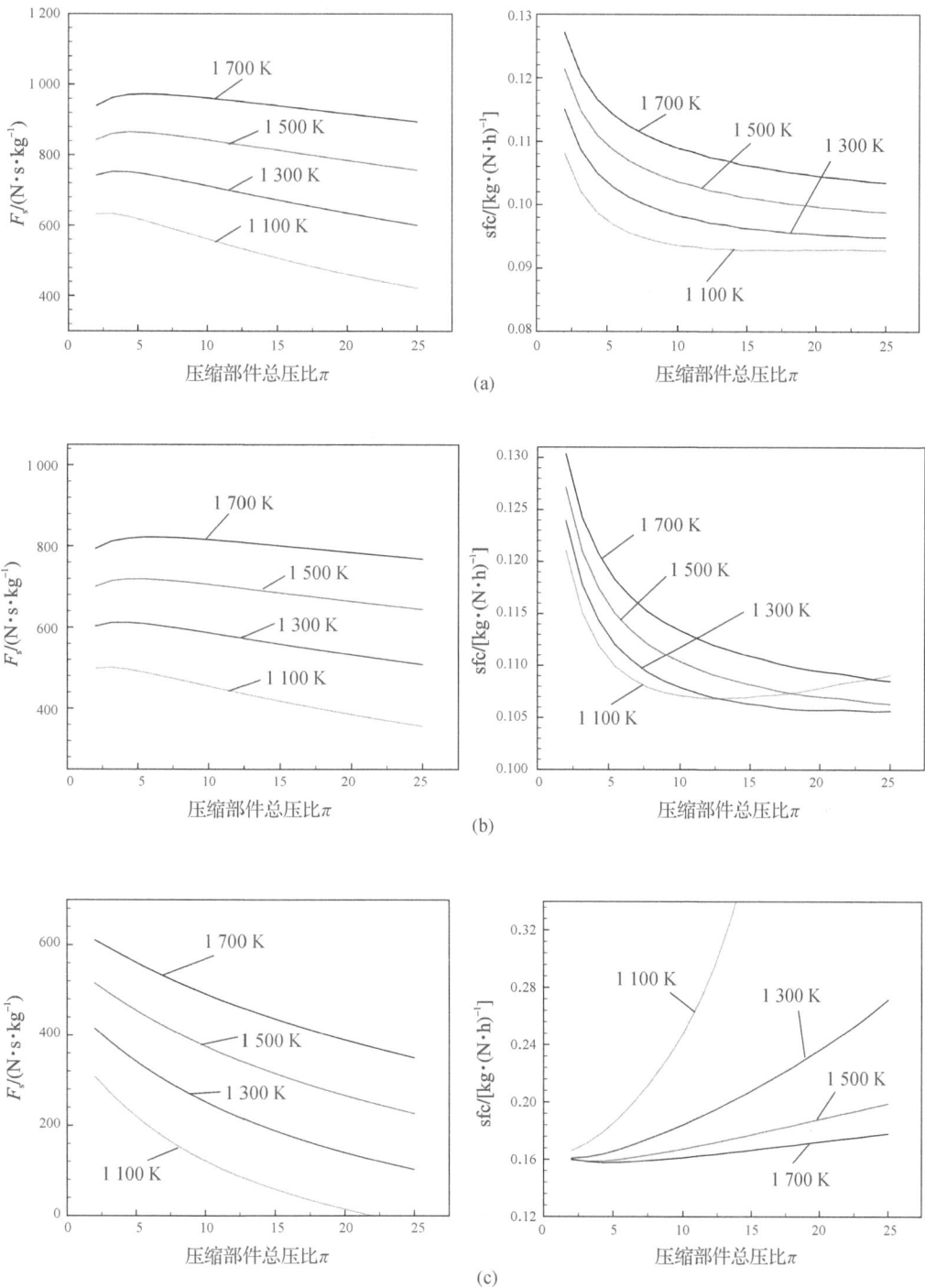

图 4 - 15　不同飞行条件下单位推力和耗油率随压比的变化关系

(a)飞行条件:$H=0, Ma=0$;　(b)飞行条件:$H=11$ km,$Ma=0.9$;

(c)飞行条件:$H=11$ km,$Ma=2.2$;

(d)

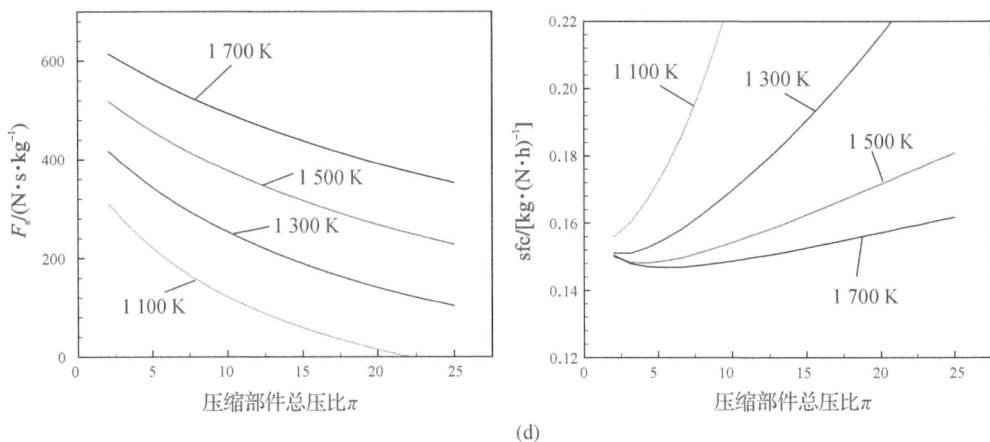

续图 4-15　不同飞行条件下单位推力和耗油率随压比的变化关系

(d)飞行条件：$H=30\ \text{km}, Ma=2.2$

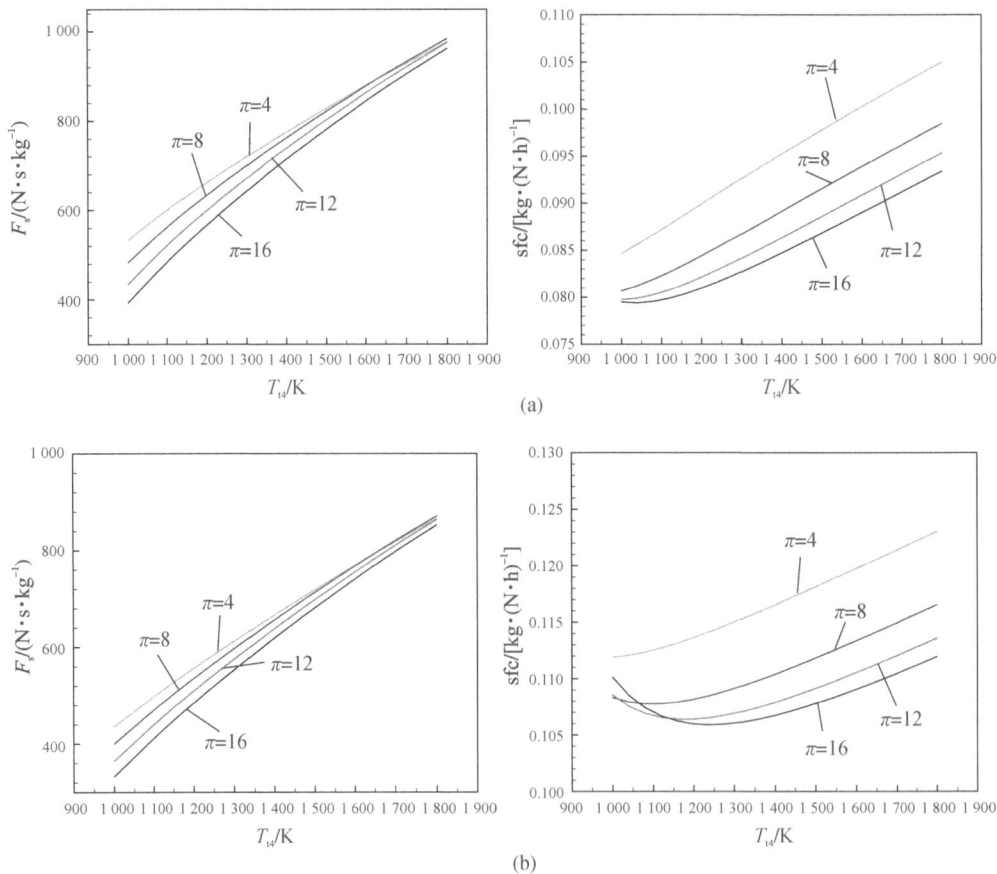

(a)

(b)

图 4-16　不同飞行条件下单位推力和耗油率随涡轮前温度的变化关系

(a)飞行条件：$H=0, Ma=0$；　(b)飞行条件：$H=11\ \text{km}, Ma=0.9$

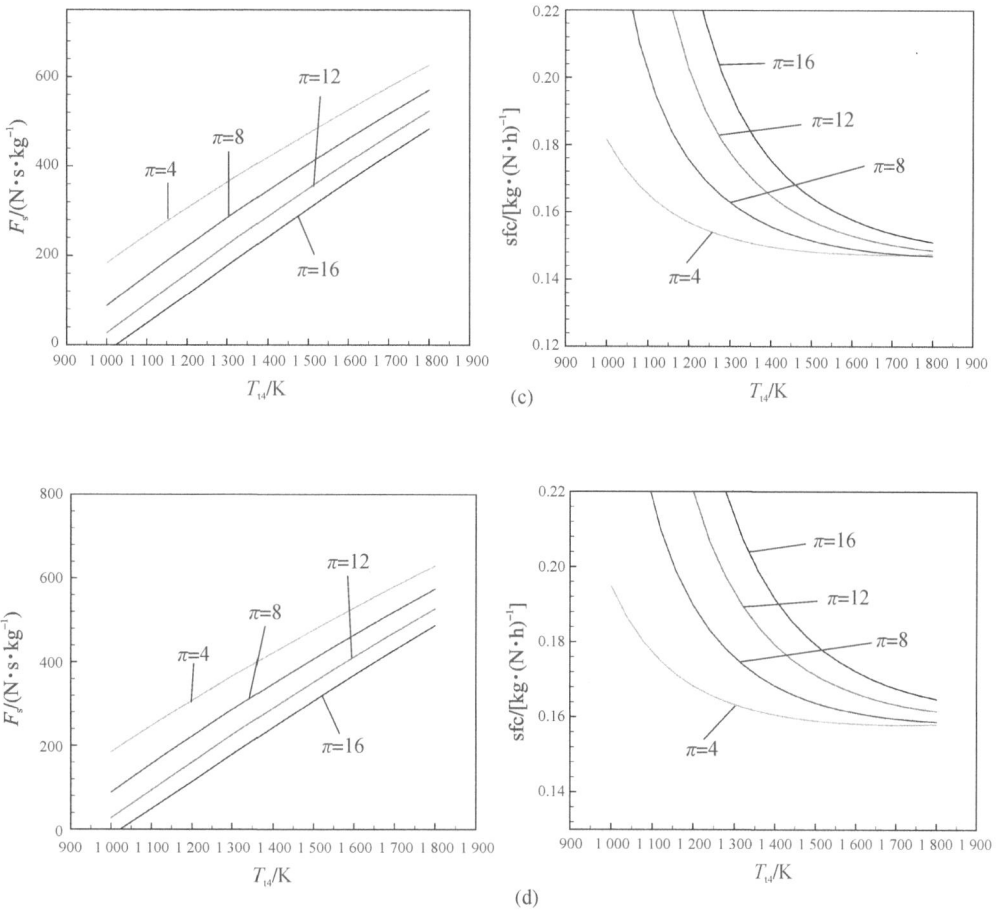

续图 4 - 16　不同飞行条件下单位推力和耗油率随涡轮前温度的变化关系

(c)飞行条件：$H=11$ km，$Ma=2.2$；　(d)飞行条件：$H=30$ km，$Ma=2.2$

2.涵道比对发动机性能的影响

图 4 - 17～图 4 - 19 分别给出了在不同的增压比下,脉冲爆震涡扇发动机的设计涵道比对单位推力、耗油率、总推力的影响,从图中可以看出:

(1)当 $B=0$ 时,图上对应的数据即为脉冲爆震涡喷发动机的性能,此时,发动机的单位推力和耗油率均为最大值。随着设计涵道比的增大,脉冲爆震涡扇发动机的单位推力、耗油率逐渐下降,总推力逐渐增加。因此,相比涡喷发动机,同循环参数下的脉冲爆震涡扇发动机耗油率更低、经济性更好,但单位推力性能比涡喷要差。

(2)随着设计涵道比的增大,耗油率下降的程度不同。当涵道比较小时,耗油率随涵道比增大而下降的速度较大,当涵道比较大时,耗油率下降的速度变小。因此,随着涵道比的不断增大,改善脉冲爆震涡扇发动机经济性的效果会降低。

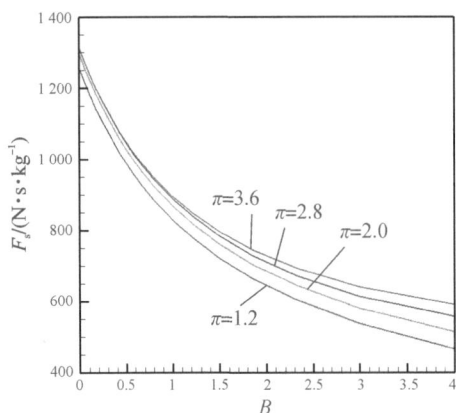

图 4-17 设计涵道比对单位推力的影响

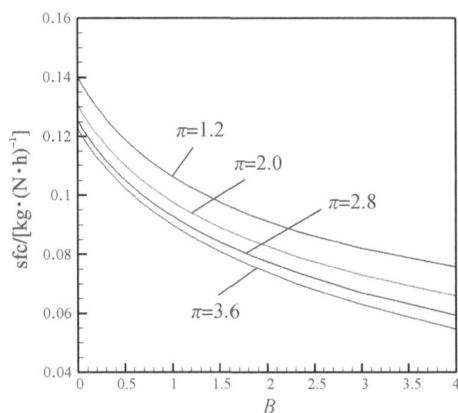

图 4-18 设计涵道比对耗油率的影响

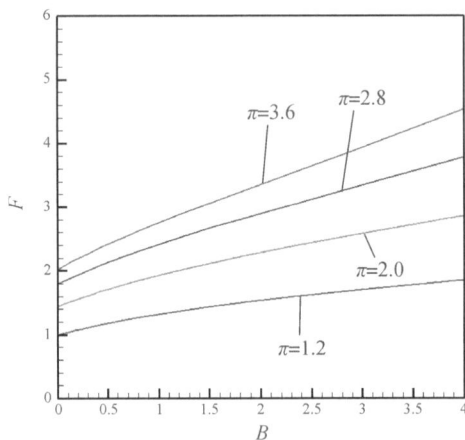

图 4-19 设计涵道比对推力的影响

对于混合排气的脉冲爆震涡扇发动机,内外涵出口总压应大致相等,以减少气流混合的损失。因此设计涵道比和风扇的增压比受到一定的约束条件,不能独立地选择。将对应外涵道出口气流压力与涡轮出口气流压力相等的风扇增压比称为最佳增压比 π_{opt}。图 4-20 给出了最佳风扇增压比随设计涵道比的变化关系,从图中可以看出:

(1)随着设计涵道比的增大,最佳风扇增压比逐渐减小。这是因为当涵道比增大时,若风扇增压比不变,则需要更多的涡轮功来带动风扇,这样会使涡轮出口总压减小,导致无法与外涵道出口气流压力相匹配。因此,要保证外涵道出口气流压力与涡轮出口气流压力相等,当涵道比较大时,应选取较小的风扇增压比。

(2)对于混合排气脉冲爆震涡扇发动机,小涵道比(0~1 范围)设计条件下不存在最佳风扇增压比。其原因是爆震室具有自增压作用,通过前面涡喷发动机的性能计算可知,当压气机增压比较低时,爆震室反而具有较强的增压能力,此时爆震室出口压力升高,相应涡轮出口气流压力也增大。但由于风扇压比较低,外涵道出口气流压力也较低,无法满足外涵道出口气流压力与涡轮出口气流压力相等。

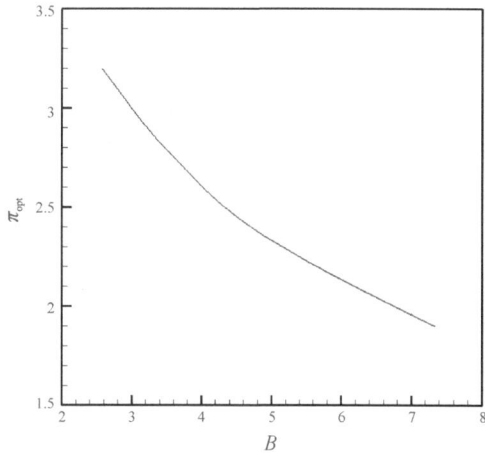

图 4 - 20　设计涵道比对风扇设计压比的影响

4.3.3　脉冲爆震涡轴发动机

1.压气机压比和涡轮前温度对发动机性能的影响

图 4 - 21 和图 4 - 22 各出了压气机压比和涡轮前温度变化对脉冲爆震涡轴发动机单位轴功率和耗油率的影响。可以看出,在压气机压比和涡轮前温度两个因素共同作用下,脉冲爆震涡轴发动机存在使单位轴功率达到最大的最佳压气机设计压比,并且随着涡轮前温度升高,最佳增压比增大。当涡轮前温度不变时,发动机耗油率随压气机设计压比的增大而逐渐减小。当压气机压比一定时,随着涡轮前温度的增加,发动机加热量增加,发动机单位轴功率和耗油率均增大。

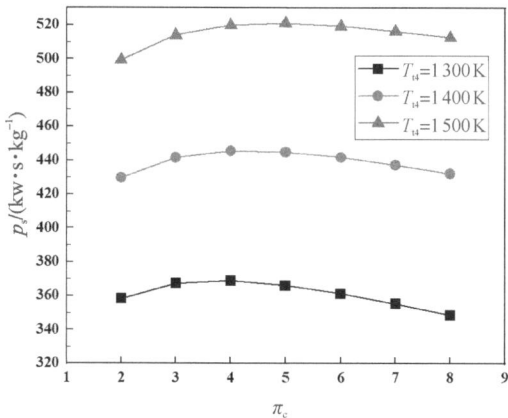

图 4 - 21　压气机压比对单位轴功率的影响

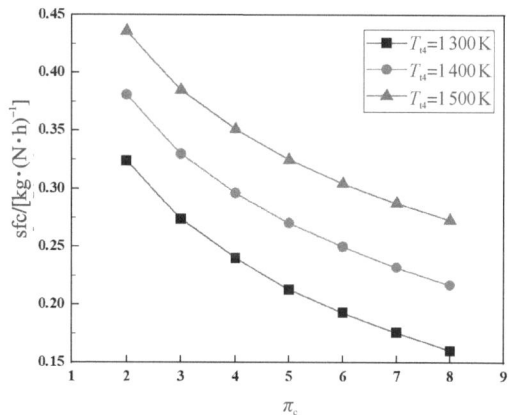

图 4 - 22　压气机压比对耗油率的影响

2.部件效率对发动机性能的影响

脉冲爆震涡轴发动机中压气机、燃气涡轮、动力涡轮与爆震室匹配工作时存在效率降低的问题。部件效率下降过多,可能导致脉冲爆震涡轴发动机性能优势将不复存在,然而各部件效率变化对发动机性能影响程度不同。通过对部件参数灵敏度的分析,可以找出影响总体性能较大的部件参数,并采取措施,保证达到设计指标;对影响小的参数可以适当放宽指标要求。

部件效率对单位功率和耗油率的影响趋势见表4-2。从表中可以看出,压气机和动力涡轮部件效率的变化对发动机总体性能影响较大,并且动力涡轮效率对脉冲爆震涡轴发动机耗油率的影响程度高于压气机和燃气涡轮部件。压气机效率降低,一方面使压气机压缩功增大,燃气涡轮功同时增加,输出功减小;另一方面压气机出口总温提高,爆震室加热量减少,爆震室增压能力减弱,总压比降低,循环功减小,输出功减小。动力涡轮效率影响较大的原因在于动力涡轮落压比较大,在脉冲爆震涡轴发动机中,燃气涡轮在设计点落压比仅为1.805,而动力涡轮落压比达4.265,可见动力涡轮将提取循环中绝大部分的功,因此动力涡轮的效率对发动性能影响很大。

表4-2　部件效率对发动机性能的影响

	爆震室增压比/(%)	单位轴功率/(%)	耗油率/(%)
压气机效率(-1.0%)	-0.493	-0.908	0.676
压气机效率(-10%)	-5.308	-10.165	8.343
燃气涡轮效率(-1.0%)	0.00	-0.452	0.4516
燃气涡轮效率(-10%)	0.00	-5.157	5.437
动力涡轮效率(-1.0%)	0.00	-1.110	1.123
动力涡轮效率(-10%)	0.00	-11.112	12.501

4.3.4　脉冲爆震外涵加力涡扇发动机

本节以某涡扇发动机为原型机,对采用脉冲爆震外涵加力燃烧室的涡扇发动机性能进行计算。由于脉冲爆震外涵加力分开排气和混合排气计算结果类似,所以本节只对脉冲爆震外涵加力分开排气性能计算结果进行分析。选择海平面标准大气条件起飞状态(马赫数$Ma=0$、飞行高度$H=0$)作为设计点。计算过程中选取的发动机各部件参数见表4-3。

表4-3　海平面标准大气静止条件下发动机部件设计参数取值

部件参数	符号	数值	单位
涵道比	B	0.76	
进气道总压恢复系数	σ_i	0.98	
风扇增压比	π_{CL}	3.4	
风扇效率	η_{CL}	0.85	

续表

部件参数	符号	数值	单位
压气机增压比	π_{CH}	9.03	
压气机效率	η_{CH}	0.85	
飞机引气量	β	0.01	
高压涡轮引气量	δ_1	0.05	
低压涡轮引气量	δ_2	0.05	
主燃烧室出口总温	T_{t4}	1 728	K
主燃烧室总压恢复系数	σ_b	0.97	
高压涡轮效率	η_{TH}	0.89	
低压涡轮效率	η_{TL}	0.91	
尾喷管总压恢复系数	σ_e	0.95	
外涵道总压恢复系数	η_{bv}	0.95	
爆震室工作频率	f	40	Hz
爆震室当量比	ER	1.0	
进气阀总压恢复系数	σ_λ	0.8	
加力温度	T_{t28}	2 000	K

1.部件工作参数对发动机加力性能的影响

1)PDC 工作频率

脉冲爆震外涵加力燃烧室工作过程中,外涵道的气流并不是完全参与爆震燃烧,部分气流对 PDC 进行冷却,外涵道参与爆震燃烧的空气流量占外涵道总空气流量的比例为 B_m。PDC 工作过程中,工作频率一旦确定,一个循环内参与爆震燃烧内空气流量也就确定了。因而脉冲爆震外涵加力燃烧室在工作过程中,PDC 工作频率改变,脉冲爆震外涵加力燃烧室参与爆震燃烧的空气比例 B_m、外涵加力增压比 π_{PDC}、外涵加力温度 T_{t28} 以及发动机加力性能随之改变。

图 4-23 给出了 PDC 工作频率 20～48 Hz 范围内,外涵道参与爆震燃烧的空气比例 B_m 随 PDC 工作频率的变化关系。从图中可以看出,随着 PDC 工作频率的提高,外涵道参与爆震燃烧的空气流量的比例增大。图 4-24 给出了脉冲爆震外涵加力燃烧室加力温度 T_{t28} 和增压比 π_{PDC} 随 PDC 工作频率的变化关系。从图中可以看出,在计算频率范围内,脉冲爆震外涵加力燃烧室增压比和加力温度均随工作频率的提高而线性增大。这是由于随着 PDC 工作频率的增大,参与爆震燃烧的空气流量占外涵道空气流量的比例增大,混合室内产生的高温、高压燃气所占比例增大,脉冲爆震外涵加力燃烧室增压比增大,加力温度升高。

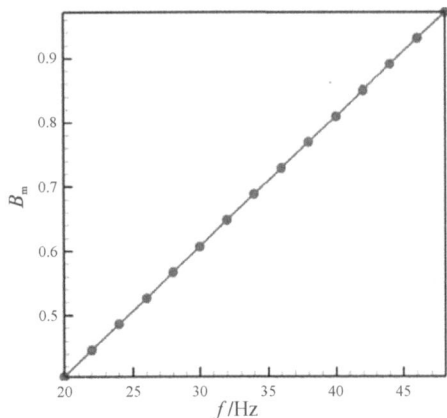

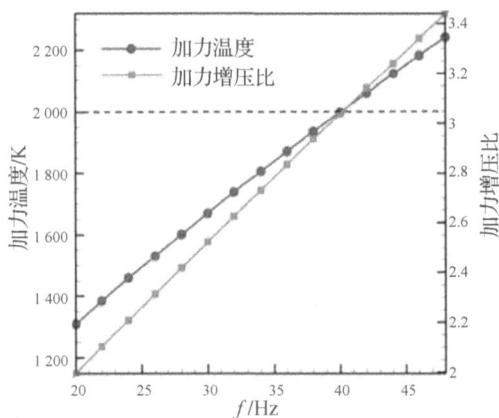

图 4 - 23 B_m 随爆震室频率变化关系   图 4 - 24 PDC 加力温度和加力增压比随频率变化关系

图 4 - 25、图 4 - 26 分别给出了脉冲爆震外涵加力燃烧室工作时,发动机单位推力 F_s、耗油率 sfc 随 PDC 工作频率的变化关系。从图中可以看出,在计算频率范围内,发动机单位推力、耗油率随着 PDC 工作频率的提高而增大。

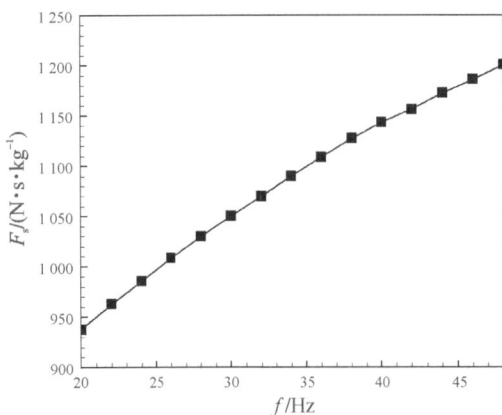

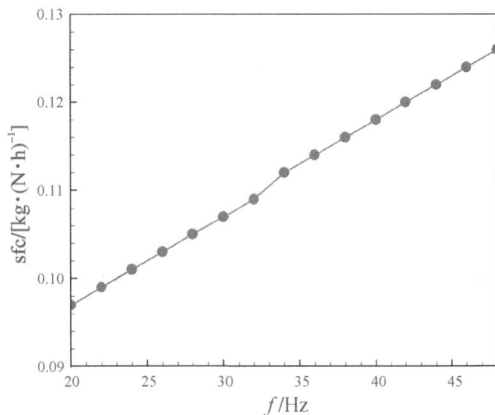

图 4 - 25 单位推力随 PDC 工作频率变化   图 4 - 26 耗油率随 PDC 工作频率变化

2) PDC 当量比

当量比是 PDC 工作过程中很重要的工作参数,图 4 - 27 给出了当量比为 0.7~1.3 时,脉冲爆震外涵加力燃烧室增压比和加力温度随当量比的变化关系。可以看出,随着 PDC 内当量比从贫油逐渐变化到富油状态,脉冲爆震外涵加力燃烧室加力温度和加力增压比均先增大后减小,加力温度在当量比 1.1 左右达到最大值,加力增压比在 1.2 左右达到最大值。这是因为 PDC 工作频率一定时,爆震波后压力和温度在当量比为 1.1 左右达到最大值,因而加力温度和加力增压比随着当量比增大先增大后减小。

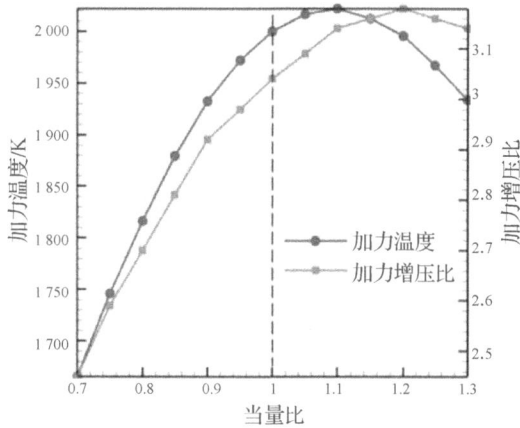

图 4-27　PDC 加力温度和加力增压比随当量比变化

图 4-28 给出了发动机单位推力和耗油率随 PDC 当量比的变化。从图中可以看出,发动机的单位推力随着当量比增大先增大后减小,在当量比为 1.1~1.2 达到最大值,这是因为脉冲爆震外涵加力温度在当量比为 1.1 左右达到最大值,加力增压比在当量比 1.2 左右到最大值,则最大单位推力在当量比为 1.1~1.2。发动机的耗油率随着当量比的增大一直增大,且随着当量比的增大,耗油率增长趋势变快。这是因为发动机的耗油率由单位推力和油气比共同决定,当量比小于 1 时,发动机油气比增大占主导因素,当量比大于 1.2 后,发动机单位推力减小,因而发动机耗油率增长趋势加快。从经济角度出发,脉冲爆震外涵加力燃烧室在实际应用过程中,应控制当量比小于 1.1。

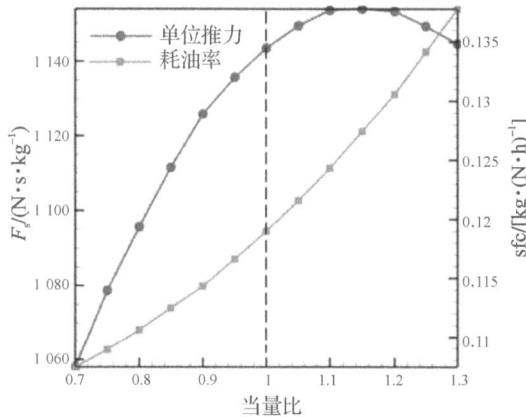

图 4-28　单位推力和耗油率随当量比变化关系

3)进气阀总压损失

脉冲爆震外涵加力燃烧室在工作过程中,进气阀结构可以抑制压力脉动向上游传播,但风扇出口气流经过进气阀会造成较大的总压损失,影响脉冲爆震外涵加力燃烧室部件性能,进而影响发动机整机性能。

图 4-29、图 4-30 给出了不同进气阀总压恢复系数 σ_λ 下,脉冲爆震外涵加力燃烧室加

力温度、增压比和发动机单位推力、耗油率随 PDC 工作频率的变化。从图 4-29(a)可以看出,当进气阀总压恢复系数较低时,通过提高 PDC 工作频率可以提高加力温度。从图 4-29(b)可以看出,当进气阀总压恢复系数较小时,脉冲爆震外涵加力燃烧室增压比随着工作频率增大,其提高的幅度越小,即使 PDC 工作频率很大,脉冲爆震外涵加力燃烧室平均增压比仍维持在较低水平。

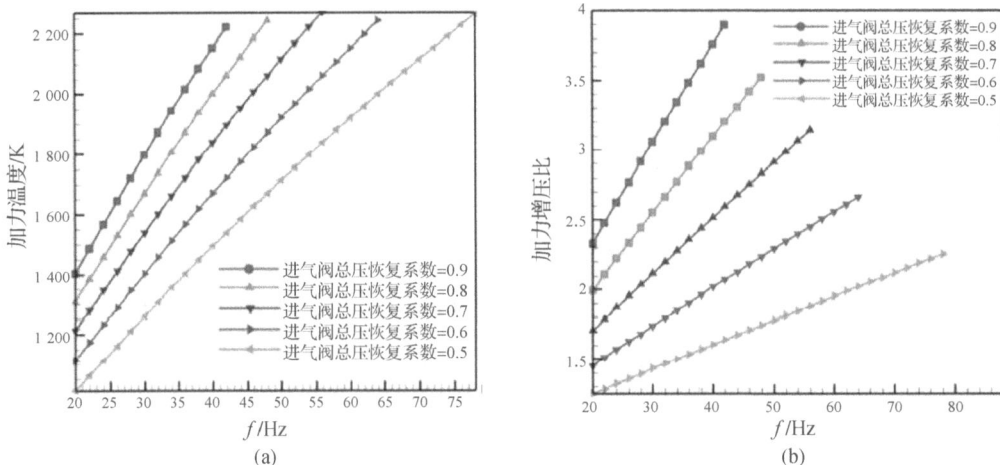

图 4-29 不同 σ_λ 下,PDC 加力温度和增压比随工作频率的变化关系
(a)不同 σ_λ,加力温度随工作频率变化; (b)不同 σ_λ,加力增压比随工作频率变化

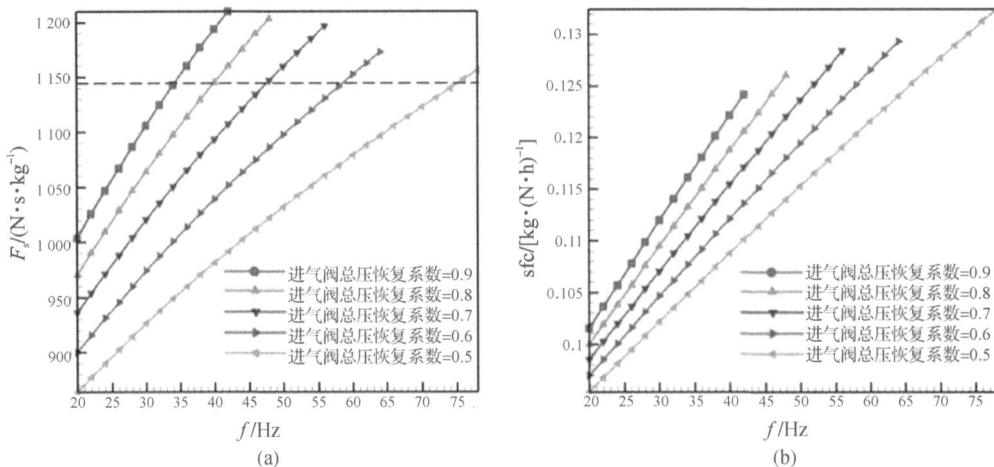

图 4-30 不同 σ_λ 下,发动机单位推力和耗油率随工作频率的变化关系
(a)不同 σ_λ,单位推力随工作频率变化; (b)不同 σ_λ,耗油率随工作频率变化

2.涡扇发动机外涵道设计参数对发动机性能的影响

1)风扇设计压比

由于军用涡扇发动机风扇设计压比一般在 1.5~5.0 范围内,所以这里给出了风扇设计压比在 1.5~5 范围内。

图 4-31 给出了内涵循环参数一定,加力温度一定,外涵道参与爆震燃烧比例 B_m 和爆震室工作频率随风扇设计压比的变化。从图中可以看到,随着风扇设计压比的增大,外涵道参与爆震燃烧的空气比例和爆震室工作频率均减小。飞行条件一定,风扇出口温度随着风扇设计压比的增大而增大,为了保证加力温度一定,因而外涵道参与爆震燃烧的空气比例减小,PDC 工作频率随之减小。

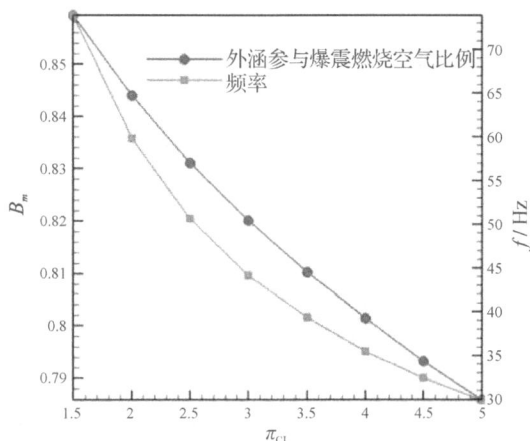

图 4-31　B_m 和 PDC 工作频率随风扇设计压比变化关系

图 4-32、图 4-33 分别给出了脉冲爆震外涵加力燃烧室加力增压比和外涵道总增压比(风扇压比和脉冲爆震外涵加力燃烧室增压比)随风扇设计压比的变化关系。从图中可以看出,脉冲爆震外涵加力燃烧室增压比随着风扇设计压比的增大而减小,而外涵道总增压比随着风扇设计压比的增大而增大。这是因为随着风扇增压比增加,外涵气流温度升高,而且脉冲爆震外涵加力燃烧室入口基线压力也会相应升高,从而造成加力增压比随风扇增压比增加而减小。

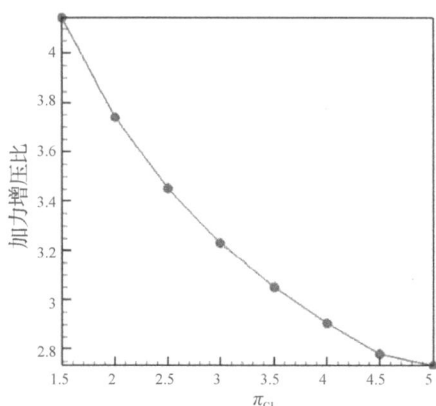

图 4-32　加力增压比随风扇设计压比变化　　**图 4-33　总增压比随风扇设计压比变化**

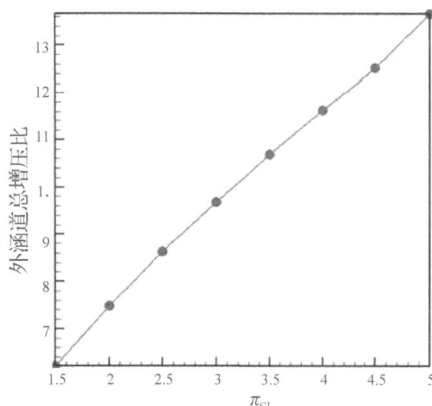

图 4-34 给出了发动机单位推力和耗油率随风扇设计压比的变化。从图中可以看到,发动机的单位推力随风扇设计压比的增加先增大后减小,存在最佳风扇设计压比。耗油

率则随着风扇设计压比的增加持续减小。这是因为单位推力受增压比和燃烧室加热量共同影响,外涵道加力温度一定,随着风扇设计压比增大,外涵总增压比增大会使发动机单位推力呈增大趋势,但脉冲爆震外涵加力燃烧室进口总温增加,则燃烧室加热量减小,使得单位推力呈减小趋势,综合作用下存在最佳风扇设计压比。发动机耗油率减小则是因为燃油流量减小。

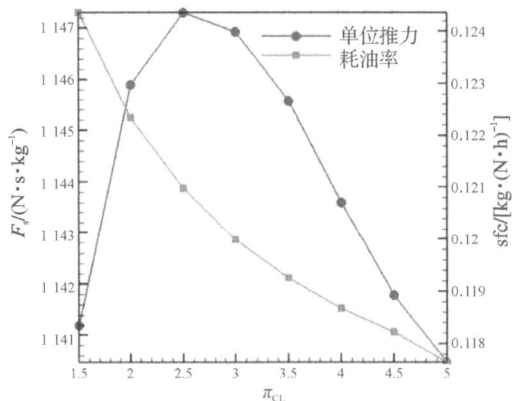

图 4 - 34　单位推力和耗油率随风扇设计压比变化

2)涵道比

当循环参数和加力温度一定时,涵道比对脉冲爆震外涵加力燃烧室和发动机性能有很大影响。

图 4 - 35 给出了脉冲爆震外涵加力燃烧室增压比和 PDC 工作频率随涵道比 B 的变化。从图中可以看出,PDC 工作频率随着涵道比的增大而增大,脉冲爆震外涵加力燃烧室加力增压比随着涵道比 B 增大的变化较小。这是因为涵道比增大,进入外涵道的空气流量增大,因而 PDC 工作频率增大,加力增压比随涵道比的增大几乎不变。这是由于工作频率增加会导致 PDC 增压比增大,但是外涵不参与爆震燃烧的空气流量也会随着涵道比的增大而增加,在于 PDC 出口气流掺混后会降低加力增压比。两个方面的综合作用,导致脉冲爆震外涵加力燃烧室加力增压比随涵道比的增大略有减小。

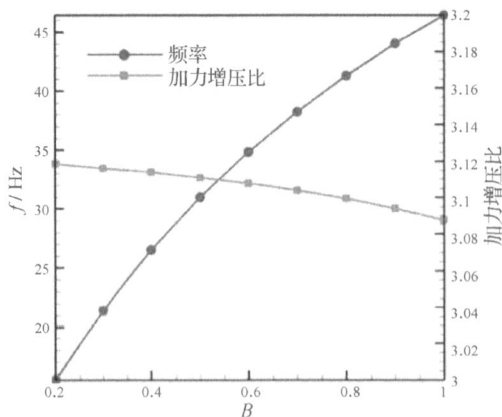

图 4 - 35　PDC 增压比和工作频率随涵道比变化关系

　　图 4-36 给出了发动机加力后单位推力和耗油率随涵道比的变化。从图中可以看到，发动机的单位推力、耗油率均随着涵道比的增加而增大。涵道比越大，参与爆震燃烧的空气流量占发动机进口空气流量比例越大，因而发动机单位推力增大，耗油率也增大。

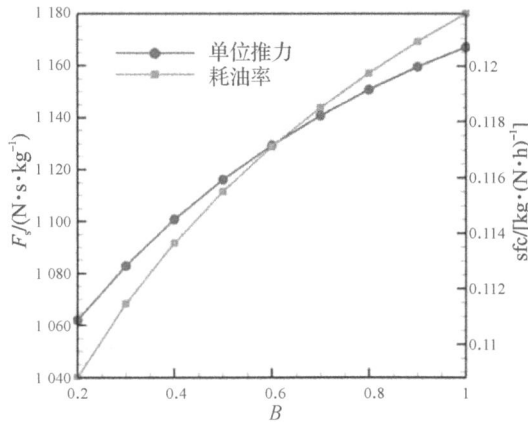

图 4-36　单位推力和耗油率随涵道比变化关系

3）风扇效率

　　脉冲爆震燃烧室自增压、周期性工作特性会带来压力反传的问题，从而影响风扇部件的效率及整机性能，图 4-37～图 4-39 展示了风扇效率对加力增压比、发动机加力后的单位推力及耗油率的影响。从图中可以看出，随着风扇效率的提升，脉冲爆震加力燃烧室增压比提高，从而使得发动机单位推力提升，耗油率降低。因此，为使得脉冲爆震外涵加力涡扇发动机具有良好的性能，需要解决爆震室自增压特性所带来的压力反传问题，提高风扇效率。

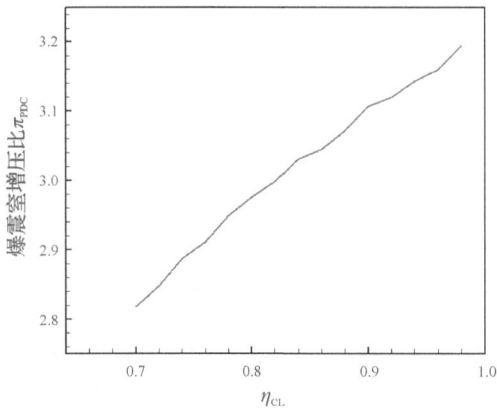

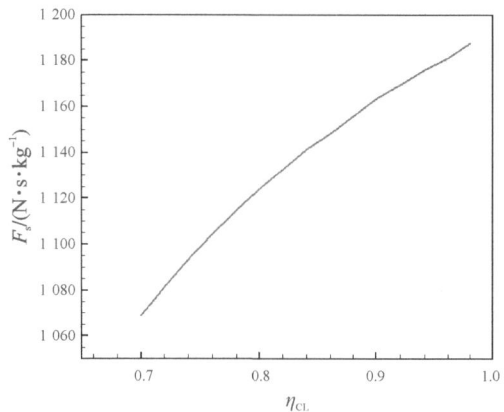

图 4-37　爆震室加力增压比随风扇效率变化关系　　**图 4-38　风扇效率对单位推力的影响**

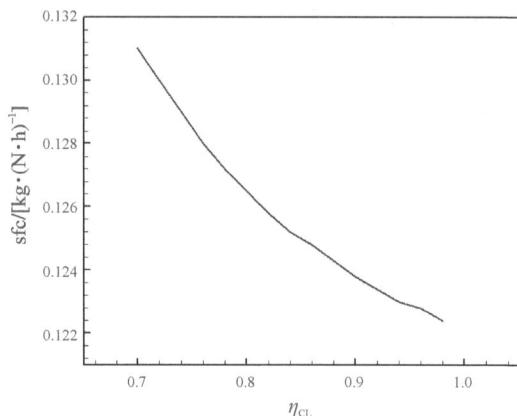

图 4 - 39 风扇效率对耗油率的影响

4.4 脉冲爆震涡轮发动机与传统涡轮发动机设计点性能对比

4.4.1 脉冲爆震涡喷发动机

几款典型的传统小型涡轮喷气发动机的性能参数见表 4 - 4。分析可知,小型涡喷发动机的单位推力在 500～700 N·s/kg 水平之间,耗油率均高于 1.05 kg/(daN[①]·h),压气机压比最高设计值小于 6,涡轮前温度低于 1 500 K。为此,当将脉冲爆震燃烧室用于小型涡喷发动机时,脉冲爆震涡喷发动机设计点循环参数也不用太高。为了比较两种发动机的性能,可以选择压气机设计压比为 4.5、涡轮前温度为 1 300 K 进行对比。

表 4 - 4 传统小型涡轮喷气发动机的性能参数

型号	推力/daN	流量 kg·s^{-1}	压比	涡轮前温度/K	单位推力 N·s·h^{-1}	耗油率 kg·(daN·h)$^{-1}$	长度 mm
WR24 - 6	55.0	1.0	4	1 228	550	1.275	500
AT - 1500	66.7	1.225	5	—	544	1.167	432
WR24 - 7	74.5	1.35	5.3	1 243	547	1.224	495
TRS18	100	1.99	4.7	1 019	503	1.295	600
TJ100A	110	1.7	4.25	1 023	647	1.09	625
J402 - CA - 400	294	4.35	5.6	1 410	676	1.224	753
马波尔	471	9.8	3.84	1 053	481	1.071	1 461
J69 - T - 25	450	8.98	3.9	1 061	501	1.09	899

---

① 1 daN＝10 N。

图 4 - 40 给出了脉冲爆震涡喷发动机与传统涡喷发动机设计点性能随压气机压比、涡轮前温度的变化关系。

从图中可以看出,在同等涡轮前温度下,两种发动机的单位推力都随着增压比的增大先增大,到达最大值后开始下降,即存在最佳设计压比使得发动机单位推力达到最大值。但由于 PDC 的自增压作用,脉冲爆震涡喷发动机最佳设计压比要远小于传统涡喷发动机的最佳设计压比。在增压比为 5~25 的计算范围内,脉冲爆震涡喷发动机的单位推力始终高于传统涡喷发动机,且随着增压比的增大,脉冲爆震涡喷发动机较传统涡喷发动机的单位推力优势逐渐减小。两种发动机的耗油率均随着增压比的增大而降低,且脉冲爆震涡喷发动机的耗油率始终低于传统涡喷发动机。

在同等增压比下,脉冲爆震涡喷发动机和传统涡喷发动机的单位推力随涡轮前温度的增大而增大,而耗油率随涡轮前温度的增大而升高。在涡轮前温度为 1 100~1 600 K 的计算范围内,脉冲爆震涡喷发动机的单位推力始终高于传统涡喷发动机,且耗油率始终低于传统涡喷发动机。

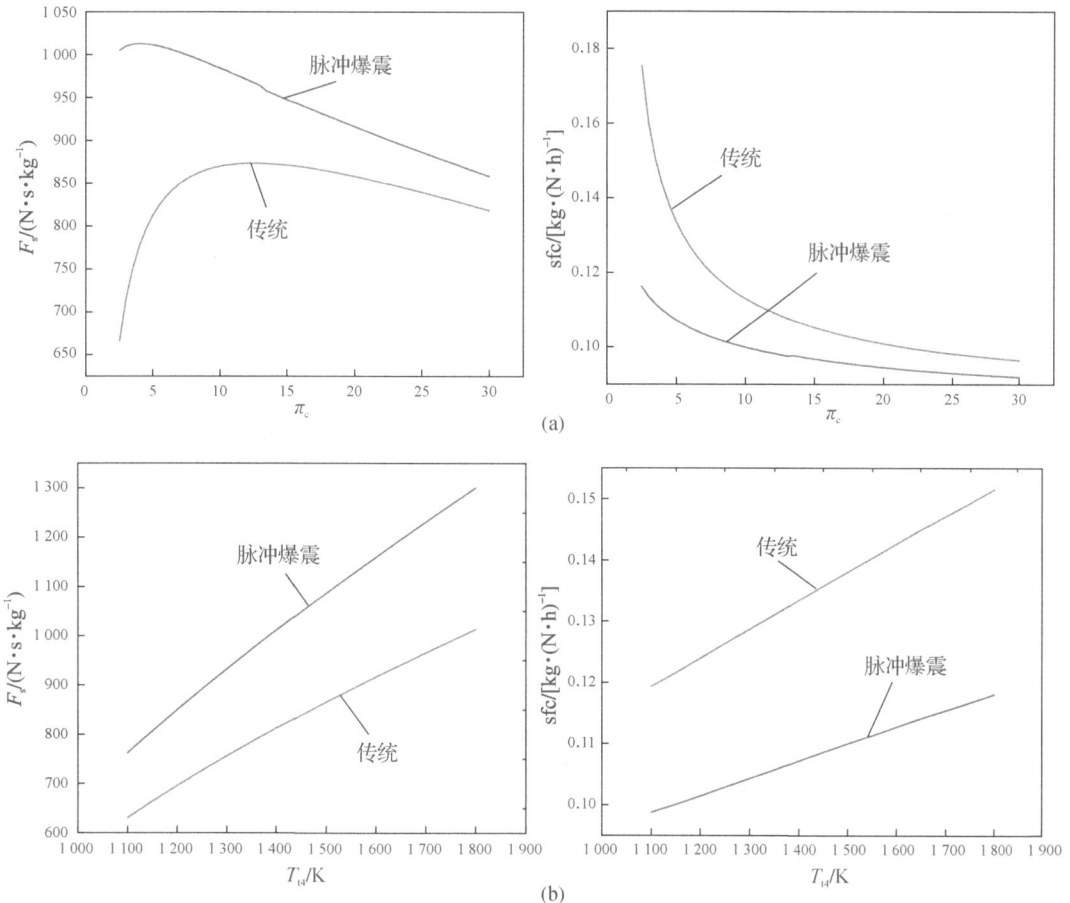

图 4 - 40　脉冲爆震涡喷发动机与传统涡喷发动机性能对比

(a)脉冲爆震涡喷与传统涡喷发动机性能参数随增压比的变化;

(b)脉冲爆震涡喷与传统涡喷发动机性能参数随涡轮前温度的变化

4.4.2 脉冲爆震涡扇发动机

同脉冲爆震涡喷发动机类似,同样对采用 PDC 后的脉冲爆震涡扇发动机与传统涡扇发动机设计点性能进行了计算和对比($H=0,Ma=0$),如图 4-41 所示。从图 4-41 中可以看出:

(1)脉冲爆震涡扇发动机与传统涡扇发动机的性能参数变化规律大致相同,但脉冲爆震涡扇发动机的单位推力大于传统涡扇发动机,耗油率低于传统涡扇发动机,例如当工作条件相同时,脉冲爆震涡扇发动机在最佳增压比处的单位推力提升了约 30%,耗油率降低了约 23%。

(2)在小的压缩部件总压比的情况下,脉冲爆震涡扇发动机对比传统涡扇发动机优势明显,随着压缩部件总压比的升高,优势逐渐减小。

(3)在压气机总增压比一定的条件下,随着涡轮前温度的提高,两种发动机的性能都提高。另外,脉冲爆震涡扇发动机相对于传统涡扇发动机的性能优势更明显。

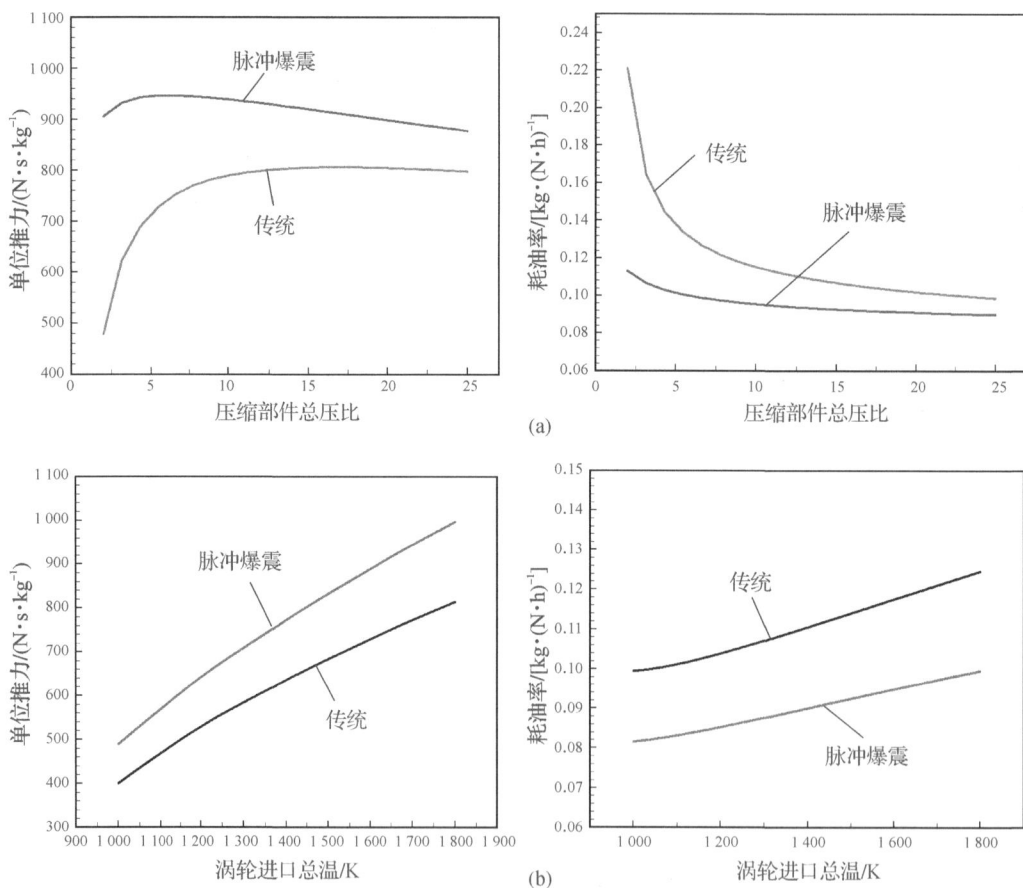

图 4-41 爆震涡扇与传统涡扇性能对比

(a)爆震涡扇与传统涡扇性能参数随增压比的变化; (b)爆震涡扇与传统涡扇性能参数随涡轮前总温的变化

4.4.3　脉冲爆震涡轴发动机

不同设计压比和涡轮前温度下的脉冲爆震涡轴发动机和传统涡轴发动机耗油率和单位轴功率变化曲线如图 4-42 所示。从图 4-42 中可以看出：

(1)同脉冲爆震涡喷发动机类似,当给定涡轮前总温时,存在最佳设计压比使得脉冲爆震涡轴和传统涡轴发动机的单位轴功率达到最大。另外,脉冲爆震涡轴发动机最佳设计压比要小于传统涡轴发动机,这意味着脉冲爆震涡轴发动机可以采用更低的压气机设计压比,从而可减少压气机和涡轮的级数,减轻发动机质量,提高涡轴发动机功重比。

(2)在相同设计压比下,脉冲爆震涡轴发动机的单位功率和耗油率性能均优于传统涡轴发动机,随着增压比的增大,两者之间的差距减小。脉冲爆震涡轴发动机在最佳设计压比下的单位功率提升了约 38.8%,耗油率降低了约 30.9%。而增压比一定,随着涡轮前温度的提高,两者之间的差距有增大的趋势。

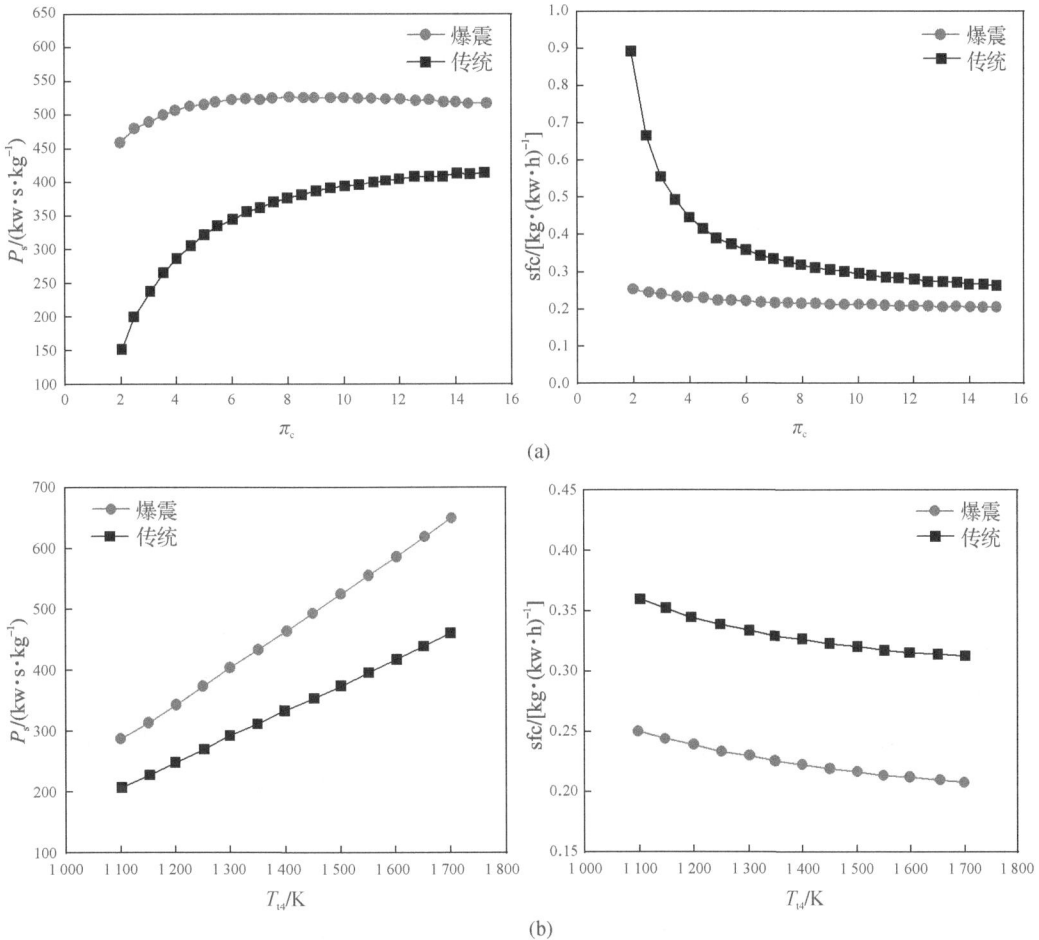

(a)

(b)

图 4-42　爆震涡轴与传统涡轴性能对比

(a)爆震涡轴与传统涡轴性能参数随增压比的变化；　(b)爆震涡轴与传统涡轴性能参数随涡轮前总温的变化

4.4.4　脉冲爆震外涵加力涡扇发动机

1.采用脉冲爆震外涵加力的涡扇发动机与传统混排加力涡扇发动机对比

图 4-43 分别给出了采用脉冲爆震外涵加力的涡扇发动机与传统混排加力涡扇发动机单位推力和耗油率的对比,可以看到,在相同部件设计参数条件下,当爆震室工作频率大于一定值时,采用脉冲爆震外涵加力的涡扇发动机单位推力大于传统混排加力涡扇发动机单位推力。从图 4-43 可以看到,在整个计算频率范围内,采用脉冲爆震外涵加力的涡扇发动机耗油率远低于传统加力方式。

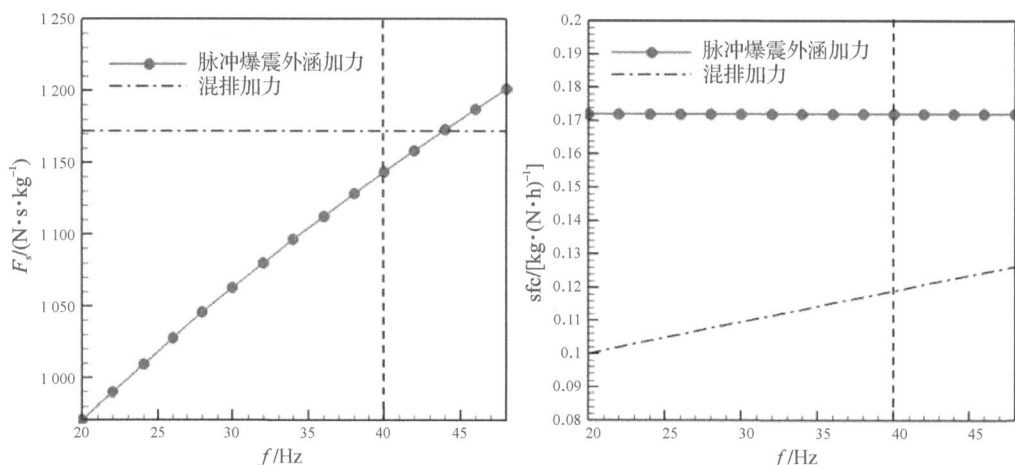

图 4-43　脉冲爆震外涵加力与传统加力单位推力和耗油率对比

2.外涵采用脉冲爆震加力和外涵采用等压燃烧室加力

图 4-44 分别给出了两种加力发动机单位推力和耗油率随 PDC 工作频率的变化关系。需要注意的是,这里等压燃烧室并不存在工作频率的说法,而是为了更好地对比,以保证传统等压燃烧室燃油流量和相应工作频率下的 PDC 的燃油流量相等。从图中可以看出,随着爆震室工作频率的增大,外涵道加装两种燃烧室后发动机的总推力和总耗油率都单调增加。当爆震室工作频率较低时,与外涵道装有传统等压燃烧室的发动机的总推力相比,外涵道装有脉冲爆震燃烧室的发动机的总推力较小,而耗油率较高。只有在爆震室的工作频率超过 50 Hz 以后,外涵道装有脉冲爆震燃烧室的发动机的总推力才高于外涵道装有传统等压燃烧室的发动机的总推力,且耗油率要小。这是因为在低频工作状态下,爆震室的增压比较低,爆震燃烧的增压作用不明显。低频工作时,爆震室大部分时间处于填充状态,爆震室出口温度较低,只有在爆震排气过程爆震室出口才是高温、高压状态,这样剧烈的爆震室出口参数变化会产生很大的推力损失。而传统的等压燃烧室出口温度和压力都是定常的,所以外涵道装有脉冲爆震燃烧室的发动机的总推力在低频时小于外涵道装有传统等压燃烧室的发动机的总推力,而两者消耗的燃油流量是相同的,故其耗油率要高。当爆震室的工作频率较高时,爆震燃烧的增压作用显著增加,同时爆震室出口的温度也大大增加;虽然传统等压

燃烧室出口的温度也增加,但是其出口总压却保持不变,因此外涵道装有脉冲爆震燃烧室的发动机的总推力在高频状态下要大于外涵道装有传统等压燃烧室的发动机的总推力,且耗油率要小。

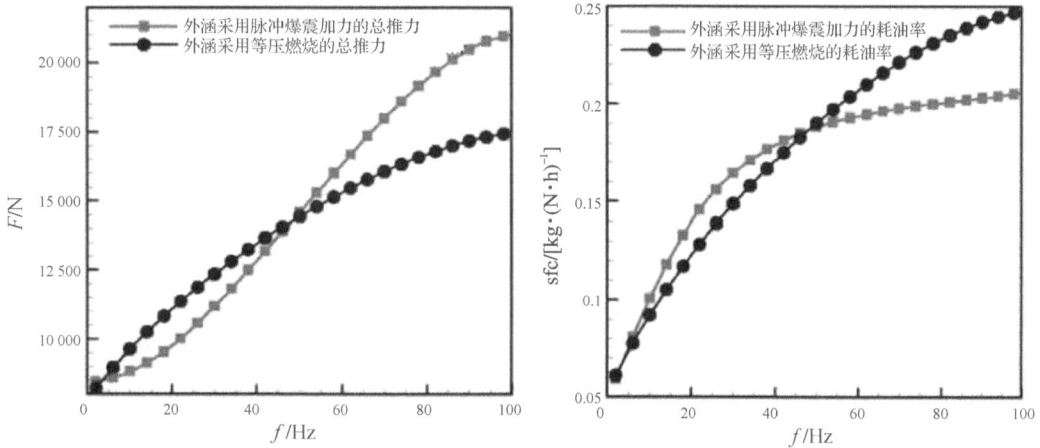

图 4 - 44　外涵脉冲爆震加力与外涵等压燃烧室加力时单位推力和耗油率对比

参 考 文 献

[1]　陈玉春,贾琳渊,李维.航空燃气涡轮发动机原理[M].北京:科学出版社,2022.

[2]　王凌羿.脉冲爆震涡轮发动机总体性能及增压部件匹配技术研究[D].西安:西北工业大学,2021.

[3]　张淑婷.脉冲爆震涡轮发动机性能计算与总体方案研究[D].西安:西北工业大学,2018.

[4]　陈文娟,范玮,邱华,等.外涵装有脉冲爆震加力燃烧室的涡扇发动机热力性能分析[J].西北工业大学学报,2010,28(2):240 - 244.

[5]　CHEN W J,FAN W,QIU H,et al. Thermodynamic performance analysis of turbofan engine with a pulse detonation duct heater[J]. Aerosp Sci Technol,2012, 23(1):206 - 212.

[6]　郭欢.带脉冲爆震外涵加力燃烧室的涡扇发动机总体性能分析[D].西安:西北工业大学,2022.

[7]　彭辰旭,卢杰,郑龙席,等.脉冲爆震外涵加力分排涡扇发动机性能分析[J].航空发动机,2023,49(2):37 - 44.

[8]　卢杰,郑龙席,王治武,等.采用脉冲爆震外涵加力燃烧室的涡扇发动机性能研究[J].推进技术,2014,35(6):858 - 864.

第5章 脉冲爆震涡轮发动机非设计点性能仿真分析

5.1 引　　言

航空燃气涡轮发动机各个部件是协调工作、相互影响、相互制约的,任何飞行条件的改变都会影响发动机各部件的匹配工作状态,使得发动机进入非设计点工作状态。与传统航空燃气涡轮发动机相比,PDTE 在非设计点匹配工作时还需满足 PDC 工作频率与进口流量之间的匹配,PDTE 非设计点性能分析的难度更大。而如何快速、准确地评估不同飞行条件下 PDTE 非设计点性能及部件间的匹配工作规律,是设计和研制 PDTE 过程中首先需要解决的问题。

在前面章节的基础上,本章结合不同类型 PDTE 匹配工作时的共同工作条件,建立 PDTE 非设计点性能仿真模型,并分析 PDTE 的速度特性、高度特性、节流特性以及在非设计点工况下 PDTE 与传统涡轮发动机性能的差异。

5.2　PDTE 非设计点性能仿真模型

5.2.1　脉冲爆震涡喷发动机共同工作方程及求解

脉冲爆震涡喷发动机非设计点计算时已知的数据有:

(1)飞行条件:马赫数 Ma、飞行高度 H。

(2)脉冲爆震涡喷发动机设计点参数:压气机压比、引气增压压气机压比、PDC 体积 V_{PDC}、混合室出口总温 T_{t45}、涡轮导向器面积 A_5、喷管喉道面积 A_9 等。

(3)设计点部件效率:压气机设计点效率、引气增压压气机效率、涡轮设计点效率、轴机械效率等。

(4)损失系数:进气道总压恢复系数、隔离段总压恢复系数、混合室总压恢复系数、尾喷管总压恢复系数、相对功率提取系数、涡轮的相对冷却空气量、涡轮的相对封严空气量、飞机用气相对空气量等。

　　单轴脉冲爆震涡喷发动机的非设计点计算流程如图 5-1 所示。从 0 — 0 截面开始,按顺序依次求出各个截面的参数。假设隔离段上游部件不受爆震室反传压力的影响,那么隔离段上游截面参数可以按照传统涡轮发动机性能计算方法进行截面参数计算。而隔离段下游部件由于爆震室的非定常工作特性,其截面参数将随时间周期变化。为此,依次求出隔离段下游截面在一个爆震循环周期内的总温、总压、流量等参数随时间的变化关系,直到 9 截面的参数求出后,对一个爆震周期内的喷管出口流量和涡轮功进行积分,看是否与发动机进口流量和压气机功相等,并根据结果进行迭代计算,具体如图 5-1 所示。

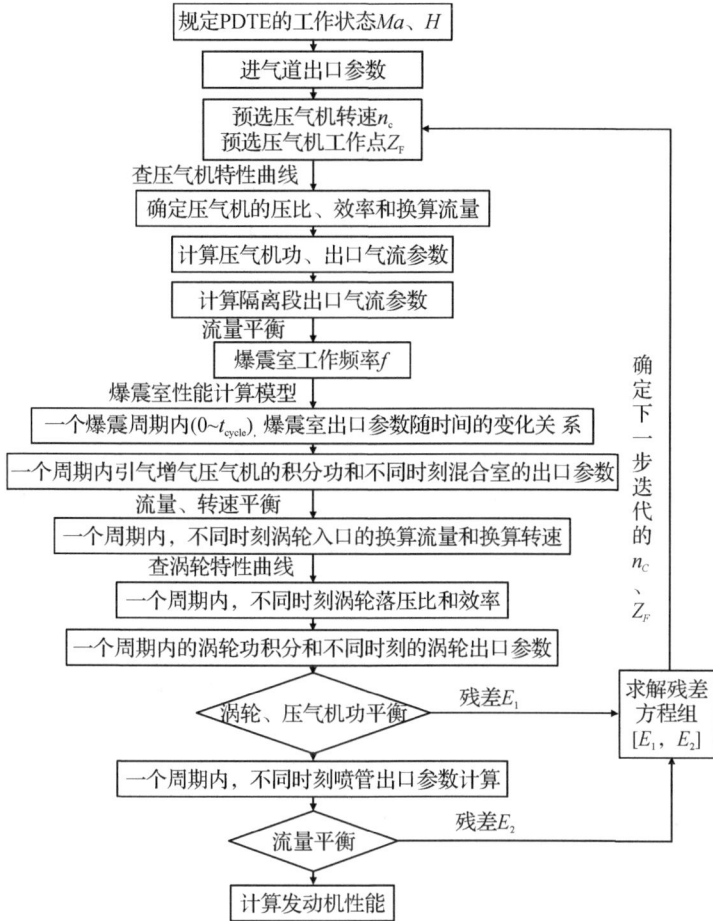

图 5-1　脉冲爆震涡喷发动机的共同工作计算流程图

　　传统航空燃气涡轮发动机在稳定状态下工作时,涡轮和压气机功率时刻相等。但对于脉冲爆震涡轮发动机,由前面章节的分析可知,涡轮输出功随时间变化。根据脉冲爆震燃烧室的周期工作特性,在一个爆震循环周期内压气机和涡轮需满足功率平衡,那么功率平衡的残差方程 E_1 为

$$E_1 = t_{cycle}(L_c + L_b + C_{TO}W_2) - \eta_m \int_0^{t_{cycle}} L_T(t) \, dt \qquad (5-1)$$

　　同理,在一个脉冲爆震循环内各部件需满足流量平衡,那么压气机入口与喷管出口的流

量平衡残差方程 E_2 为

$$E_2 = t_{\text{cycle}}\left[(1-\beta)W_2 + W_f\right] - \int_0^{t_{\text{cycle}}} W_9(t)\,\mathrm{d}t \tag{5-2}$$

$$W_f = W_2(1-\delta_1-\delta_2-\beta)B_m R_{st} \tag{5-3}$$

式中：W_f ——燃油流量；

R_{st} ——燃料的化学恰当比。

若残差方程 E_1、E_2 不满足给定误差，则采用牛顿-拉夫逊法，计算下一步的压气机换算转速 $n_{c,\text{cor}}$ 和压气机在等转速线上的工作点 Z_F，重新从 3—3 截面开始依次计算，直至残差方程 E_1、E_2 满足给定的误差，从而得出在该工况下脉冲爆震涡喷发动机的进口流量、转速、频率和各个截面参数。

飞行器飞行状态不同，其对应的发动机调节规律也不同，稳定工作状态下包括最大、加力、巡航等调节规律，本章主要针对脉冲爆震涡轮发动机最大工作状态，即在不同飞行条件下最大限度发挥发动机潜力，以获得最大推力值。限制发动机推力提高的因素主要包括物理转速 n 和涡轮前燃气温度 T_{t4}。由于转子零件强度的限制和涡轮材料耐温限制，发动机物理转速 n 和涡轮前温度 T_{t4} 均不能超过最大限制值。因此，当确定调节规律时，可选取 n 和 T_{t4} 作为被调参数。

取 n 作为被调节参数，调节规律可表示为

$$W_f \rightarrow n = n_{\max} = 常数 \tag{5-4}$$

式（5-4）的意义为：当飞行条件改变时，调节器会自动改变供油量，使发动机物理转速保持最大值不变。选定调节规律，并且已知飞行条件，首先计算出 T_{t2}，进而计算出压气机转速相似参数 $n/\sqrt{T_{t2}}$，然后在共同工作线上确定共同工作点位置，进行下一步性能计算。

取 T_{t4} 作为被调节参数，调节规律可表示为

$$W_f \rightarrow T_{t4} = T_{t4,\max} = 常数 \tag{5-5}$$

式（5-5）的意义为：当飞行条件改变时，自动调节器通过感受涡轮前温度进行调节，改变供油量 W_f，使涡轮前总温 T_{t4} 保持最大值不变。选定调节规律，并且已知飞行条件，首先计算出 T_{t2}，进而计算出 $T_{t4}/T_{t2} = T_{t4,\max}/T_{t2}$，然后在共同工作线上确定共同工作点位置，进行下一步性能计算。

在调节规律确定后，共同工作方程的个数和未知变量的个数一致，此时方程组存在唯一解。解方程时，可以先选择几个变量，作为独立变量组，然后将其他变量表示为这几个独立变量的函数，这样只需求解独立变量组对应的共同工作方程。对于几何不可调的单轴脉冲爆震涡轮涡喷发动机，一般选择以下两个变量：$V_1 = Z_F$、$V_2 = \bar{n}_{c,\text{cor}}$，对应的两个检验方程为式（5-1）、式（5-2），可以将检验方程组改写成残量组的形式，即误差函数：

$$E_1(V_1, V_2, V_3) = 0 \tag{5-6}$$

$$E_2(V_1, V_2, V_3) = 0 \tag{5-7}$$

在计算过程中，首先对两个独立变量进行初值假设；若满足给定的迭代误差，则表示假设正确；若不满足，则通过迭代计算，直到获得共同工作点，再计算发动机非设计点性能。

5.2.2　脉冲爆震涡扇发动机共同工作方程及求解

计算脉冲爆震涡扇发动机非设计性能时,同样已知发动机设计参数以及各部件设计点效率。具体共同工作方程及求解过程如下:

(1)风扇压缩过程:

根据风扇进口总压 p_{t2}、总温 T_{t22}、风扇增压比 π_{CL} 和风扇绝热效率 η_{CL},求出口总压和总温:

$$p_{t22} = f_1(p_{t2}, \pi_{CL}) \tag{5-8}$$

$$T_{t22} = f_2(T_{t2}, \pi_{CL}, \eta_{CL}) \tag{5-9}$$

(2)高压压气机压缩过程:

根据选定的增压比 π_{CH}、效率 η_{CH} 和进口气流参数可求出高压压气机出口气流参数:

$$p_{t3} = f_3(p_{t22}, \pi_{CH}) \tag{5-10}$$

$$T_{t3} = f_4(T_{t22}, \pi_{CH}, \eta_{CH}) \tag{5-11}$$

(3)燃烧室燃烧过程:

利用前面章节所建立的 PDC 性能计算模型,可计算得到 PDC 的出口总压 p_{t4} 和出口总温 T_{t4}:

$$p_{t4} = f_5(p_{t3}, T_{t3}, L, D, N, f, \text{EQ}) \tag{5-12}$$

$$T_{t4} = f_5(p_{t3}, T_{t3}, L, D, N, f, \text{EQ}) \tag{5-13}$$

(4)高压涡轮膨胀过程:

$$p_{t45} = f_7(T_{t4}, H_{45}) \tag{5-14}$$

$$T_{t45} = f_8(T_{t4}, H_{45}, \eta_{TH}) \tag{5-15}$$

$$F_{TH} = f_9(W_4, T_{t4}, p_{t4}) \tag{5-16}$$

$$H_{45} = f_{10}(T_{t22}, T_{t4}, \pi_{CH}, \eta_{TH}) \tag{5-17}$$

(5)低压涡轮膨胀过程:

$$W_{45} = f_{11}(W_4) \tag{5-18}$$

$$p_{t5} = f_{12}(T_{t45}, H_5) \tag{5-19}$$

$$T_{t5} = f_{13}(T_{t45}, H_5, \eta_{TL}) \tag{5-20}$$

$$F_{TL} = f_{14}(W_{45}, T_{t45}, p_{t45}) \tag{5-21}$$

$$H_5 = f_{15}(T_{t2}, T_{t45}, \pi_{CL}, \eta_{TL}) \tag{5-22}$$

(6)由尾喷管喉道处燃气流量与发动机进口流量连续关系可知:

$$W_8 = f_{16}(W_2, W_f) \tag{5-23}$$

(7)由尾喷管喉道处燃气流量与当地气流参数关系可知:

$$W_8 = f_{17}(p_{17}, T_{t5}, p_{t22}, T_{t22}, p_0, A_8) \tag{5-24}$$

(8)由爆震燃烧室出口燃气流量与进口空气流量的关系可知:

$$W_4 = f_{18}(W_{22}, W_f) \tag{5-25}$$

(9)由混合气进口处外涵道与内涵道静压相等的条件推导出:

$$W_2 - W_{22} = f_{19}(p_{t22}, T_{t22}, p_{t5}, T_{t5}) \tag{5-26}$$

(10)压气机和涡轮各参数必须分别满足自身的特性曲线：

$$\pi_{CL} = f_{20}(\bar{n}_{CL,cor}/\sqrt{T_{t2}}Z_F) \tag{5-27}$$

$$\eta_{CL} = f_{21}(\bar{n}_{CL,cor}/\sqrt{T_{t2}}Z_F) \tag{5-28}$$

$$W_2\sqrt{T_{t2}}/p_{t2} = f_{22}(\bar{n}_{CL,cor}/\sqrt{T_{t2}}Z_F) \tag{5-29}$$

$$\pi_{CH} = f_{23}(\bar{n}_{CH,cor}/\sqrt{T_{t2}}Z_c) \tag{5-30}$$

$$\eta_{CH} = f_{24}(\bar{n}_{CH,cor}/\sqrt{T_{t2}}Z_c) \tag{5-31}$$

$$W_{22}\sqrt{T_{t22}}/p_{t22} = f_{25}(\bar{n}_{CH,cor}/\sqrt{T_{t22}}Z_c) \tag{5-32}$$

$$H_{45} = f_{26}(F_{TH}\bar{n}_{CH,cor}/\sqrt{T_{t4}}) \tag{5-33}$$

$$\eta_{TH} = f_{27}(F_{TH}\bar{n}_{CH,cor}/\sqrt{T_{t4}}) \tag{5-34}$$

$$H_5 = f_{28}(F_{TL}\bar{n}_{CL,cor}/\sqrt{T_{t45}}) \tag{5-35}$$

$$\eta_{TL} = f_{29}(F_{TL}\bar{n}_{CL,cor}/\sqrt{T_{t45}}) \tag{5-36}$$

式(5-8)~式(5-36)即为脉冲爆震涡扇发动机的共同工作方程,方程中涉及的变量包括 p_{t2}、t_{t2}、π_{CL}、η_{CL}、p_{t22}、t_{t22}、π_{CH}、η_{CH}、p_{t3}、t_{t3}、t_{t4}、η_b、p_{t45}、T_{t45}、F_{TH}、H_{45}、η_{TH}、p_{t5}、T_{t5}、F_{TL}、H_5、η_{TL}、A_8、$\bar{n}_{CL,cor}$、$\bar{n}_{CH,cor}$、p_0、W_2、W_{22}、W_4、W_{45}、W_f、W_8、Z_F、Z_c,一共 34 个变量。在计算时,飞行状态是已知的,即飞行高度和马赫数已知,故 p_0、p_{t2}、T_{t2} 可通过计算直接得到,假设发动机几何不可调,则 A_8 确定,则实际变量为 30 个。29 个方程中共有 30 个变量,方程组的解不唯一,此时需引入额外的条件使方程组的解唯一,这个条件称为发动机的调节规律。

同脉冲爆震涡喷发动机类似,本节主要针对脉冲爆震涡扇发动机最大工作状态,即在不同飞行条件下最大限度发挥发动机潜力,以获得最大推力值。当确定调节规律时,同样将物理转速 n 和涡轮前温度 T_{t4} 作为被调参数。

取物理转速 n 作为被调节参数,调节规律可表示为

$$W_f \rightarrow n = n_{max} = 常数 \tag{5-37}$$

取涡轮前温度 T_{t4} 作为被调节参数,调节规律可表示为

$$W_f \rightarrow T_{t4} = T_{t4,max} = 常数 \tag{5-38}$$

对于几何不可调的双轴脉冲爆震涡扇发动机,一般选择以下 6 个变量：$v_1 = Z_f$、$v_2 = \bar{n}_{CL,cor}$、$v_3 = Z_c$、$v_4 = \bar{n}_{CH,cor}$、$v_5 = F_{TH}$、$v_6 = F_{TL}$,可以将检验方程组改写成残量组的形式,即误差函数：

$$E_1(v_1, v_2, v_3, \cdots, v_6) = 0 \tag{5-39}$$

$$E_2(v_1, v_2, v_3, \cdots, v_6) = 0 \tag{5-40}$$

$$E_3(v_1, v_2, v_3, \cdots, v_6) = 0 \tag{5-41}$$

$$E_4(v_1, v_2, v_3, \cdots, v_6) = 0 \tag{5-42}$$

$$E_5(v_1, v_2, v_3, \cdots, v_6) = 0 \tag{5-43}$$

$$E_6(v_1, v_2, v_3, \cdots, v_6) = 0 \tag{5-44}$$

在计算过程中,首先对 6 个独立变量进行初值的假设；若满足式(5-39)~式(5-44),即 6 个误差函数值为 0,则表示假设正确；若不满足,则通过迭代计算获得共同工作点,再计

算发动机非设计点性能。图 5-2 为脉冲爆震涡扇发动机共同工作过程迭代计算的流程图。

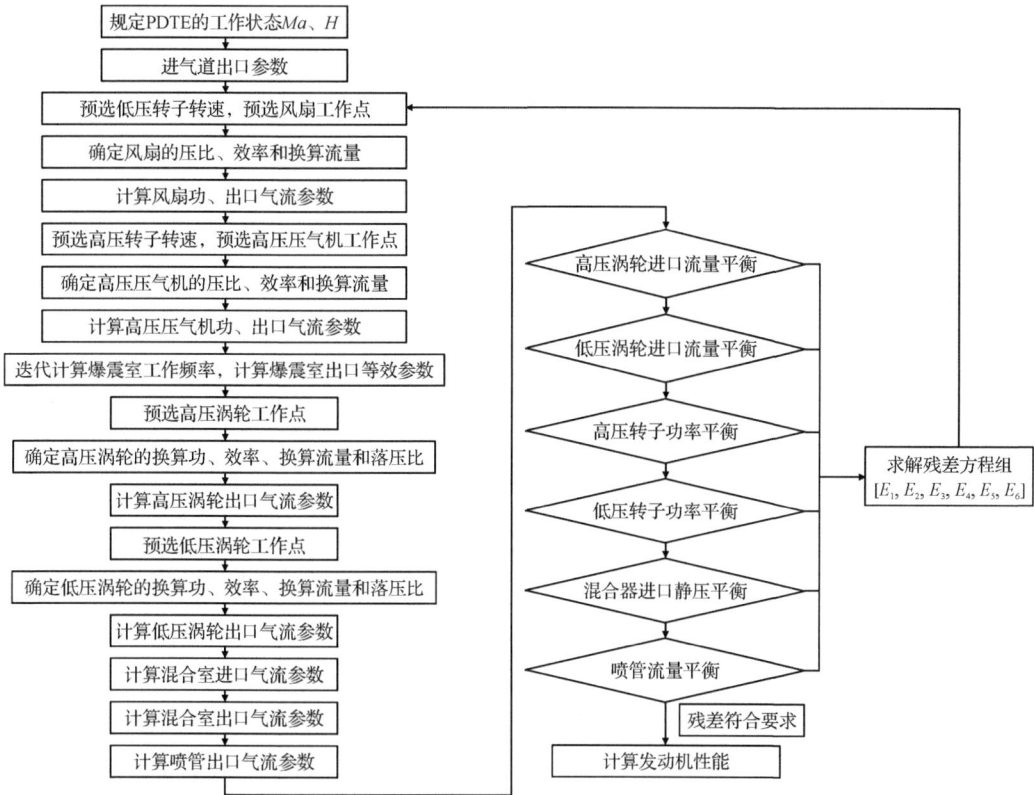

图 5-2 脉冲爆震涡扇发动机的共同工作计算流程图

5.2.3 脉冲爆震涡轴发动机共同工作方程及求解

本节在第 4 章脉冲爆震涡轴发动机设计点性能计算模型的基础上,借鉴单轴脉冲爆震涡喷发动机共同工作方程方法,同样可建立单轴脉冲爆震涡轴发动机共同工作方程并进行求解。共同工作条件包括压气机功和涡轮功平衡、压气机出口流量和尾喷管流量相等。

压气机功与涡轮功平衡:

$$W_2(H_3 - H_2) = W_5(H_5 - H_{43})\eta_{\mathrm{mH}} \qquad (5-45)$$

流量平衡:

$$W_2 f_0 = W_8 \qquad (5-46)$$

采用同单轴脉冲爆震涡喷发动机同样的控制规律对共同工作方程进行求解。若不满足平衡关系,则重新选择压气机换算转速 $\bar{n}_{\mathrm{CL,cor}}$ 以及相对工作点 Z_{F} 重新开始计算,直至满足平衡关系式。

5.2.4 脉冲爆震外涵加力涡扇发动机共同工作方程及求解

对于带脉冲爆震外涵加力燃烧室的分开排气涡扇发动机而言,必须满足如下 6 个共同工作条件:

(1)低压涡轮与风扇的功率平衡;

(2)高压涡轮与高压压气机功率平衡;

(3)高压涡轮导向器出口与高压涡轮进口流量平衡;

(4)低压涡轮导向器出口与低压涡轮进口流量平衡;

(5)低压涡轮出口与内涵尾喷管喉道流量平衡;

(6)脉冲爆震外涵加力燃烧室出口与外涵尾喷管喉道流量平衡。

将 6 个共同工作条件写成共同工作方程形式为:

(1)低压涡轮与风扇功率平衡偏差方程 E_1:

$$E_1 = \frac{L_{TL} - (L_{CL} + N_L)}{L_{TL}} \tag{5-47}$$

(2)高压涡轮与高压压气机功率平衡偏差方程 E_2:

$$E_2 = \frac{L_{TH} - (L_{CH} + N_H)}{L_{TH}} \tag{5-48}$$

(3)高压涡轮导向器出口与高压涡轮进口流量平衡偏差方程 E_3:

$$E_3 = \frac{W_{aTH} - W_{a41}}{W_{aTH}} \tag{5-49}$$

(4)低压涡轮导向器出口与低压涡轮进口流量平衡偏差方程 E_4:

$$E_4 = \frac{W_{aTL} - W_{a45}}{W_{aTL}} \tag{5-50}$$

(5)低压涡轮出口与内涵尾喷管流量平衡偏差方程 E_5:

$$E_5 = \frac{W_{a81} - W_{aTL}}{W_{aTL}} \tag{5-51}$$

(6)脉冲爆震外涵加力燃烧室出口与外涵尾喷管出口流量平衡偏差方程 E_6:

$$E_6 = \frac{W_{a82} - W_{a22}(1 + f_{28})}{W_{a82}} \tag{5-52}$$

对于带脉冲爆震外涵加力燃烧室的混合排气涡扇发动机而言,则必须满足如下 6 个共同工作条件:

(1)低压涡轮与风扇的功率平衡;

(2)高压涡轮与高压压气机功率平衡;

(3)高压涡轮导向器出口与高压涡轮进口流量平衡;

(4)低压涡轮导向器出口与低压涡轮进口流量平衡;

(5)混合室内外涵进口静压相等;

(6)混合室出口与尾喷管喉道流量平衡。

6 个共同工作方程与 5.2.2 节介绍的脉冲爆震涡扇发动机性能模型相同。

对于脉冲爆震外涵加力涡扇发动机,外涵脉冲爆震加力燃烧室出口温度可以参照传统加力燃烧室出口温度来给定限制值。由爆震室工作参数对脉冲爆震外涵加力燃烧室部件性能和整机性能的影响可知,脉冲爆震外涵加力燃烧室加力温度与爆震室工作频率和当量比有关,当飞行条件、大气环境发生较大改变时,可以通过适当改变爆震室的当量比或爆震室工作频率来改变脉冲爆震外涵加力燃烧室的平均供油量,以保证加力温度一定。因此,存在两种调节控制方法:

工作频率一定,调节当量比使加力温度一定:

$$\text{Freq} = 常数 \tag{5-53}$$

$$\text{ER} \rightarrow W_f \rightarrow T_{t28} = 常数 \tag{5-54}$$

当量比一定,调节工作频率使加力温度一定:

$$\text{ER} = 常数 \tag{5-55}$$

$$f \rightarrow W_f \rightarrow T_{t28} = 常数 \tag{5-56}$$

图 5-3 为假定爆震室工作频率 40 Hz 时,采用第一种调节方法得到的爆震室当量比及最高加力温度随马赫数的变化趋势。图中黑线表示爆震室工作频率 40 Hz,加力温度 T_{t28} = 2 000 K 时,爆震室当量比随马赫数的变化关系。灰线为频率一定时的最高加力温度。当爆震室工作频率保持 40 Hz 时,马赫数大于 1.0 后,仅靠调节爆震室当量比无法实现加力温度保持 2 000 K 不变。这是由于随着马赫数的增大,发动机进口空气流量激增,流经发动机外涵道的空气流量随之增大,爆震室工作频率需要与发动机流量匹配,若保持爆震室工作频率一定,则外涵道参与爆震燃烧空气比例降低,当外涵道爆震燃气空气比例降低到一定值时,仅靠调节爆震室当量比,无法满足加力温度保持 2 000 K 不变。

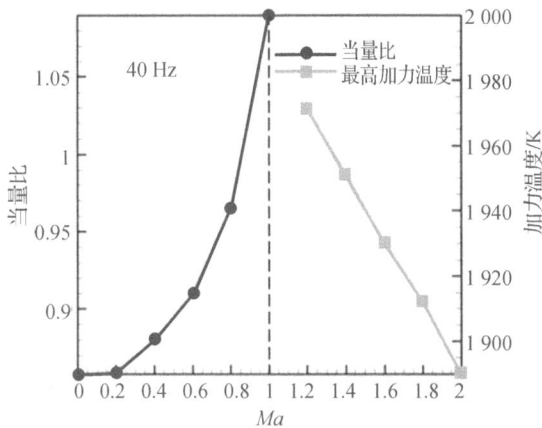

图 5-3　爆震室当量比及最高加力温度随马赫数变化关系

图 5-4 给出了当量比为 1.0 时,采用第二种调节规律得到的爆震室工作频率随马赫数的变化。图 5-5 给出了当量比为 1.0 时,采用第二种调节规律得到的爆震室工作频率随飞行高度的变化。从图中可以看出,飞行高度一定时,爆震室工作频率随着马赫数的增加而增大。而马赫数一定时,若飞行高度小于 11 km,爆震室工作频率随着飞行高度的增加而减小;在飞行高度大于 11 km 后,爆震室工作频率随着马赫数的增加几乎不变。虽然飞行高度、马赫数变化范围大,但爆震室工作频率变化范围很小。这主要是因为发动机飞行工况发

生变化,进入爆震室的流量会发生变化,同时进入爆震室的气流压力也会随着飞行工况的变化而变化,使得在整个工作范围内,爆震室内换算流量变化不大,对应的匹配工作频率变化不大。

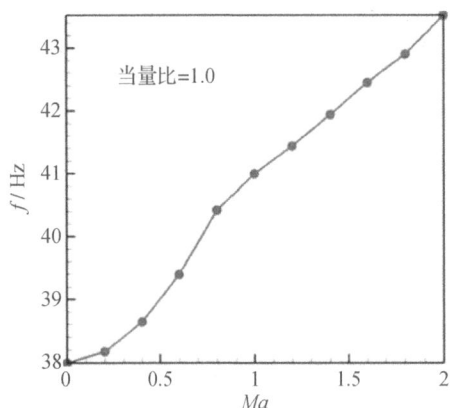

图 5-4　PDC 工作频率随马赫数变化　　图 5-5　PDC 工作频率随高度变化

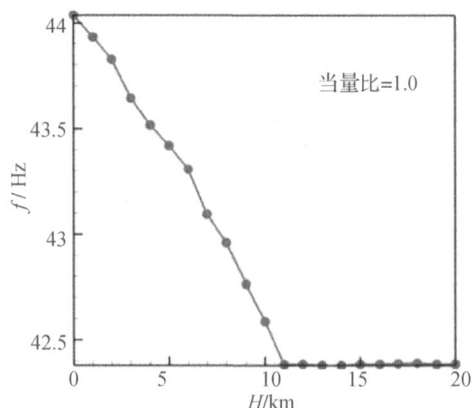

综合分析,飞行工况大范围改变时,单独调节 PDC 当量比,无法保证加力燃烧室出口温度保持不变,而飞行速度和高度变化对进入脉冲爆震外涵加力燃烧室的换算流量影响较小,微调 PDC 工作频率即可满足保证外涵加力燃烧室出口温度不变这一控制规律的要求。

结合 PDTE 的控制规律,就可以对不同类型 PDTE 共同工作方程进行求解,获得发动机的非设计点性能。

5.3　脉冲爆震涡轮发动机速度特性

给定的飞行高度和调节规律下,发动机的性能参数和工作参数随飞行速度的变化规律称为发动机的速度特性。下面将在设计点性能分析基础上,对几种 PDTE 的速度特性进行分析。

5.3.1　脉冲爆震涡喷发动机

图 5-6 给出了几组不同飞行高度下,单轴脉冲爆震涡喷发动机单位推力、耗油率、流量、推力、爆震室增压比、油气比随马赫数 Ma 的变化规律(其中压气机的设计压力为 4,流量为 4.1 kg/s,涡轮前温度为 1 800 K)。从图中可以看出,随着马赫数的增大,脉冲爆震涡喷发动机的单位推力 F_s 不断减小直至为零,耗油率 sfc 不断增加。发动机入口流量随着马赫数的增加而增大,在不同的飞行范围内增加速度快慢不同,亚声速范围内增加较慢,超声速范围内增加较快。而发动机的推力先略有降低,然后随着马赫数的增加逐渐增大。发动机总油气比随着马赫数的增加而降低。

　　显然,随着马赫数的增加,压气机进口温度提高,进口流量增大,在涡轮前温度不变的情况下,爆震室的加热量减小,导致发动机的单位推力降低,油气比降低,而且单位推力下降的幅度比油气比下降的幅度大,进而导致发动机的耗油率升高。而发动机推力取决于空气流量和单位推力变化,当马赫数较低时,空气流量增加不多,单位推力下降对发动机推力影响较大,导致发动机推力随着马赫数的增加而略有降低。随着马赫数的继续增加,发动机进口流量增加较快,使得发动机的推力会随着马赫数的增加而增大。另外,从图 5-6(f)中可以看出,随着马赫数 Ma 的增加,来流总压升高,压气机出口的总温和总压也升高,爆震室进口的基线压力增大,同时爆震室进口总温的增加也会导致爆震室的加热量减少,导致随着马赫数的增加,爆震室的增压比减小。

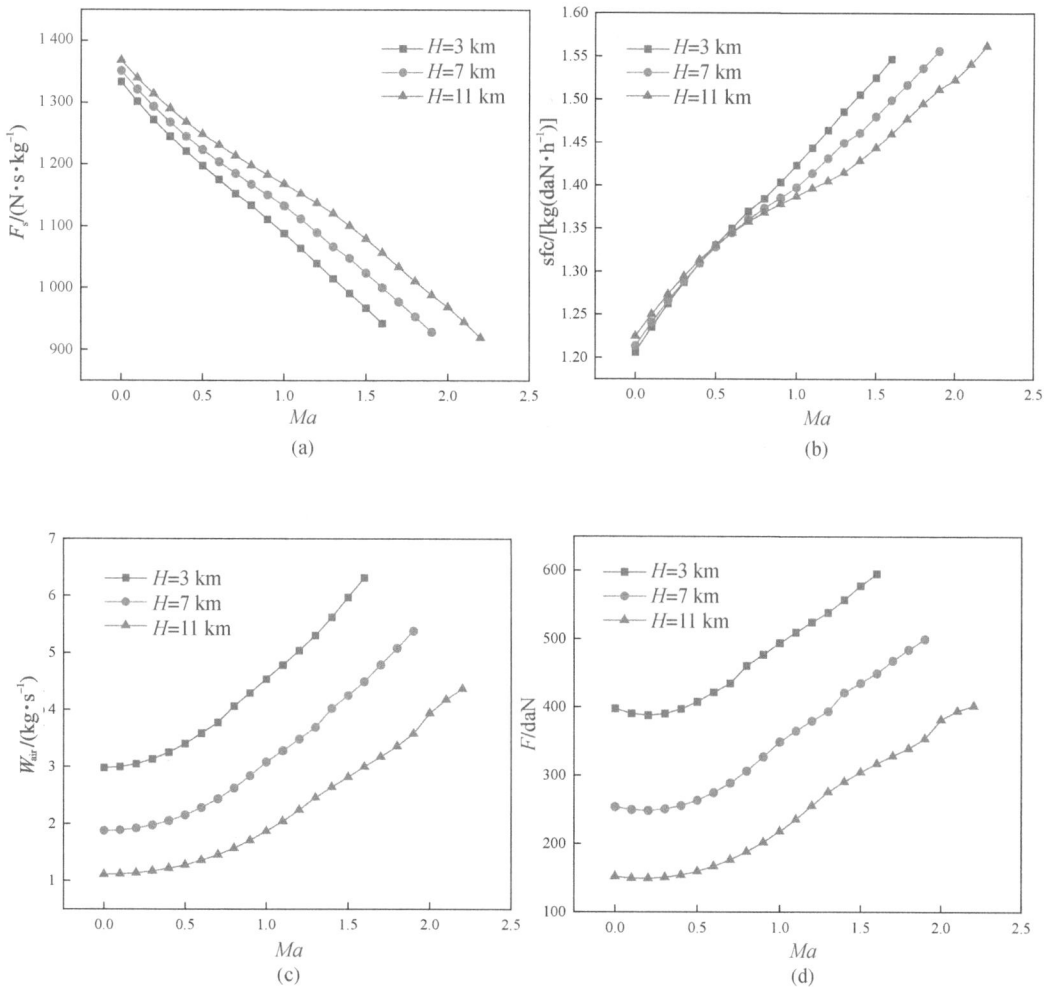

图 5-6　单轴脉冲爆震涡喷发动机速度特性
(a)单位推力随 Ma 变化关系；　(b)耗油率随 Ma 变化关系；
(c)空气流量随 Ma 变化关系；　(d)推力随 Ma 变化关系

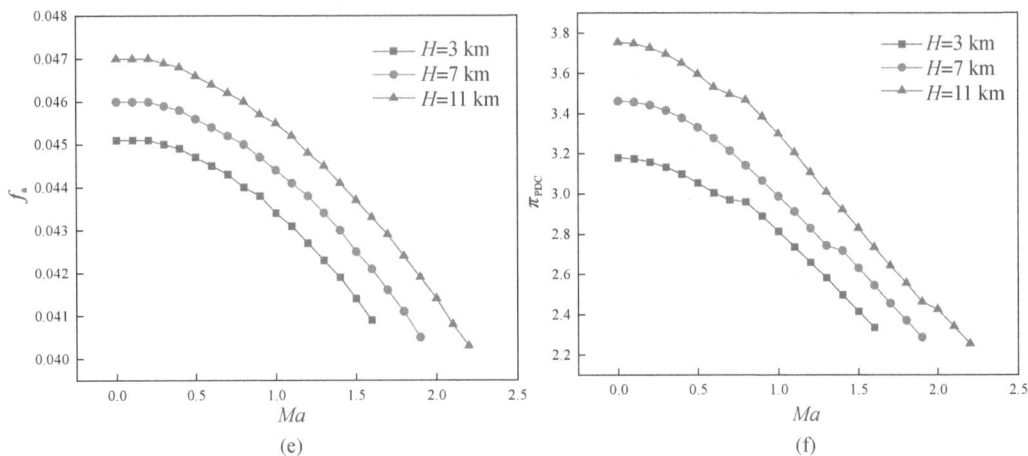

续图 5-6 单轴脉冲爆震涡喷发动机速度特性

(e)油气比随 Ma 变化关系； (f)爆震室增压比随 Ma 变化关系

5.3.2 脉冲爆震涡扇发动机

本节选取一个分开排气脉冲爆震涡扇发动机,对其非设计点性能进行分析(设计点总压比为 11,涡轮前温度为 1 360 K,涵道比为 1,流量为 7.7 kg/s)。该脉冲爆震涡扇发动机在不同高度下单位推力、耗油率、总推力和流量随马赫数的变化如图 5-7 所示。图中还给出了马赫数变化时,PDC 工作频率和流量随马赫数的变化规律。

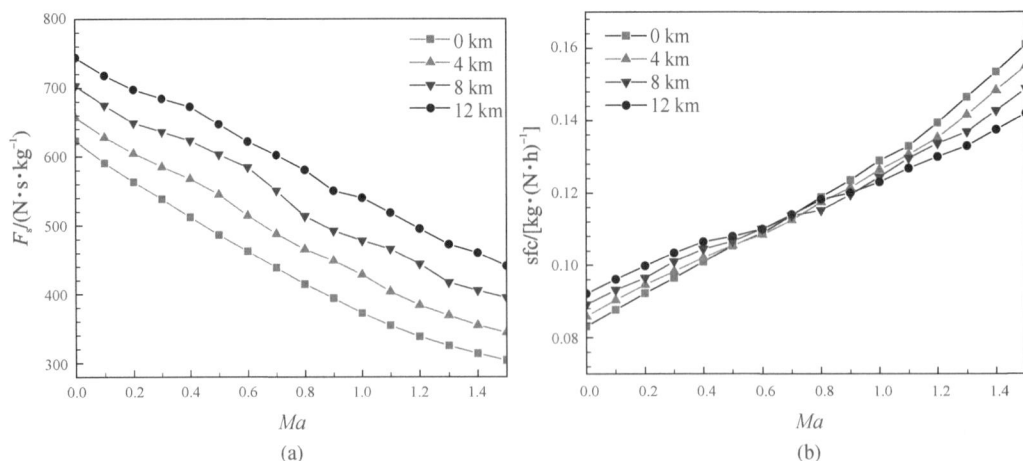

图 5-7 脉冲爆震涡扇发动机的速度特性

(a)单位推力随马赫数的变化； (b)耗油率随马赫数的变化

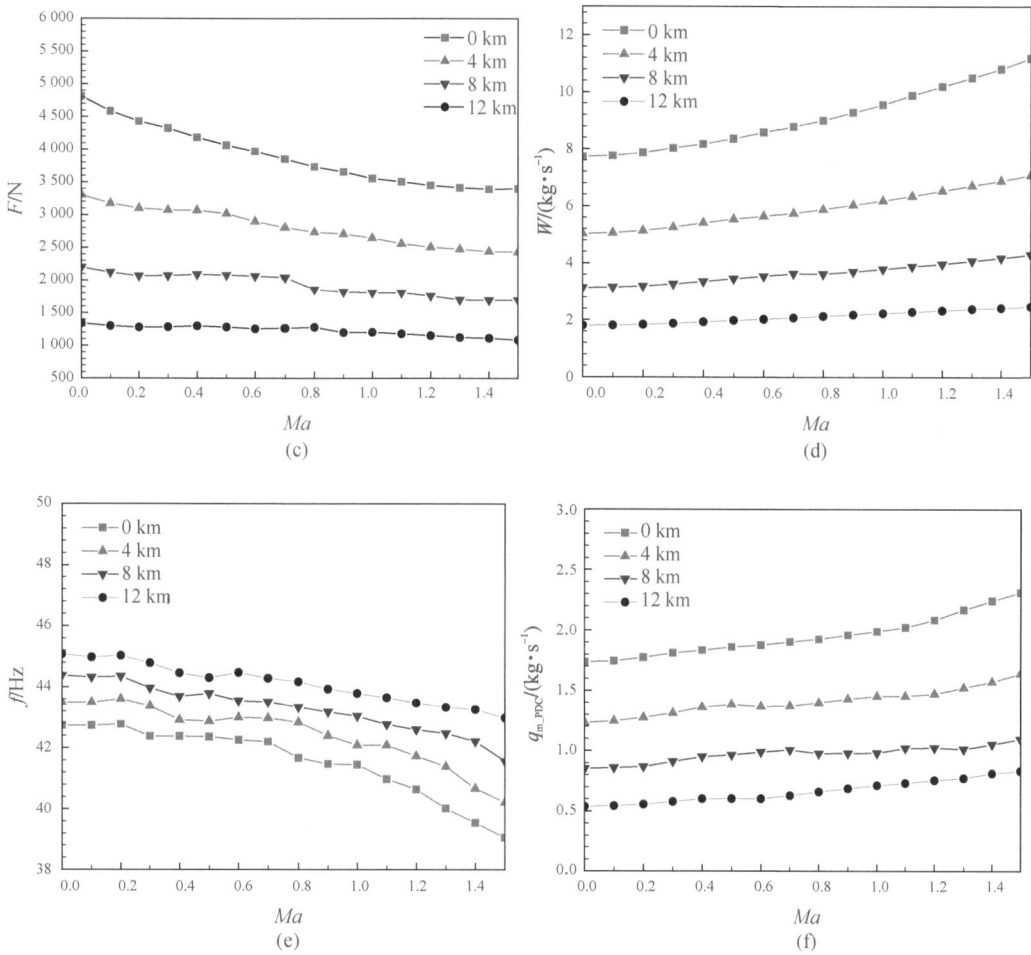

续图 5-7 脉冲爆震涡扇发动机的速度特性

(c)推力随马赫数的变化; (d)进口空气流量随马赫数的变化;
(e)PDC 工作频率随马赫数的变化; (f)PDC 流量随马赫数的变化

从图 5-7 中可以看出,随着马赫数的增加,脉冲爆震涡扇发动机的单位推力下降,耗油率增加,推力也略微下降,但推力下降幅度比单位推力下降幅度小。与脉冲爆震涡喷发动机类似,随着马赫数的增加,发动机进口温度升高,压气机出口总温也升高。在涡轮前温度不变的情况下,脉冲爆震燃烧室的加热量减小,导致单位推力降低,耗油率增大。随着马赫数的增加,发动机进口空气流量增大[见图 5-7(d)],但进口流量增大的幅度没有单位推力下降的幅度大,导致发动机总推力随着马赫数的增加而略微降低。由爆震室工作频率和流量的变化曲线可以看出,随马赫数的提高,爆震室加热量降低,爆震室工作频率降低,爆震室填充速度也降低,填充压力增大,入口空气密度增大。另外,密度增加对爆震室进口流量的影响更大,使得爆震室进口流量随着马赫数的增加而略微增大。

5.3.3　脉冲爆震涡轴发动机

图 5-8 给出了单轴脉冲爆震涡轴发动机在海平面标准大气环境下的速度特性,即在海平面状态下,涡轴发动机输出轴功率、单位轴功率以及耗油率随马赫数的变化规律(其中设计点状态为:涡轮前温度为 1 300 K,压气机设计压力为 4)。从图 5-8 中可以看出,在非设计点状态下,随着马赫数的增加,脉冲爆震涡轴发动机轴功率、单位轴功率都增大,耗油率则降低。

随着马赫数增加,压气机进口的总温和总压都会增加,这使得压气机换算转速下降,增压比稍有下降。但是由于脉冲爆震涡轴发动机的马赫数较低,压气机增压比下降有限,加上进气冲压效应以及爆震室的增压作用,脉冲爆震涡轴发动机的总增压比在低马赫数范围内会随着马赫数的增加而增大,这使得发动机循环效率提高,因此发动机单位轴功率增大、耗油率也降低。若马赫数增加,发动机进口的空气流量也增大,发动机的输出轴功率增加。

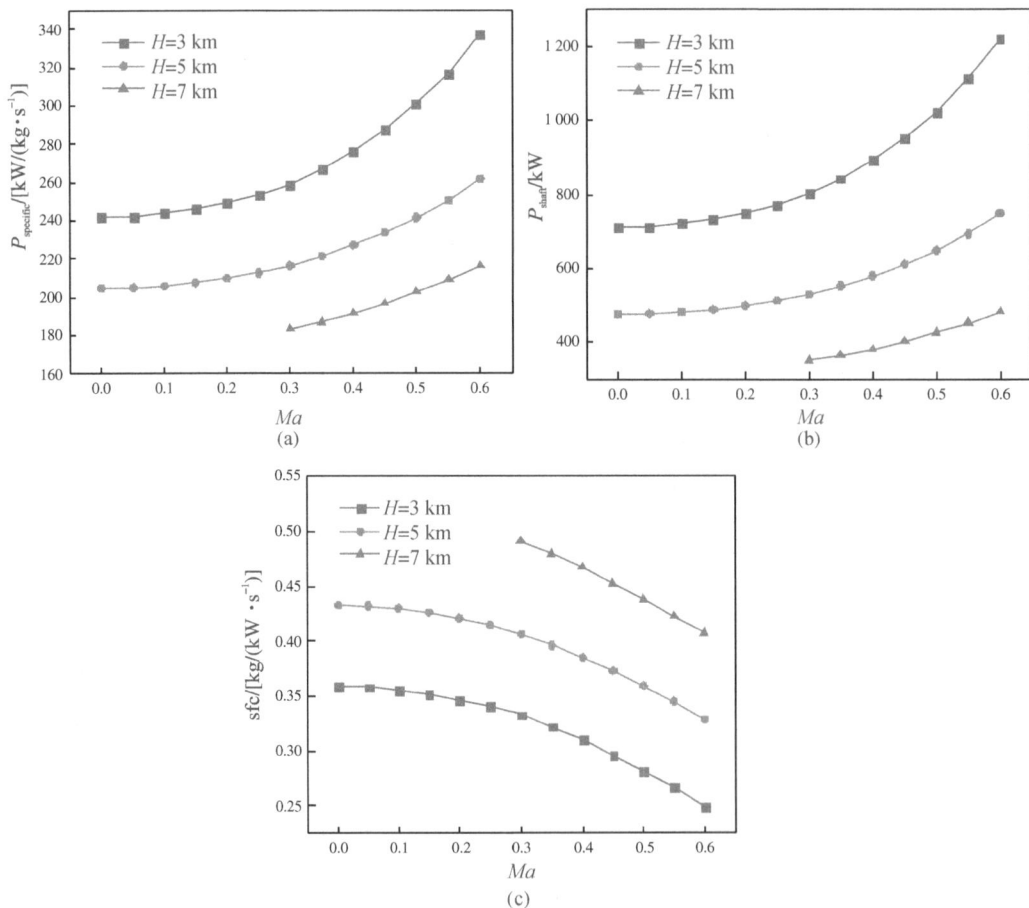

图 5-8　脉冲爆震涡轴发动机速度特性

(a)单位轴功率随马赫数的变化;　(b)输出轴功率随马赫数的变化;　(c)耗油率随马赫数的变化

5.3.4　脉冲爆震外涵加力涡扇发动机

本节对脉冲爆震外涵加力涡扇发动机非设计点性能进行计算,设计点发动机各部件参数与第 4 章相同。

图 5 - 9 给出了几组不同飞行高度下,加力时 PDC 工作频率随马赫数的变化曲线。可以看出,爆震室工作频率随着马赫数的增加而增大,这是因为随着马赫数增加,进入外涵道的空气流量增多,爆震室工作频率随之增大。

图 5 - 10 给出了几组不同飞行高度下,带脉冲爆震外涵加力燃烧室的涡扇发动机推力、入口空气流量、单位推力、耗油率、发动机油气比及加力增压比随马赫数的变化曲线。可以看出,当飞行高度一定时,带脉冲爆震外涵加力燃烧室的涡扇发动机推力随着马赫数的增加先减小后增大,发动机的入口空气流量、耗油率随着马赫数的增加一直增大,单位推力、发动机总油气比、加力增压比随着马赫数的增加一直减小。

飞行高度一定时,随着马赫数的增加,通过发动机的空气质量流量急剧增大,脉冲爆震外涵加力燃烧室和主燃烧室进口总温均增加,在涡轮前温度和外涵道加力温度的限制下,主燃烧室加热量和脉冲爆震外涵加力燃烧室加热量都会减小,所以发动机单位推力降低,发动机的油气比降低。发动机的总推力是由单位推力和发动机进口空气流量决定的,在较低马赫数($Ma < 0.3$)下,进气道冲压效果不明显,发动机进口空气流量增加速率低于单位推力的减小速率,单位推力的减小对发动机推力变化影响较大。随着马赫数的增加($Ma > 0.3$),进气道的冲压效果开始明显,发动机进口流量激增,流量的增大对发动机推力变化影响较大,导致发动机推力先减小后增大。发动机的耗油率取决于单位推力和油气比,随着马赫数增加,单位推力减小的速度占主导作用,发动机耗油率增大。加力增压比随来流马赫数的增大而减小,这是因为马赫数增大,发动机进口总压和总温均增大,风扇出口总压和总温也增大,导致爆震室增压比减小。

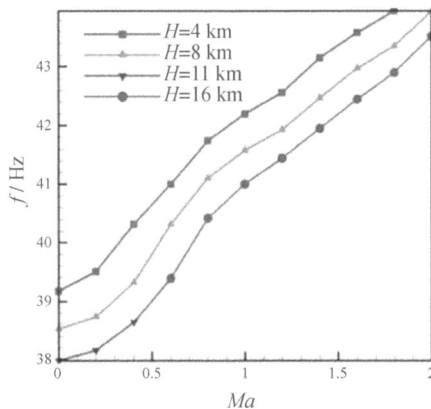

图 5 - 9　PDC 工作频率随马赫数变化

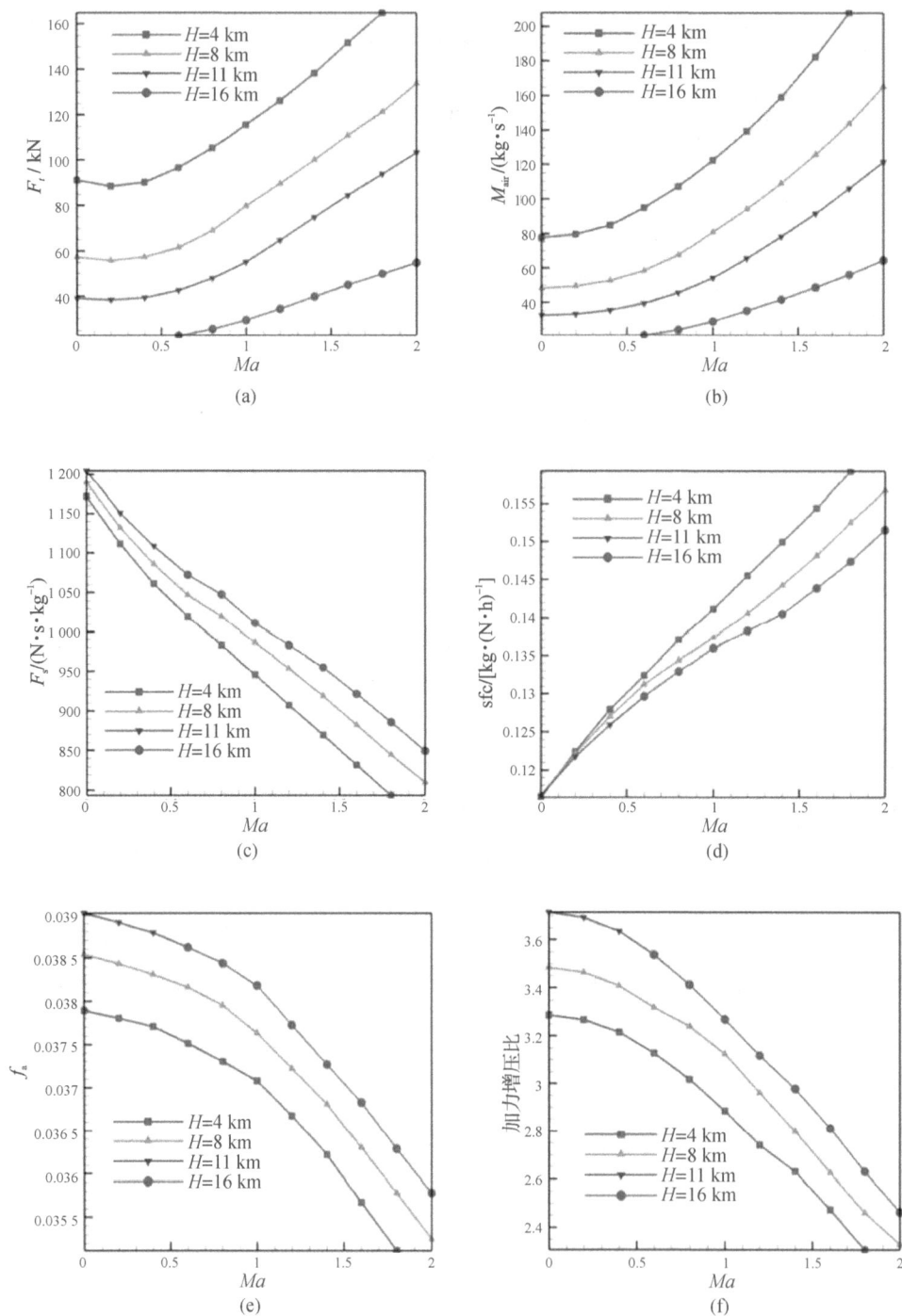

图 5‑10　不同飞行高度下,带脉冲爆震外涵加力燃烧室的涡扇发动机的速度特性

(a)推力随马赫数变化曲线;　(b)空气流量随马赫数变化曲线;

(c)单位推力随马赫数变化曲线;　(d)耗油率随马赫数变化曲线;

(e)发动机总油气比随马赫数变化曲线;　(f)加力增压比随马赫数变化曲线

5.4　脉冲爆震涡轮发动机高度特性

在给定的飞行速度和调节规律下,发动机的性能参数和工作参数随飞行高度的变化规律称为发动机的高度特性。几种 PDTE 的高度特性分析如下。

5.4.1　脉冲爆震涡喷发动机

图 5-11 给出了单轴脉冲爆震涡喷发动机的高度特性,包括单位推力、耗油率、流量、推力、爆震室增压比、油气比等参数随飞行高度 H 的变化规律。

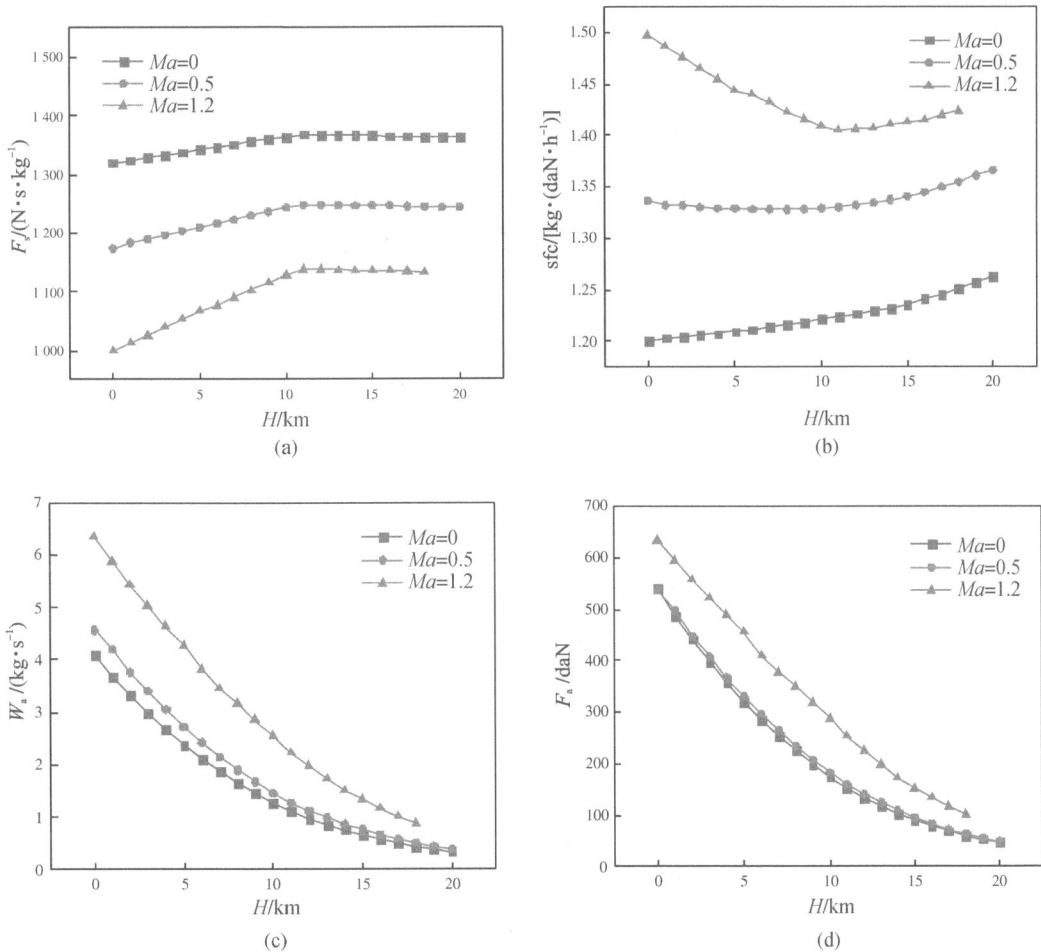

图 5-11　单轴脉冲爆震涡喷发动机高度特性

(a)单位推力 F_s 随 H 变化关系;　(b)耗油率 sfc 随 H 变化关系;

(c)进口空气流量 W 随 H 变化关系;　(d)推力 F_a 随 H 变化关系

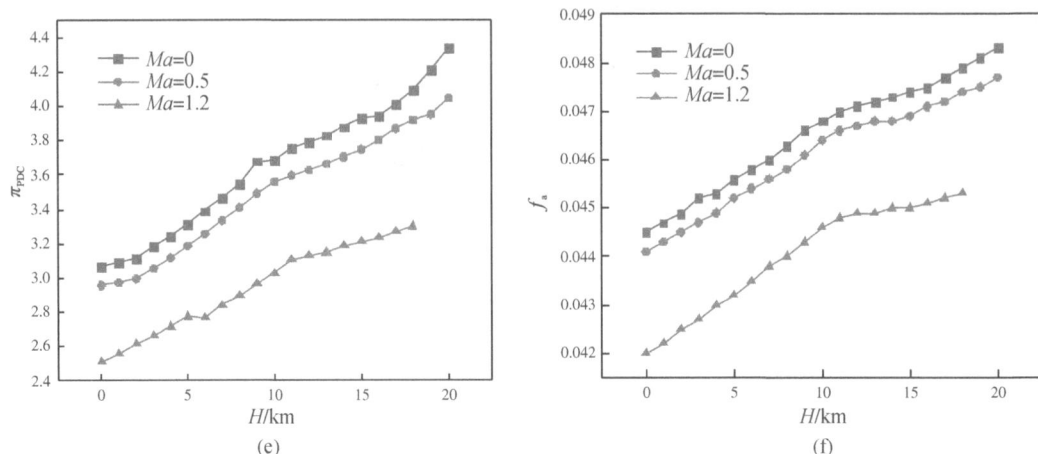

续图 5 - 11　单轴脉冲爆震涡喷发动机高度特性

(e)爆震室增压比随 H 变化关系；　(f)油气比 f_a 随 H 变化关系

从图 5 - 11 中可以得出以下几点结论：

(1)当飞行高度 $H<11\ \mathrm{km}$ 时，发动机单位推力随飞行高度的升高而增大；当 $H>11\ \mathrm{km}$ 时，发动机单位推力基本不变。

(2)随着飞行高度 H 的增加，低马赫数下发动机耗油率始终增大，马赫数 $Ma=0.5$ 对应的发动机耗油率在 $H<11\ \mathrm{km}$ 时先基本保持不变，超过 11 km 后增大，而 $Ma=1.2$ 对应的发动机耗油率在 $H<11\ \mathrm{km}$ 时降低超过 11 km 后增大。

(3)随着飞行高度 H 的增加，发动机流量逐渐减小，推力逐渐减小，发动机中油气比逐渐增大，爆震室增压比逐渐增大。

显然，当 $H<11\ \mathrm{km}$ 时，随着飞行高度的增加，大气温度下降导致进气道出口温度、压气机出口温度随之下降，$T_{t4}-T_{t3}$ 增大，即随着飞行高度的增加，发动机的加热量增大。另外，随着压气机进口温度减小，相对换算转速将增大，对应压气机压比将增大，使单位推力随着飞行高度的增加而增大。在飞行高度超过 11 km 后，大气温度保持不变，发动机单位推力也基本维持不变。

耗油率的变化需要综合考虑单位推力与发动机油气比，当 $H<11\ \mathrm{km}$ 时，油气比随高度增加而增加，单位推力随高度增加也增加，但不同马赫数下油气比、单位推力增加的幅值有所差异，这导致低马赫数下($Ma=0$)，耗油率随高度增加而增加，当 $Ma=0.5$ 时，耗油率近乎不变，而当 $Ma=1.2$ 时，耗油率呈现下降的趋势；当 $H>11\ \mathrm{km}$ 时，由于各马赫数下单位推力随高度不再发生变化，此时耗油率的变化仅与油气比，所以各马赫数下的耗油率均随高度的增加而增加。

随着高度增加，来流空气密度下降，发动机进口流量也将下降。当飞行高度 $H<11\ \mathrm{km}$ 时，随着飞行高度的增加，单位推力略有上升，空气流量一直减小，此时发动机推力主要受空气流量影响，随飞行高度的升高逐渐降低。当 $H>11\ \mathrm{km}$ 时，虽然单位推力保持不变，发动机推力进一步随着进口空气流量的减小而降低。在整个计算范围内，随着高度增加，压气机出口温度持续下降，由于涡轮前温度保持不变，所以发动机的油气比一直增大。

爆震室增压比的变化需要结合压气机增压比共同分析。对于 PDTE,发动机的共同工作条件中多引入了爆震室增压比这一项:

$$\frac{q\left(\lambda_2\right)}{\pi_\text{c}\pi_\text{PDC}}\sqrt{\frac{\pi_\text{c}^{\frac{\kappa-1}{\kappa}}-1}{\eta_\text{c}}}=常数 \tag{5-57}$$

令 $\pi_\text{total}=\pi_\text{c}\pi_\text{PDC}$,式(5-57)可化简为

$$\pi_\text{total}=C\sqrt{\frac{T_\text{t4}}{T_\text{t2}}}q\left(\lambda_2\right) \tag{5-58}$$

式中: C ——常数。

以 $Ma=1.2$ 为例,其中压气机相对换算转速、增压比随高度的变化如图5-12所示。当 $H<11\ \text{km}$ 时,随着飞行高度的增加,压气机进口温度 T_t2 下降,同时流量函数 $q\left(\lambda_2\right)$ 下降,但 T_t2 下降的幅值大于 $q\left(\lambda_2\right)$ 下降的幅值。此外,压气机相对换算转速上升,增压比提高,但压气机出口温度表现为下降,故对于爆震室,进口温度下降有利于提高其增压比,从整体上来看,总增压比随着飞行高度的增加而提高。在 $H>11\ \text{km}$ 后,随着飞行高度的增加,压气机进口温度 T_t2 保持不变,而流量函数 $q\left(\lambda_2\right)$ 持续下降,压气机相对换算转速、增压比开始降低,尽管爆震室增压比持续上升,但发动机总增压比也将下降。从发动机的总增压比随飞行高度的变化趋势也可以推断出,发动机的耗油率随着飞行高度的增加会呈现先降低后增大的趋势。

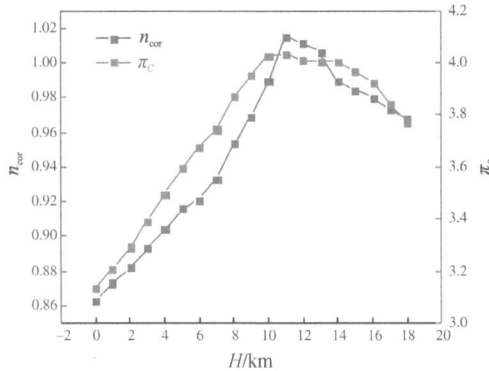

图 5-12　$Ma=1.2$ 时,压气机相对换算转速、增压比随高度的变化

5.4.2　脉冲爆震涡扇发动机

图 5-13 给出了在不同马赫数下,脉冲爆震涡扇发动机单位推力、耗油率、总推力、流量、爆震室工作频率和爆震室流量随飞行高度的变化关系。

从图 5-13 中可见,同脉冲爆震涡喷发动机类似,当飞行高度小于 11 km 时,随着飞行高度的增加,压气机进口温度降低,在涡轮前温度不变的情况下,爆震室加入的燃油量增加,脉冲爆震涡扇发动机的单位推力增大。在飞行高度大于 11 km 以后,由于环境温度不再发生变化,脉冲爆震涡扇发动机的单位推力基本保持不变。而飞行高度增加,来流压力降低,进入发动机的空气流量减小,发动机的总推力也随之减小,进入爆震室的空气流量也降低。

但在涡轮前温度保持不变的条件下,由于爆震室的加热量增大,爆震室的工作频率会随着飞行高度的增加而增大。耗油率受单位推力和油气比两者影响,当马赫数较小时,耗油率随飞行高度的增加而略微升高,当马赫数较大时,耗油率随飞行高度的增加而降低,在飞行高度超过 11 km 以后,耗油率也基本保持不变。

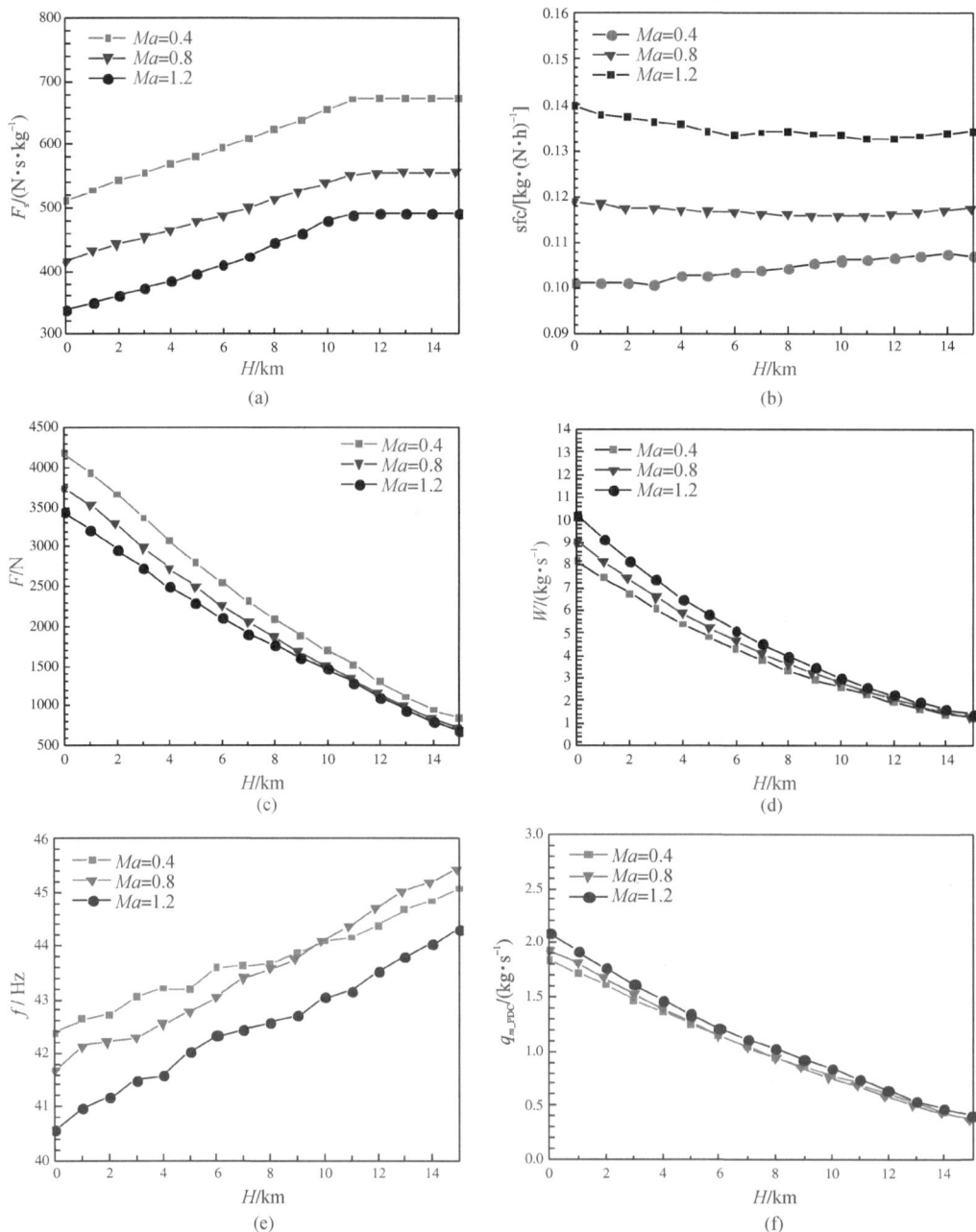

图 5-13　脉冲爆震涡扇发动机的高度特性

(a)单位推力随飞行高度的变化;　(b)耗油率随飞行高度的变化;　(c)推力随飞行高度的变化;
(d)进口流量随飞行高度的变化;　(e)PDC 工作频率随飞行高度的变化;　(f)PDC 流量随飞行高度的变化

5.4.3　脉冲爆震涡轴发动机

图 5-14 给出了几组不同马赫数下,脉冲爆震涡轴发动机的高度特性,包括单位轴功率、输出轴功率以及耗油率随飞行高度的变化。可以看出,随高度的增加,大气温度、压力和空气密度降低,相应地,压气机进口温度也降低,发动机油气比将增加,耗油率增大。同时,为保持相对换算转速 1.0,发动机物理转速将降低,这会导致燃气涡轮的相对换算转速降低,落压比、效率、输出功等均随之降低,最终导致涡轴发动机单位功率下降。而高度增高带来的空气流量减少直接使涡轴发动机轴功率减小。

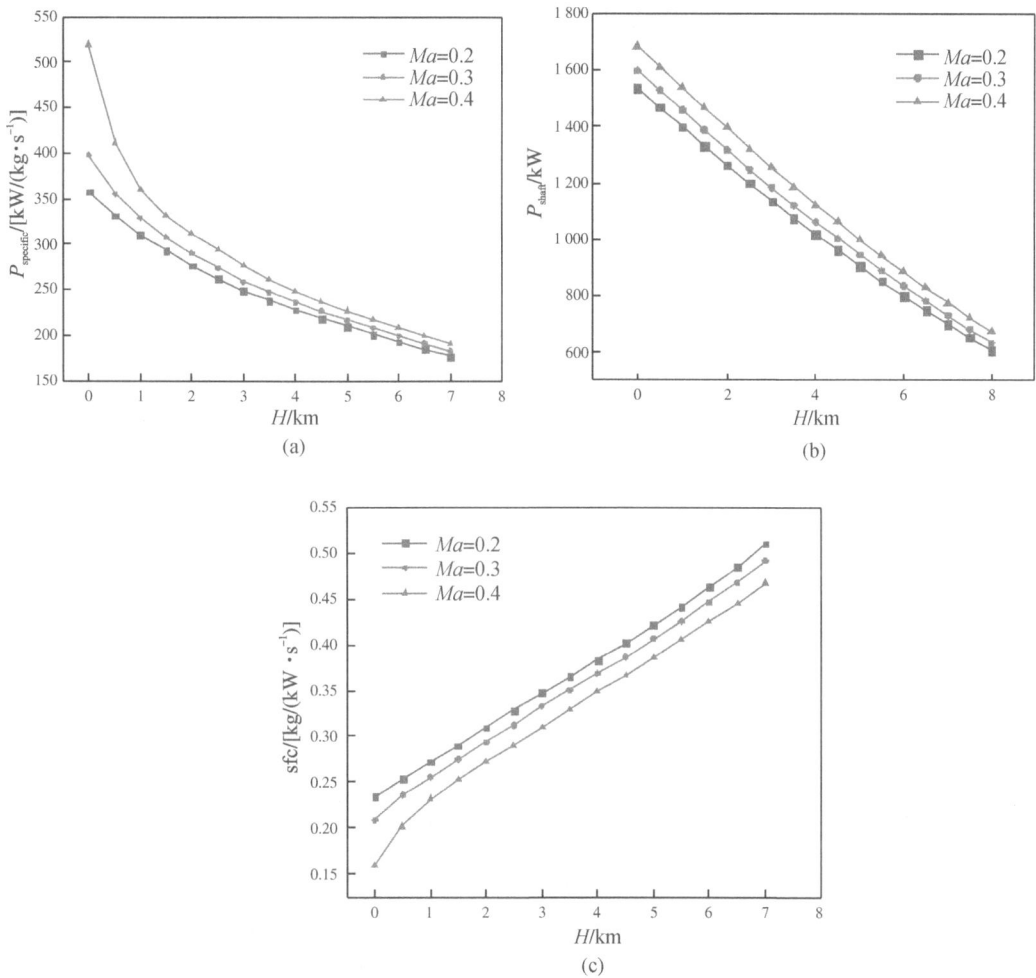

图 5-14　PDTSE 高度特性

(a)单位功率随飞行高度的变化;　(b)输出轴功率随飞行高度的变化;　(c)耗油率随飞行高度的变化

5.4.4　脉冲爆震外涵加力涡扇发动机

图 5-15 给出了不同马赫数下,采用脉冲爆震外涵加力时 PDC 工作频率随飞行高度变化的曲线。从图中可以看出,当飞行高度小于 11 km 时,PDC 工作频率随飞行高度的增加而减小;在飞行高度大于 11 km 后,随着飞行高度的增加,PDC 工作频率不变。

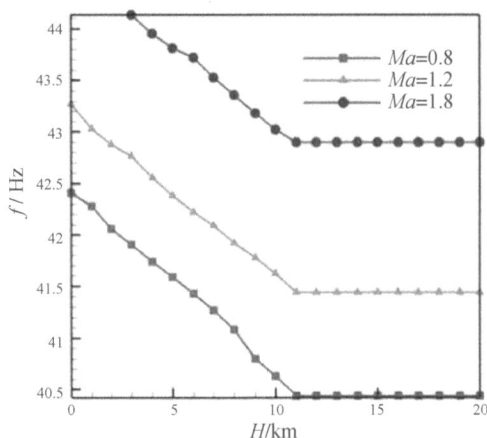

图 5-15　PDC 工作频率随飞行高度的变化

图 5-16 给出了不同马赫数下,带脉冲爆震外涵加力燃烧室的涡扇发动机推力、进口空气流量、单位推力、耗油率、发动机油气比及爆震室增压比随飞行高度变化的曲线。从图中可以看出,若马赫数一定,发动机推力、入口空气流量随着飞行高度的增大一直减小。当飞行高度小于 11 km 时,发动机单位推力、发动机油气比、PDC 加力增压比随着飞行高度的增加而增大,发动机耗油率随着飞行高度的增加而减小;当飞行高度大于 11 km 时,发动机单位推力、耗油率、脉冲爆震外涵加力燃烧室加力增压比、发动机总油气比随着飞行高度的增加几乎不变。

当飞行高度小于 11 km 时,随着飞行高度的增加,发动机进口气流密度减小,发动机进口空气流量减小,发动机推力下降。与此同时,来流总温降低,当涡轮前温度与加力温度一定时,主燃烧室和加力燃烧室加热量都增加,发动机的单位推力和总油气比会增大。单位推力增大比发动机总油气比增大趋势更明显,因而耗油率减小。另外,爆震室入口总压和总温都降低,而爆震室加热量增加,因而爆震室增压比会增大。在飞行高度大于 11 km 后,来流总温不变,发动机单位加热量不变,发动机的单位推力和总油气比不变,耗油率不再发生变化。但来流空气密度继续降低,发动机来流空气流量继续减小,发动机推力随之降低。

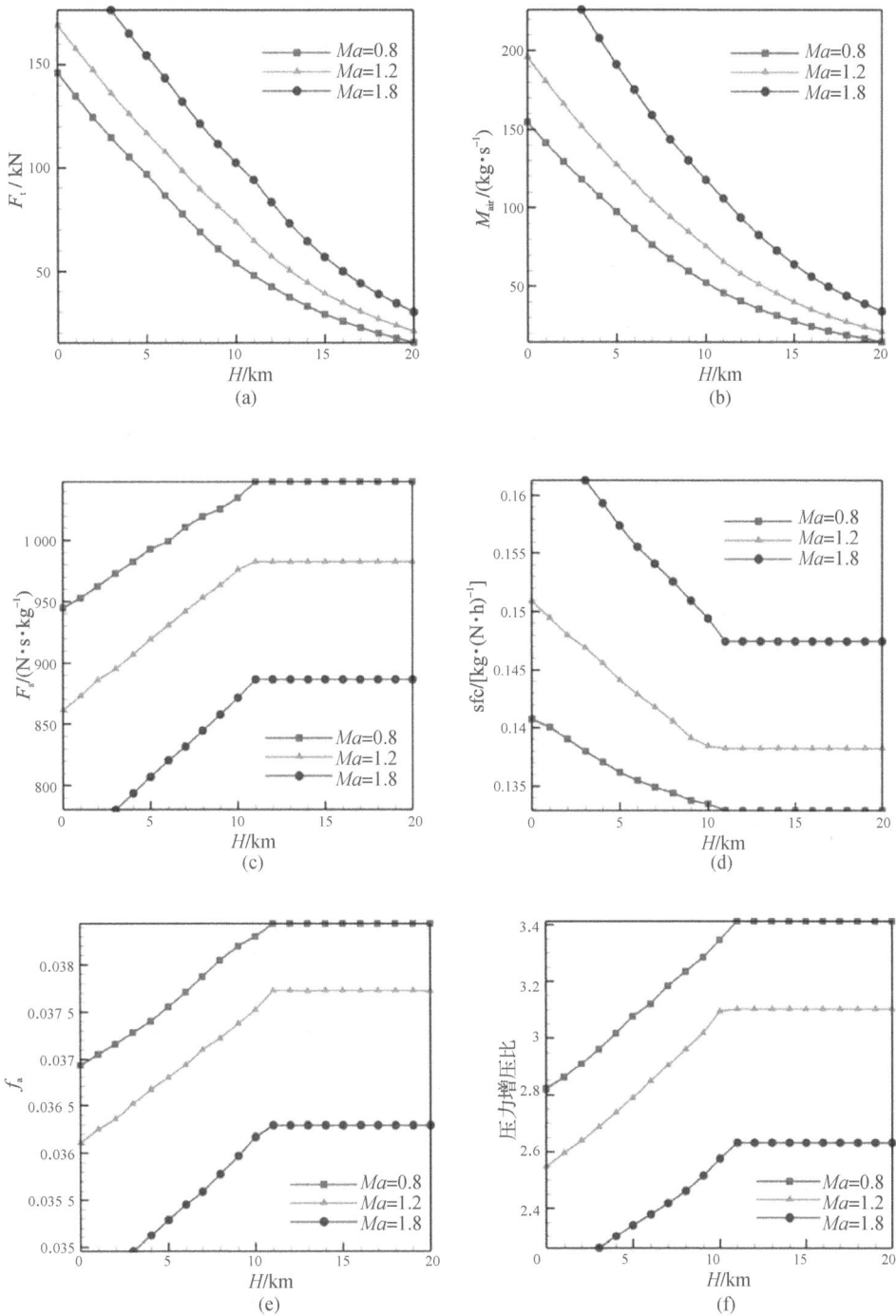

图 5-16　不同马赫数下,带脉冲爆震外涵加力燃烧室的涡扇发动机的高度特性

(a)推力随飞行高度变化曲线；　(b)空气流量随飞行高度变化曲线；
(c)单位推力随飞行高度变化曲线；　(d)耗油率随飞行高度变化曲线；
(e)油气比随飞行高度变化曲线；　(f)加力增压比随飞行高度变化曲线

5.5 脉冲爆震涡轮发动机节流特性

在给定的飞行条件(飞行速度和飞行高度)和调节规律下,PDTE 的推力和耗油率随转速的变化关系,称为 PDTE 的节流特性。几种 PDTE 的节流特性分析如下。

5.5.1 脉冲爆震涡喷发动机

图 5-17 给出了标准大气海平面状态下,马赫数为 0 时(即地面台架试车状态),脉冲爆震涡喷发动机的节流特性,包括发动机耗油率、单位推力、流量、推力随换算转速的变化规律。从图中可以看出,随着脉冲爆震涡喷发动机换算转速的增大,发动机单位推力、推力、流量和耗油率都随着换算转速的增加而增大。

显然,随着换算转速的提高,发动机流量增加,压气机压比增大并且各种部件效率也接近设计点效率,部件效率提高,因而发动机的单位推力会增大。而发动机推力则取决于空气流量和单位推力随转速的变化。发动机空气流量和单位推力都随着增大,这使得脉冲爆震涡喷发动机推力随转速增大而快速增大。随着换算转速提高,涡轮前温度提高,油气比增大,导致耗油率增大。

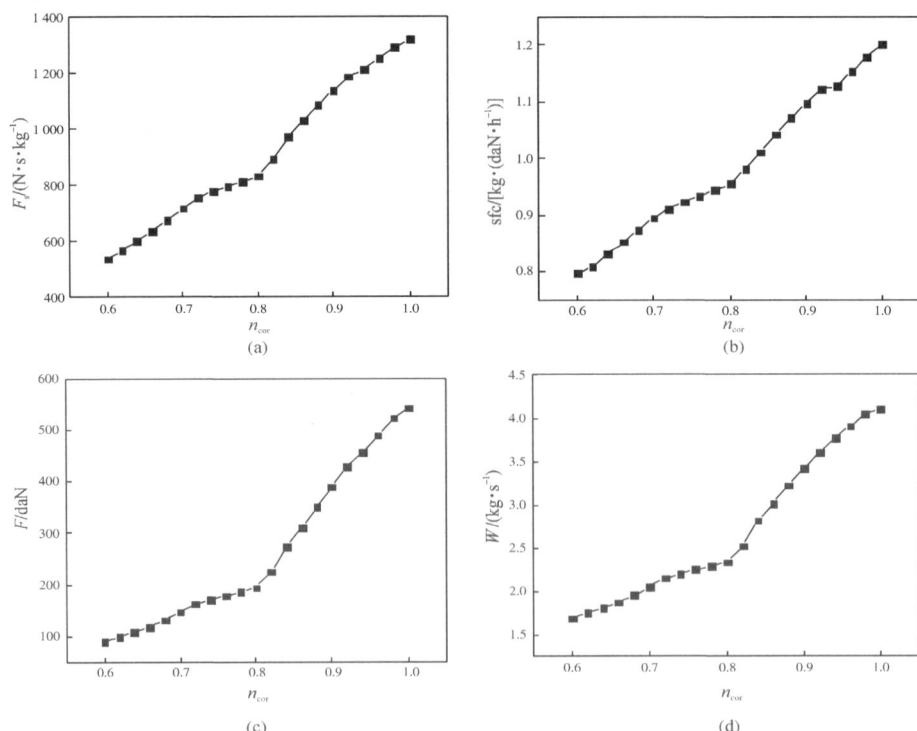

图 5-17 PDTE 节流特性

(a)单位推力随换算转速变化曲线; (b)耗油率随换算转速变化曲线;
(c)推力随换算转速变化曲线; (d)进口空气流量随换算转速变化曲线

此外,发动机油气比和爆震室等效增压比随换算转速的提高而提高,如图 5-18 所示。这两者的提高是因为涡轮前温度提高,爆震室的加热量增大,提高了爆震室的增压能力。

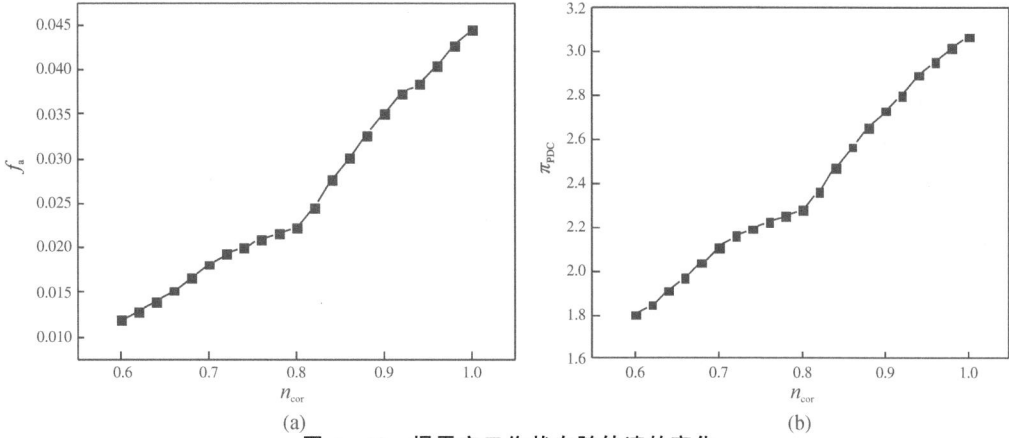

图 5-18　爆震室工作状态随转速的变化
(a)油气比随转速的变化;　(b)增压能力随转速的变化

5.5.2　脉冲爆震涡扇发动机

图 5-19 给出了海平面标准状态下,脉冲爆震涡扇发动机的单位推力、耗油率、推力、流量随换算转速的变化曲线。可以看出,与脉冲爆震涡喷发动机类似,随着脉冲爆震涡扇发动机换算转速的增大,发动机单位推力增大,空气流量增加,耗油率先略微减小后增大。换算转速升高后,发动机压比增加、各部件效率都得到改善,导致发动机的单位推力增大,流量增大,总推力也增大。一方面,发动机换算转速增大后,发动机共同工作点逐渐远离喘振边界,各种部件效率得到改善,这使得耗油率减小。但另一方面,压气机功增大,涡轮功也增大,涡轮前温度也提高,使得爆震室的油气比增大,导致耗油率增大。在这两个因素共同作用下,最终耗油率表现为先略微减小后增大的趋势。另外,随着换算转速提高,爆震室流量也增大,工作频率也随之提高。

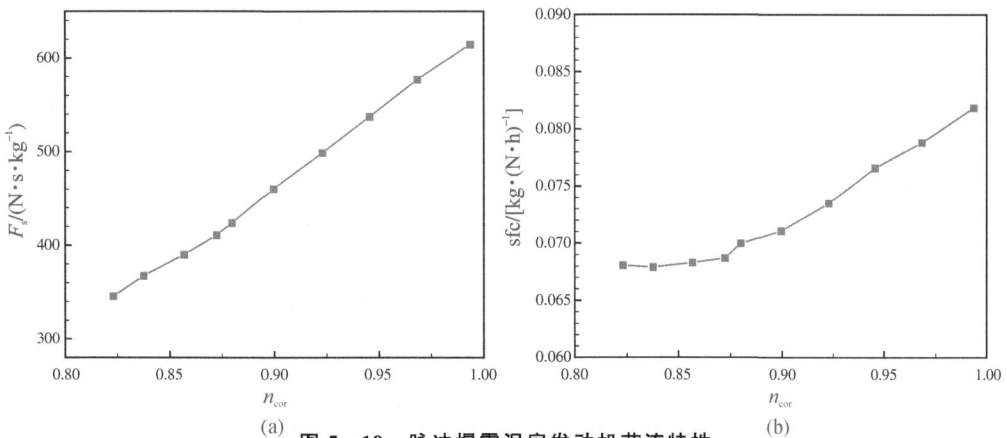

图 5-19　脉冲爆震涡扇发动机节流特性
(a)单位推力随转速的变化;　(b)耗油率随转速的变化

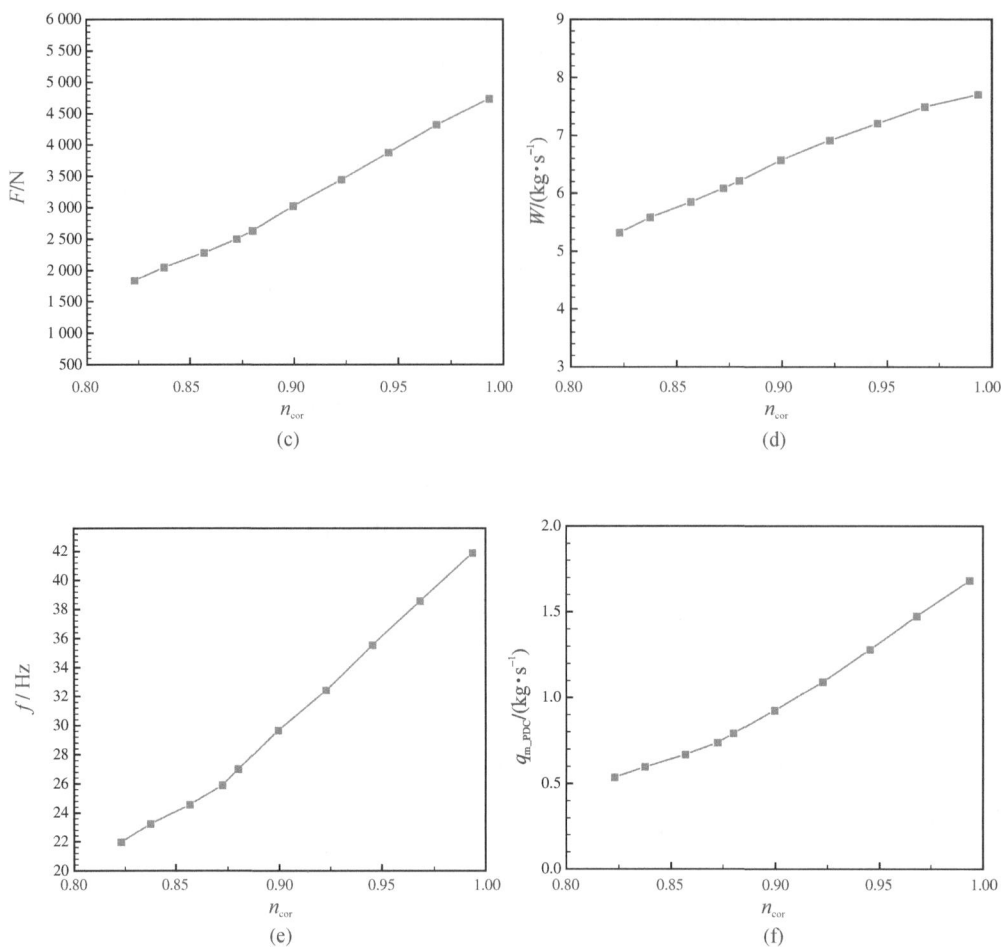

续图 5 - 19　脉冲爆震涡扇发动机节流特性
（c）推力随转速的变化；　（d）进口空气流量随转速的变化；
（e）爆震室工作频率随转速的变化；　（f）爆震室流量随转速的变化

5.5.3　脉冲爆震涡轴发动机

图 5 - 20 给出了标准大气海平面状态下，马赫数为 0 时（即地面台架试车状态），脉冲爆震涡轴发动机的节流特性。可见，随着脉冲爆震涡轴发动机转子换算转速的提高，发动机的流量也增加，各部件效率提高，发动机单位轴功率和输出功率都增大。与脉冲爆震涡喷、涡扇发动机不同的是，脉冲涡轴发动机耗油率随着换算转速的增加迅速降低。这主要是因为随着换算转速的提高，部件效率的改善以及单位轴功率的增大对脉冲爆震涡轴发动机的耗油率起决定作用，使得涡轴发动机耗油率随着换算转速的升高而降低。

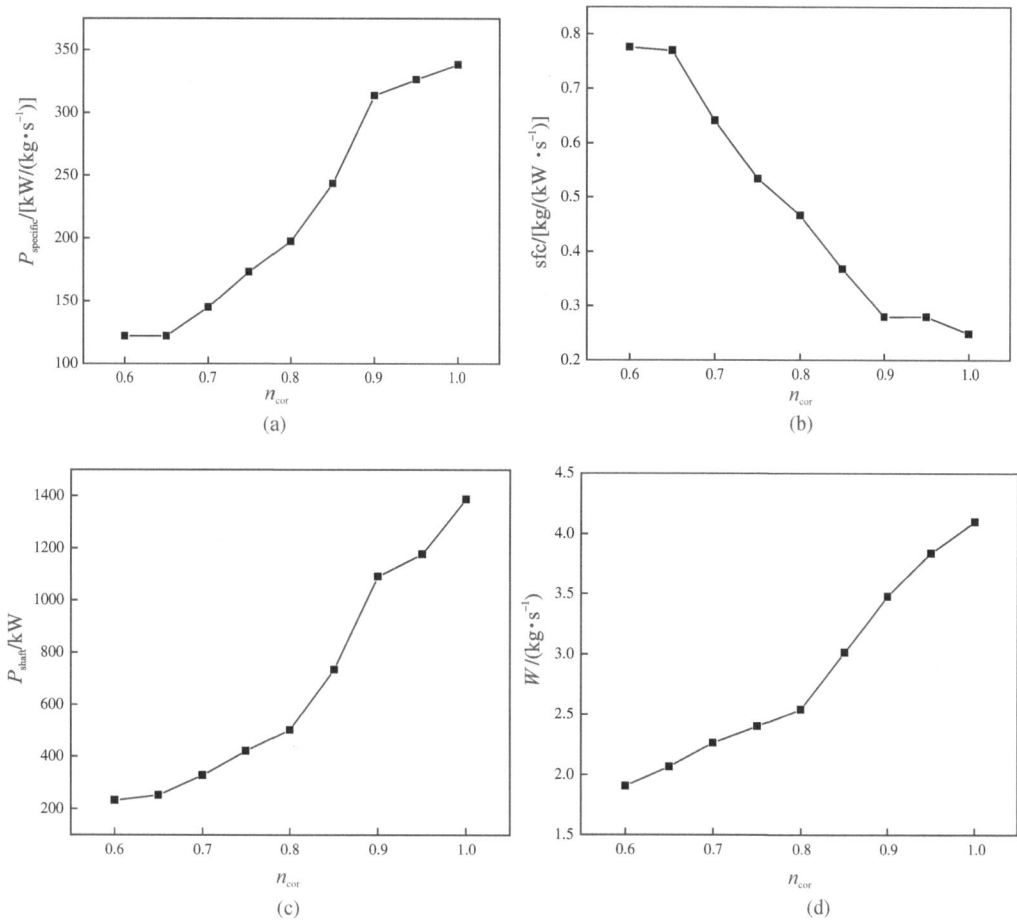

图 5 - 20 脉冲爆震涡轴发动机节流特性

（a）单位轴功率随转速的变化； （b）耗油率随转速的变化；

（c）输出轴功率随转速的变化； （d）进口空气流量随转速的变化

5.6 脉冲爆震涡轮发动机与传统涡轮发动机非设计点性能对比

5.6.1 脉冲爆震涡喷发动机

图 5-21 给出了飞行高度为 11 km 时，在同循环参数下，脉冲爆震涡喷发动机和传统涡喷发动机的速度特性对比。可以看出，整个计算范围内，脉冲爆震涡喷发动机的单位推力性能和耗油率性能均优于传统涡喷发动机。脉冲爆震涡喷发动机单位推力要比传统涡喷发动机高 15.4%～33.8%，耗油率要比传统涡喷发动机低 9.4%～20.1%。这些性能优势证明脉

冲爆震涡喷发动机可用于超声速的飞行器,完成高速、长航时的飞行任务。

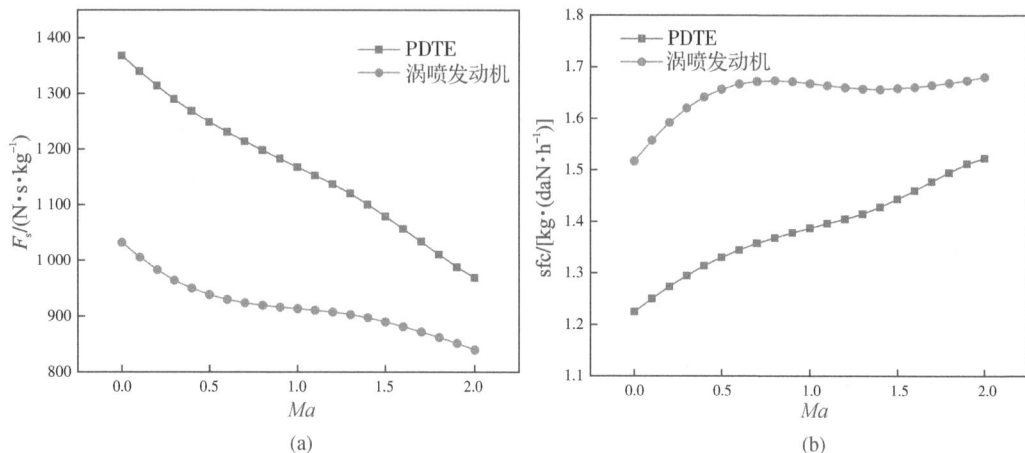

图 5-21 脉冲爆震涡喷发动机和传统涡喷发动机性能对比

(a)单位推力随马赫数的变化; (b)耗油率随马赫数的变化

5.6.2 脉冲爆震涡扇发动机

图 5-22 给出了在 8 km 高度处,相同设计参数下,脉冲爆震涡扇发动机与传统涡扇发动机单位推力、耗油率随马赫数的变化曲线对比。从图中可以看出,在不同马赫数下,脉冲爆震涡扇发动机单位推力要高于传统涡轮发动机,而耗油率则要比传统涡扇发动机低。在计算的马赫数范围内,脉冲爆震涡扇发动机单位推力要比传统涡扇发动机高 23%~32%,耗油率要比传统涡扇发动机低 2%~8%。

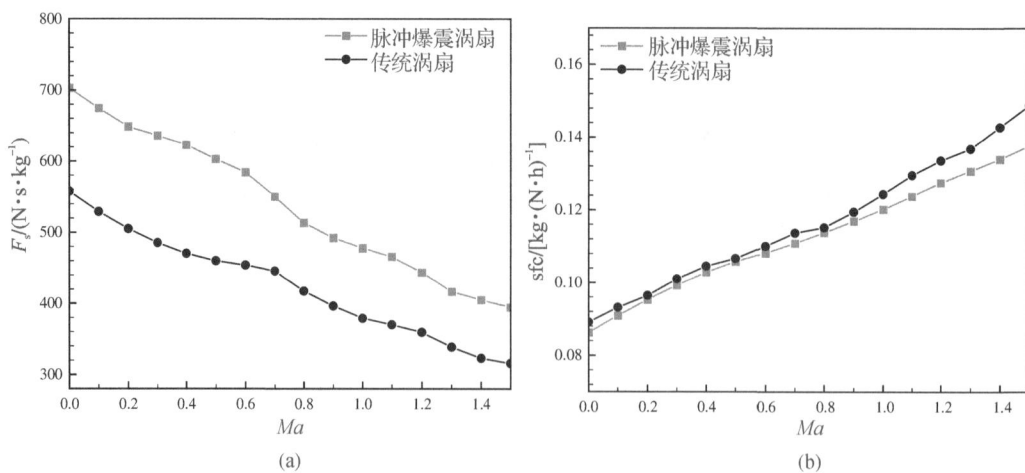

图 5-22 $H=8$ km 脉冲爆震涡扇发动机与传统涡扇发动机性能对比

(a)单位推力随马赫数的变化; (b)耗油率随马赫数的变化

5.6.3 脉冲爆震涡轴发动机

图 5-23 给出了马赫数为 0.3 时,脉冲爆震涡轴发动机与同循环参数下传统涡轴发动机的高度特性对比。从图中可以看出,在计算的飞行高度范围内,脉冲爆震涡轴发动机的单位轴功率均高于传统涡轴发动机,耗油率均低于传统涡轴发动机的耗油率。随着飞行高度增加,两种发动机的单位功率、耗油率数值逐渐接近。在计算的马赫数范围内,脉冲爆震涡轴发动机单位推力要比传统涡轴发动机高 7.8%~11.4%,耗油率要比传统涡轴发动机低13.2%~22.4%。

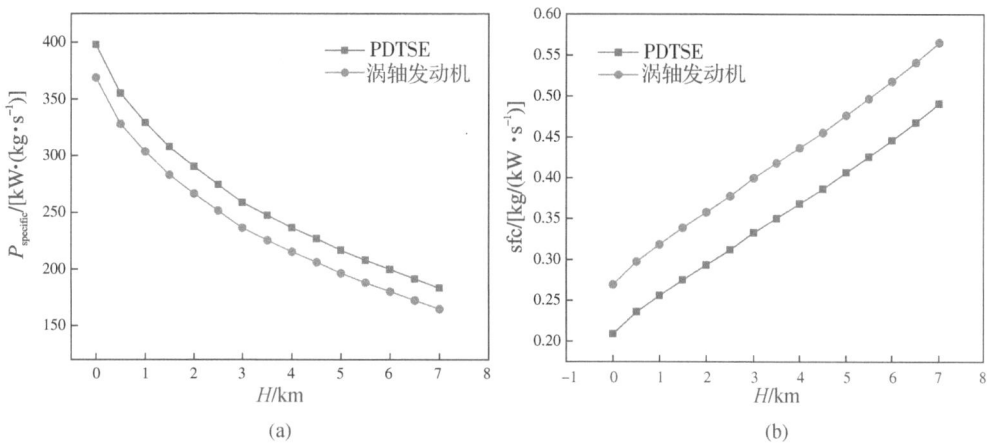

图 5-23 脉冲爆震涡轴发动机与传统涡轴发动机高度特性对比

(a)单位功率随飞行高度的变化; (b)耗油率随飞行高度的变化

5.6.4 脉冲爆震外涵加力涡扇发动机

图 5-24 给出了飞行高度为 10 km,两种发动机单位推力、耗油率随马赫数的变化。从图中可见,两种发动机的性能参数随马赫数的变化趋势是一致的,在计算马赫数范围内,两种发动机单位推力差别不大,但脉冲爆震外涵加力发动机的耗油率要低于传统加力涡扇发动机的耗油率。

图 5-25 给出了马赫数为 1.5 时,两种发动机单位推力和耗油率随飞行高度的变化。从图中可见,在计算高度范围内,脉冲爆震外涵加力发动机单位推力和传统混排加力发动机的单位推力相差不大,但脉冲爆震外涵加力涡扇发动机的耗油率更低。

综合两种发动机的非设计点性能可知,脉冲爆震外涵加力发动机单位推力与传统加力发动机的相当,但耗油率可降低 14.0%~23.6%。

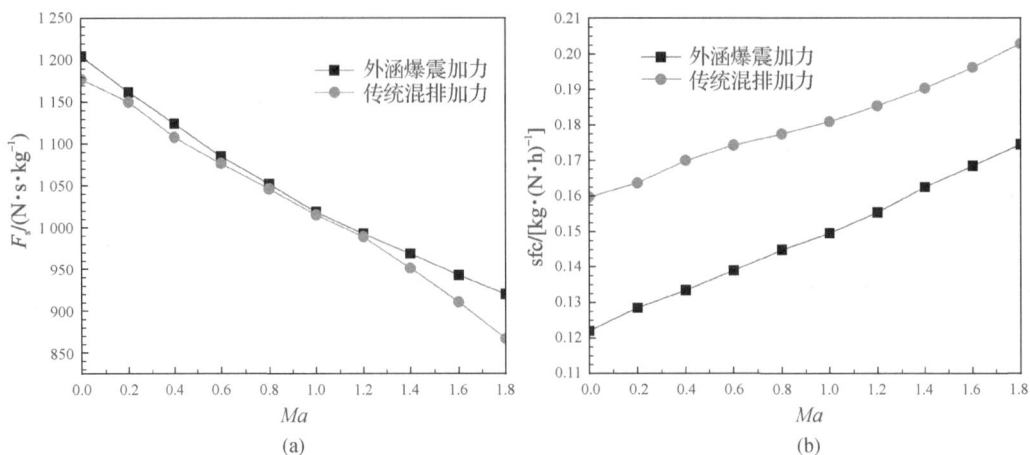

图 5－24　单位推力和耗油率随马赫数的变化

(a)单位推力随马赫数的变化；　(b)耗油率随马赫的变化

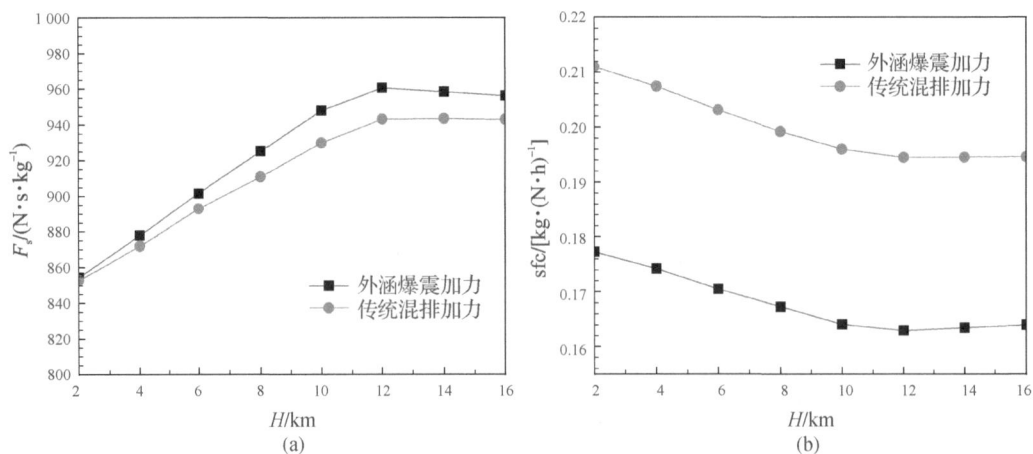

图 5－25　单位推力和耗油率随飞行高度的变化

(a)单位推力随飞行高度的变化；　(b)耗油率随飞行高度的变化

参 考 文 献

［1］　LU J，ZHENG L X，QIU H，et al. Performance investigation of a pulse detonation turbine engine［J］. Proc Inst Mech Eng Part G J Aerosp Eng，2016，230(2)：350－359.

［2］　张淑婷. 脉冲爆震涡轮发动机性能计算与总体方案研究［D］.西安：西北工业大学，2018.

［3］　郭欢.带脉冲爆震外涵加力燃烧室的涡扇发动机总体性能分析［D］.西安:西北工业大学,2022.

［4］　彭辰旭,郑龙席,卢杰,等.脉冲爆震外涵加力涡扇发动机总体性能研究［J］.西北工业大学学报,2024,42(1):149-156.

第6章　脉冲爆震涡轮发动机非稳态性能仿真分析

6.1　引　　言

传统航空发动机稳态模型是发动机在稳定工作点处建立的数学模型,主要用于在航空发动机尺寸参数和部件特性已知的条件下,根据控制规律计算出发动机的高度、速度、节流特性,而且建立的模型可以计算出发动机的截面参数和性能参数。而传统航空发动机动态模型一般在考虑发动机的容积效应和转子转动惯量的基础上采用部件级建模方法建立发动机的动态模型,主要用于发动机过渡态工作特性分析、过渡态控制规律及控制系统设计。脉冲爆震涡轮发动机由于受到爆震室间歇工作特性的影响,其工作参数均为脉动的,所以对于PDTE而言,其工作过程是一个完全的非稳态过程,不存在稳态工作点。因此,准确地模拟发动机的非稳态特性是研制PDTE过程中需要解决的问题。

前文在开展不同类型PDTE设计点和非设计点性能分析中,一般将非稳态工作的PDC进行了等效平均处理,使用稳态等效平均后的参数来开展PDTE性能分析。但在PDTE实际工作过程中,PDC的周期性工作特点会导致压气机和涡轮效率随时间变化,且转子转速也会周期性波动,各部件呈现较强的容积效应。因此,前文的模型只能反映PDTE的稳态等效平均工作特性和性能,不能用于计算PDTE的动态特性。要获得PDTE非稳态特性,需在考虑转子转动惯量和容积效应的基础上,同时确定PDTE动态模型仿真时间步长。针对该问题,前文提出了考虑工作频率对发动机部件效率影响的PDTE模型,并在此基础上,结合传统涡轮发动机过渡态性能分析方法,考虑部件的容积效应和转子惯性,建立了单轴脉冲爆震涡喷发动机的非稳态性能分析模型。

本章将对该非稳态模型进行介绍,然后结合PDTE原理样机试验数据对非稳态模型进行对比验证,最后利用该非稳态模型对单轴脉冲爆震涡喷发动机的准稳态特性及动态特性进行分析。

6.2　脉冲爆震涡轮发动机非稳态模型

当前航空发动机建模一般使用试验法或解析法。试验法主要是通过对大量的试车试验数据进行处理和分析,建立发动机的数学模型。该方法应用于复杂度较低的控制对象可以有效提高建模效率,但是该方法要求试验数据充分,应用于 PDTE 建模其试验成本过高。解析法建模需要详细了解 PDTE 的工作特性和物理过程,利用数学表达式来描述发动机的工作过程,根据发动机部件之间的关系进行发动机整机建模,因此该方法也称为部件法建模。本节采用部件法,以单轴脉冲爆震涡喷发动机为例,建立 PDTE 非稳态模型。

图 6-1 和表 6-1 分别为单轴脉冲爆震涡喷发动机结构示意图和主要截面符号定义。发动机结构包括压气机、转接段、爆震室、涡轮、收缩喷管等,其中压气机和涡轮同轴,收缩喷管出口面积不可调。发动机工作时压气机压缩的空气通过压气机转阶段流入爆震室参与爆震燃烧,燃烧后的高压燃气冲击涡轮,其产生的功带动压气机旋转,然后经喷管膨胀加速排出。

由于爆震室间歇工作的特性,PDTE 工作也是非稳态的,因此可以将 PDTE 工作状态分为准稳态和动态。当燃油流量、点火频率不变时,PDTE 处于准稳态,此时发动机转速呈周期性变化,但 PDTE 的平均参数保持不变;当 PDTE 供油量或点火频率改变时,发动机整机状态变化,即为动态。

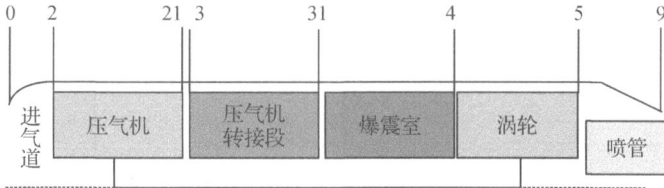

图 6-1　PDTE 结构示意图

表 6-1　PDTE 截面定义

编号	截面定义
0	发动机进口截面
2	压气机进口截面
21	压气机出口截面
3	压气机转接段进口截面
31	压气机转接段出口截面
4	爆震室出口截面
5	涡轮出口截面
9	喷管出口截面

PDTE 各部件均通过气动热力学建模,并结合功率平衡、流量平衡建立共同工作方程。建立发动机非稳态模型时需考虑容积效应,由于压气机部件容积较小,且压气机转接段是单纯的容积部件,因此将压气机容积纳入转接段的容积一起进行气动热力学计算。而涡轮容积小,爆震室计算中已经考虑其长度和流通面积,因此不考虑爆震室和涡轮两部件的容积效应。另外,建模时做如下假设:

(1)爆震室填充过程可燃混气流速保持不变,可燃混气填充均匀;

(2)爆震室头部有一理想阀门,阀门在爆震室内压力高于过渡段出口压力时关闭;

(3)爆震室点火时反传气流被理想阀门完全隔离;

(4)爆震室点火时理想阀门关闭,此时若压气机超出喘振边界,压气机供气量为0,且转接段中气流不会倒流;

(5)忽略气体和发动机壁面之间的热传导。

各部件的建模过程如下。

1. 0—0 截面参数

根据飞行高度 H 可以计算得到大气静温 T_0 和大气静压 p_0:

当 $H \leqslant 11$ km 时,有

$$\left. \begin{array}{l} T_0 = 288.15 - 6.5H \\ p_0 = 101\ 325 \left(1 - \dfrac{H}{44.308}\right)^{2.253\ 3} \end{array} \right\} \tag{6-1}$$

当 $H > 11$ km 时,有

$$\left. \begin{array}{l} T_0 = 216.7 \\ p_0 = 0.227 \mathrm{e}^{\frac{11-H}{6.338}} \times 10^5 \end{array} \right\} \tag{6-2}$$

然后根据马赫数 Ma_0 可得 0—0 截面的总温 T_{t0} 和总压 p_{t0}:

$$T_{t0} = T_0 \left(1 + \frac{\gamma_0 - 1}{2} Ma_0^2\right) \tag{6-3}$$

$$p_{t0} = p_0 \left(1 + \frac{\gamma_0 - 1}{2} Ma_0^2\right)^{\frac{\gamma_0}{\gamma_0 - 1}} \tag{6-4}$$

$$c_0 = Ma_0 \sqrt{\gamma_0 R T_0} \tag{6-5}$$

式中:γ_0——空气的比热比。

2. 进气道出口参数

气流在进气道中存在总压损失,其总压恢复系数 σ_i 可以通过马赫数估算:

$$\sigma_i = \begin{cases} 0.99, & Ma_0 \leqslant 1.0 \\ 0.99 \left[1.0 - 0.075\ (Ma_0 - 1)^{1.35}\right], & Ma_0 > 1.0 \end{cases} \tag{6-6}$$

忽略空气流动过程中与发动机壁面的热交换,可得 2—2 截面的总温和总压:

$$T_{t2} = T_{t0} \tag{6-7}$$

$$p_{t2} = \sigma_i p_{t0} \tag{6-8}$$

3. 压气机出口参数

压气机是一个强非线性部件,难以用数学表达式描述其部件特性,故一般会通过部件试验获取其部件特性。所以在压气机部件建模中可以通过压气机换算转速 $n_{c,cor}$ 和压气机工作点 Z_c 在压气机特性图上插值得到压气机增压比 π_c、压气机效率 η_c 以及压气机换算流量 $W_{21,cor}$。压气机换算转速为

$$n_{c,cor} = \left(n / \sqrt{T_{t2}}\right) / \left(n_{c,d} / \sqrt{T_{t2,d}}\right) \tag{6-9}$$

式中:n——发动机转速;

$n_{c,d}$——压气机设计点转速;

$T_{t2,d}$——压气机设计点进口总温。

压气机出口总温和总压以及压气机流量为

$$p_{t21} = p_{t2}\pi_c \tag{6-10}$$

$$T_{t21} = T_{t2}\left[1 + (\pi_c^{\frac{\gamma_{21}-1}{\gamma_{21}}} - 1)/\eta_c\right] \tag{6-11}$$

$$W_{21} = W_{21,cor}\frac{p_{t2}}{p_{t2,d}}\bigg/\sqrt{\frac{T_{t2,d}}{T_{t2}}} \tag{6-12}$$

压气机功为

$$N_c = W_{21}c_p(T_{t21} - T_{t2}) \tag{6-13}$$

式中：c_p——空气定压比热。

4.压气机转接段出口参数

压气机转接段是 PDTE 中连接压气机和爆震室的转接部件，可视为一个容腔。由于 PDTE 是非稳态运行的，转接段内的空气受到压缩和膨胀的影响，使得转接段的进出口参数（如压力、温度等）是不相等的，其容积引起的参数变化不可忽略。因此，建立压气机转接段模型时假设转接段为一个压气机后的理想气体容器，其中的气体具有均匀的压力和温度，并满足质量守恒和能量守恒，可得转接段的压力和温度的导数为

$$\frac{\mathrm{d}p_{t31}}{\mathrm{d}t} = \rho R\frac{\mathrm{d}T_{t31}}{\mathrm{d}t} + \frac{RT_{t31}}{V}(W_3 - W_{31}) \tag{6-14}$$

$$\frac{\mathrm{d}T_{t31}}{\mathrm{d}t} = \frac{RT_{t31}}{p_{t31}V}\frac{1}{c_V}\left[(W_3 h_{t3} - W_{31}h_{t31}) - \frac{h_{t31}}{\gamma_{31}}(W_3 - W_{31})\right] \tag{6-15}$$

式中：ρ——转接段内空气密度；

R——气体常数；

V——转接段的容积；

c_V——空气定容比热；

h_{t3} 和 h_{t31}——转接段进出口焓值；

W_3 和 W_{31}——转接段进出口空气流量。

根据式(6-14)可以发现转接段内压力的变化与温度、流量的变化有关，但是由于温度的变化相对缓慢，式(6-14)等号右边第一项远小于第二项，因此为了简化计算可以忽略温度变化对压力变化的影响，即

$$\frac{\mathrm{d}p_{t31}}{\mathrm{d}t} = \frac{RT_{t31}}{V}(W_3 - W_{31}) \tag{6-16}$$

5.爆震室出口参数

为了获取发动机的动态特性，需考虑 PDC 的非稳态工作过程，可直接将第 3 章中建立的 PDC 动态模型应用于计算爆震室出口参数。本书研究的 PDTE 将所有进入爆震室的空气都用于爆震燃烧，在计算爆震室出口参数前需要根据转接段出口的压力 p_{t31}、温度 T_{t31} 和流量 W_{31} 计算爆震室填充过程中的气流参数，可按下式进行计算：

$$W_{31} = k\frac{p_{t31}\delta_{PDC}}{\sqrt{T_{t31}}}A_{PDC}q(\lambda) \tag{6-17}$$

$$k = \sqrt{\frac{\gamma_{\text{fill}}}{R} \left(\frac{2}{\gamma_{\text{fill}} + 1}\right)^{\frac{\gamma_{\text{fill}} + 1}{\gamma_{\text{fill}} - 1}}} \qquad (6-18)$$

$$q(\lambda) = \left(\frac{\gamma_{\text{fill}} + 1}{\gamma_{\text{fill}}}\right)^{\frac{1}{\gamma_{\text{fill}}}} \lambda \left(1 - \frac{\gamma_{\text{fill}} - 1}{\gamma_{\text{fill}} + 1} \lambda^2\right)^{\frac{1}{\gamma_{\text{fill}} - 1}} \qquad (6-19)$$

$$c_{\text{cr}} = \sqrt{\frac{2\gamma_{\text{fill}}}{\gamma_{\text{fill}} + 1} R T_{\text{t31}}} \qquad (6-20)$$

首先,根据转接段出口参数、爆震室总压恢复系数 δ_{PDC} 和爆震室流通面积 A_{PDC} 计算出爆震室内填充过程的无量纲密流函数 $q(\lambda)$,式中 γ_{fill} 是填充气流的比热比。然后根据式 (6-18)和式(6-19)可以计算出爆震室内的速度因数 λ 和气流填充速度 u_{fill},进而根据总参数和静参数之间的关系可以计算出爆震室内的填充静压 p_{sfill} 和填充静温 T_{tfill}。最后,根据获得的爆震室填充参数调用 CEA 程序可以计算得到爆震室出口燃气的比热比 γ_4、爆震 CJ 马赫数 Ma_{CJ} 和爆震波速 D_{CJ}。利用第 3 章提出的爆震室模型可以计算得到一个爆震周期内 PDC 出口燃气的静压 $p_{\text{t4}}(t_{\text{PDC}})$、$T_{\text{t4}}(t_{\text{PDC}})$、$T_{\text{s4}}(t_{\text{PDC}})$、$W_4(t_{\text{PDC}})$:

$$p_{\text{t4}}(t_{\text{PDC}}) = p_{\text{s4}}(t_{\text{PDC}}) \left\{1 + \frac{\gamma_4 - 1}{2} \left[\frac{u_4(t_{\text{PDC}})}{a_4(t_{\text{PDC}})}\right]^2\right\}^{\frac{\gamma_4}{\gamma_4 - 1}} \qquad (6-21)$$

$$T_{\text{s4}}(t_{\text{PDC}}) = \frac{a_4(t_{\text{PDC}})^2}{\gamma_4 R_4} \qquad (6-22)$$

$$T_{\text{t4}}(t_{\text{PDC}}) = T_{\text{s4}}(t_{\text{PDC}}) \left\{1 + \frac{\gamma_4 - 1}{2} \left[\frac{u_4(t_{\text{PDC}})}{a_4(t_{\text{PDC}})}\right]^2\right\} \qquad (6-23)$$

$$W_4(t_{\text{PDC}}) = \frac{p_{\text{s4}}(t_{\text{PDC}})}{R_4 T_{\text{s4}}(t_{\text{PDC}})} u_4(t_{\text{PDC}}) A_{\text{PDC}} \qquad (6-24)$$

式中:$p_{\text{s4}}(t_{\text{PDC}})$、$u_4(t_{\text{PDC}})$、$a_4(t_{\text{PDC}})$——爆震室一个周期内的出口静压、气流速度和燃气声速;

R_4——气体常数。

由于爆震排气过程中参数变化是微秒级的,上述计算时间步长 t_{PDC} 为 5 μs,而发动机带宽一般不高于 10 Hz,以此时间步长计算发动机非稳态过程过短。因此需将上述参数根据发动机仿真时间步长 Δt 进行质量均积分后获得一个爆震周期内的参数:

$$W_4 = \frac{\int_{t-\Delta t}^{t} W_4(t_{\text{PDC}}) \, dt_{\text{PDC}}}{\Delta t} \qquad (6-25)$$

$$p_{\text{t4}} = \frac{\int_{t-\Delta t}^{t} p_{\text{t4}}(t_{\text{PDC}}) W_4(t_{\text{PDC}}) \, dt_{\text{PDC}}}{\int_{t-\Delta t}^{t} W_4(t_{\text{PDC}}) \, dt_{\text{PDC}}} \qquad (6-26)$$

$$T_{\text{t4}} = \frac{\int_{t-\Delta t}^{t} T_{\text{t4}}(t_{\text{PDC}}) W_4(t_{\text{PDC}}) \, dt_{\text{PDC}}}{\int_{t-\Delta t}^{t} W_4(t_{\text{PDC}}) \, dt_{\text{PDC}}} \qquad (6-27)$$

6.涡轮出口参数

爆震室是周期性非稳态工作部件,而传统涡轮部件特性图是在稳态条件下获得的。因此,为进行非稳态性能分析,需假设涡轮在所有工况下均为准稳态工作。通过涡轮换算转速 $n_{\mathrm{T,cor}}$ 和涡轮落压比 π_{T} 在涡轮特性图上插值可以得到涡轮效率 η_{T} 和涡轮换算流量 $W_{5,\mathrm{cor}}$。涡轮换算转速为

$$n_{\mathrm{T,cor}} = \left(n / \sqrt{T_{\mathrm{t4}}} \right) / \left(n_{\mathrm{T,d}} / \sqrt{T_{\mathrm{t4,d}}} \right) \qquad (6-28)$$

式中:n——发动机转速;

　$n_{\mathrm{T,d}}$——涡轮设计点转速;

　$T_{\mathrm{t4,d}}$——涡轮设计点进口总温。

涡轮出口总压 p_{t5} 和总温 T_{t5} 以及流量 W_5 为

$$p_{\mathrm{t5}} = p_{\mathrm{t4}} / \pi_{\mathrm{T}} \qquad (6-29)$$

$$T_{\mathrm{t5}} = T_{\mathrm{t4}} \left[1 - \eta_{\mathrm{T}} \left(1 - \pi_{\mathrm{T}}^{\frac{1-\gamma_5}{\gamma_5}} \right) \right] \qquad (6-30)$$

$$W_5 = W_{5,\mathrm{cor}} \frac{p_{\mathrm{t4}}}{p_{\mathrm{t4,d}}} / \sqrt{\frac{T_{\mathrm{t4,d}}}{T_{\mathrm{t4}}}} \qquad (6-31)$$

涡轮功为

$$N_{\mathrm{T}} = W_5 c_{pg} (T_{\mathrm{t5}} - T_{\mathrm{t4}}) \qquad (6-32)$$

式中:c_{pg}——燃气定压比热。

7.尾喷管出口参数

尾喷管主要用于将涡轮出口燃气膨胀加速,将燃气的可用功转变为动能产生推力。本书研究采用收敛尾喷管,面积不可调,且假设燃气在尾喷管中的流动是等熵绝热过程,仅考虑其压力损失 δ_{e}。收敛尾喷管出口的总压 p_{t9} 和总温 T_{t9} 分别为

$$p_{\mathrm{t9}} = p_{\mathrm{t5}} \delta_{\mathrm{e}} \qquad (6-33)$$

$$T_{\mathrm{t9}} = T_{\mathrm{t5}} \qquad (6-34)$$

收敛尾喷管具有 3 种工作状态,可通过临界压强比 β_{cr} 来区分尾喷管的工作状态:

$$\beta_{\mathrm{cr}} = \left(\frac{2}{\gamma_9 + 1} \right)^{\frac{\gamma_9}{\gamma_9 - 1}} \qquad (6-35)$$

当 $\frac{p_0}{p_{\mathrm{t9}}} > \beta_{\mathrm{cr}}$ 时,尾喷管为亚临界状态,尾喷管出口的马赫数 Ma_9、排气静温 T_{s9}、排气静压 p_{s9} 和排气速度 c_9 分别为

$$Ma_9 = \sqrt{\frac{2}{\gamma_9 - 1}\left[\left(\frac{p_{\mathrm{t9}}}{p_0}\right)^{\frac{\gamma_9-1}{\gamma_9}} - 1\right]} \qquad (6-36)$$

$$T_{\mathrm{s9}} = T_{\mathrm{t9}} / \left(1 + \frac{\gamma_9 - 1}{2} Ma_9^2\right) \qquad (6-37)$$

$$p_{\mathrm{s9}} = p_0 \qquad (6-38)$$

$$c_9 = Ma_9 \sqrt{\gamma_9 R T_{\mathrm{s9}}} \qquad (6-39)$$

$$W_9 = K_{\mathrm{g}} \frac{p_{\mathrm{t9}}}{\sqrt{T_{\mathrm{t9}}}} A_9 q(\lambda_9) \qquad (6-40)$$

式中:$q(\lambda_9)$——喷管出口无量纲密流函数;

　K_{g}——见式(3-48c)。

当 $\dfrac{p_0}{p_{t9}} \leqslant \beta_{cr}$ 时,尾喷管为临界或超临界状态,尾喷管出口的马赫数 Ma_9、排气静温 T_{s9}、排气静压 p_{s9} 和排气速度 c_9 分别为

$$Ma_9 = 1 \tag{6-41}$$

$$T_{s9} = T_{t9} \Big/ \left(1 + \frac{\gamma_9 - 1}{2} Ma_9^2\right) \tag{6-42}$$

$$p_{s9} = p_{t9} \Big/ \left(1 + \frac{\gamma_9 - 1}{2} Ma_9^2\right)^{\frac{\gamma_9}{\gamma_9 - 1}} \tag{6-43}$$

$$c_9 = Ma_9 \sqrt{\gamma_9 R T_{s9}} \tag{6-44}$$

$$W_9 = K_g \frac{p_{t9}}{\sqrt{T_{t9}}} A_9 \tag{6-45}$$

8.转子运动方程

在爆震室工作过程中,PDTE 转子不满足功率平衡,涡轮产生的功率过剩或者不足,会导致转子转速的脉动。因此,在非稳态性能分析中,需考虑转子转动惯量 J,根据涡轮功、压气机功和转子机械效率 η_m 可得到转子加速度:

$$\frac{\mathrm{d}n}{\mathrm{d}t} = (N_T \eta_m - N_c) \Big/ \left[J n \left(\frac{\pi}{30}\right)^2 \right] \tag{6-46}$$

9. PDTE 性能计算

PDTE 每个仿真时刻的推力可用如下公式计算:

$$F = W_9 c_9 - W_a c_0 + p_{s9} A_9 - P_0 A_0 \tag{6-47}$$

式中:W_a——进气道空气流量,与压气机流量相等;

A_9——进气道流通面积。

根据爆震室工作频率 f 可以得到爆震室的工作周期 $t_{cycle} = 1/f$。由于 PDTE 的推力随时间周期性变化,所以可以得到其在一个工作周期内的平均推力 F_{avg}、平均单位推力 $F_{s,avg}$ 和耗油率 sfc 为

$$F_{avg} = \frac{\int_0^{t_{cycle}} F \, \mathrm{d}t}{t_{cycle}} \tag{6-48}$$

$$F_{s,avg} = \frac{F_{avg}}{W_a} \tag{6-49}$$

$$\mathrm{sfc} = \frac{3\,600 W_f}{F_{avg}} \tag{6-50}$$

式中:W_f——燃油流量。

10. PDTE 模型仿真步长选取

传统航空发动机主频带的最高频率约为 5 Hz,其仿真步长的选取与控制系统控制频率选取原则类似,一般控制频率为被控对象截止频率的 8～20 倍即可,所以传统发动机的仿真步长一般取 20～25 ms 即可。但是 PDTE 工作是脉动的,时间步长和传统发动机相同,不能获得发动机准确的非稳态工作特性。因此,需对 PDTE 的转速试验数据进行频谱分析,

以此获得 PDTE 的频带,进而确定适合 PDTE 动态性能仿真所需的仿真步长。

图 6-2 所示分别为 PDTE 原理样机在工作频率 10 Hz、20 Hz 和 30 Hz 稳定工作时的转速信号频谱图及其放大图。可以看出转速信号的频带主要分为两部分:一部分是转速的基频,另一部分与 PDTE 的转速脉动相关。根据图 6-2 中转速信号频谱图放大图可以发现,转速脉动频率分量为一倍和两倍 PDTE 工作频率,因此 PDTE 工作频率越高,转速的脉动频率也越高。因此当选取 PDTE 仿真步长时应根据 PDTE 最高工作频率确定。

当 PDTE 工作频率为 30 Hz 时,转速脉动频率主要包括 30 Hz 和 60 Hz 两个频率成分,参考控制频率为截止频率的 8~20 倍的选取原则。当 PDTE 工作频率为 30 Hz 时其仿真时间步长应不大于 2.08 ms。考虑到本节中单轴脉冲爆震涡喷发动机爆震室的工作频率不超过 30 Hz,因此选取 PDTE 的仿真时间步长为 2 ms。

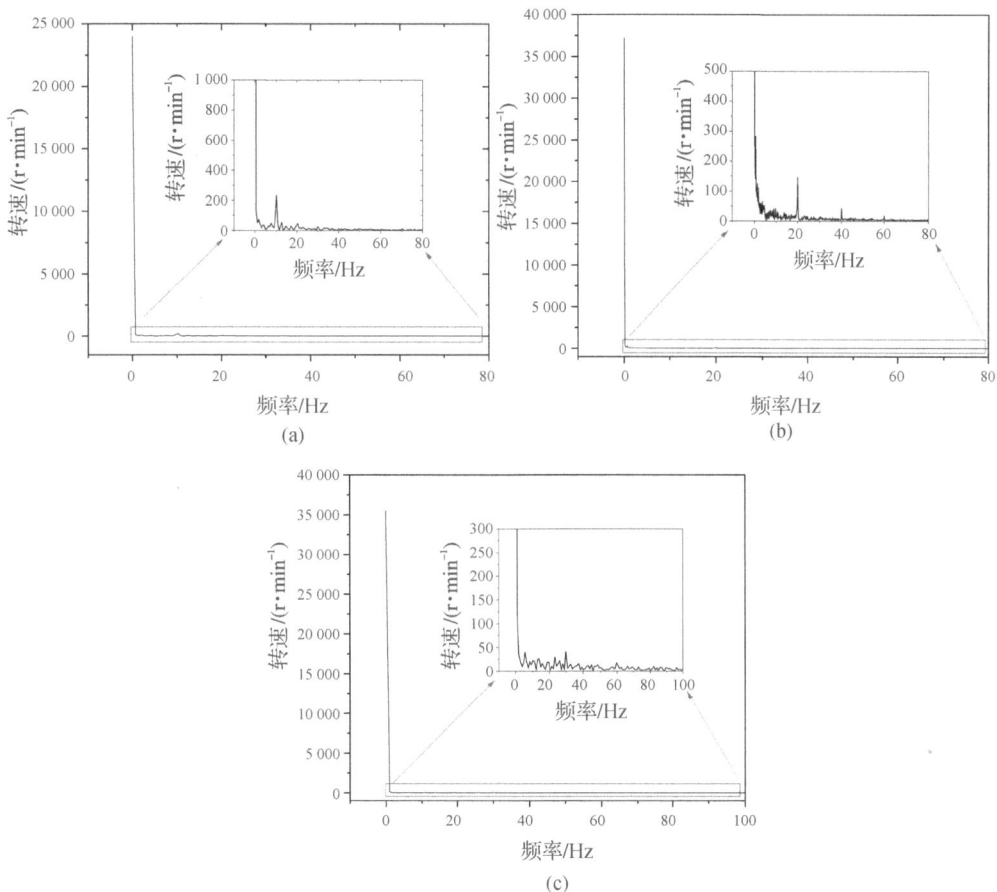

图 6-2　PDTE 在不同工作频率下的转速频谱图及其放大图

(a) 10 Hz; (b) 20 Hz; (c) 30 Hz

11.PDTE 共同工作方程建立及求解

发动机共同工作必须同时满足流量连续以及功率平衡,代表了发动机部件之间的共同工作情况,在发动机建模中可以采用共同工作方程来反映其共同工作关系。由于 PDTE 是非稳态工作的,压气机功率和涡轮功率不平衡,使用式(6-46)替代功率平衡关系,但 PDTE 仍然满足流量连续条件。因此,在给定 PDTE 的飞行高度、马赫数、燃油流量、点火频率后,选取压气机工作点 Z_C 和涡轮落压比 π_T 初值,可以建立共同工作方程。

(1)压气机进口流量与压气机转接段进口流量平衡残差方程:

$$e_1 = (W_{21} - W_3)/W_{21} \qquad (6-51)$$

(2)涡轮出口流量与喷管出口流量平衡残差方程:

$$e_2 = (W_5 - W_9)/W_5 \qquad (6-52)$$

求解平衡方程流程如图 6-3 所示,求解过程可以分为以下 6 步:

(1)输入计算所需的初始参数,主要包括飞行高度、飞行速度、燃油流量、工作频率、转速、压气机转接段压力、温度和出口流量、压气机工作点和涡轮落压比的初值。

(2)根据发动机部件模型计算各截面参数。

(3)根据各截面参数计算残差方程,确定两个残差方程的残差值是否小于 0.000 1,如果满足那么进入步骤(5),否则进入步骤(4)。

(4)使用牛顿-拉夫逊法重新计算压气机工作点和涡轮落压比的初值,然后进入步骤(2)。

(5)采用显示差分格式计算下一工作时刻的转速、压气机转接段压力、温度,计算过程如下:

$$p_{t31}^{t+\Delta t} = p_{t31}^t + \frac{\mathrm{d}p_{t31}}{\mathrm{d}t}\Delta t \qquad (6-53)$$

$$T_{t31}^{t+\Delta t} = T_{t31}^t + \frac{\mathrm{d}T_{t31}}{\mathrm{d}t}\Delta t \qquad (6-54)$$

$$n^{t+\Delta t} = n^t + \frac{\mathrm{d}n}{\mathrm{d}t}\Delta t \qquad (6-55)$$

(6)输出所需的各截面热力参数计算结果并进入步骤(2)。

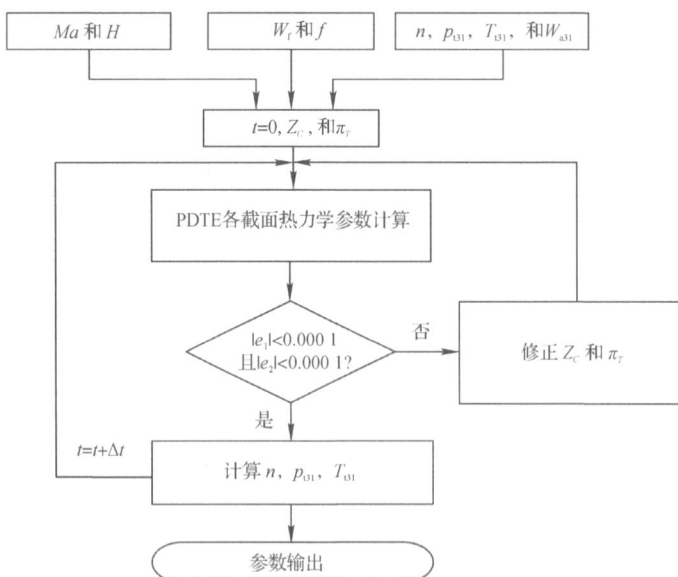

图 6-3　PDTE 非稳态模型计算流程

6.3　PDTE 非稳态模型试验验证

为验证建立的 PDTE 非稳态模型的计算精度,本节将建立 PDTE 原理样机试验系统并进行地面工况试验。对 10～20 Hz 工作频率下的原理样机试验数据与非稳态模型的计算结果进行对比验证。

6.3.1　PDTE 原理样机试验系统

PDTE 原理样机试验系统如图 6-4 所示,包括涡轮增压器、双管 PDC、压气机转接段、测试和数据采集系统,且试验系统的尺寸参数与计算模型相同。双管 PDC 系统包括双管爆震室、供油系统、点火系统。双管爆震室包括掺混段、点火段以及爆震管。其中掺混段进口设置簧片阀,用以隔离 PDC 点火时的压力反传。掺混段中安装双流体空气辅助雾化喷嘴,用于燃油雾化喷射。点火段上安装热射流点火器以点燃汽油/空气混合物,试验中使用汽油为燃料,采用同时点火模式。爆震管长度为 1.2 m,内径为 0.06 m,管内安装 Shchelkin 螺旋缩短 DDT 距离。

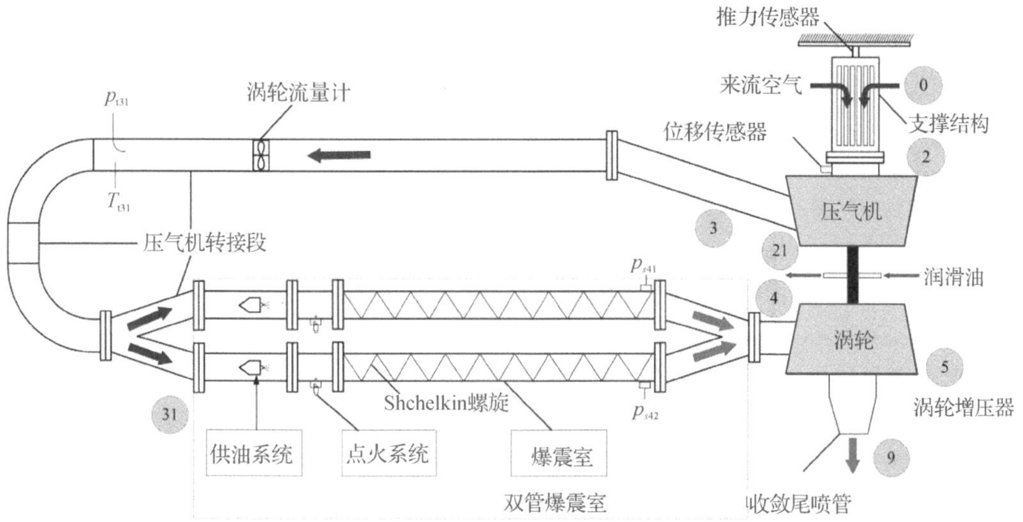

图 6-4　PDTE 原理样机试验系统示意图

当前 PDTE 原理样机试验系统在地面开展试车试验,其涡轮直接连接爆震室出口,以提取爆震燃气能量驱动涡轮增压器旋转,带动压气机通过进气转接段给双管爆震室供气。其中:进气转接段内径为 100 mm;涡轮增压器压气机叶轮直径为 130 mm,增压器设计点转速为 55 000 r/min,增压比为 2.06,流量为 0.7 kg/s,增压器使用向心涡轮,无涡轮冷却系统,仅为涡轮增压器设计了润滑系统。

原理样机试验系统中使用齿轮流量计测量进入爆震室的燃油流量 W_f。在压气机转接段安装 K 型热电偶(量程为 0~1 573.15 K,精度为 0.75%)测量进气转接段内温度 T_{t31},安装压阻传感器(量程为 0~1 MPa,频响为 200 kHz,精度为 0.5%)测量压气机转接段内空气压力 p_{t31}。为监测 PDC 工作情况,在两个爆震管出口安装了压电传感器 p_{s41} 和 p_{s42}(量程为 0~10 MPa,频响为 500 kHz,测量误差为 ±72.5 mV/MPa),且传感器安装座带循环水冷系统,避免传感器因温度过高产生温漂带来测量误差甚至损坏。使用位移传感器(量程为 0~2 mm,精度为 0.5%)测量转速。数据采集系统为 DEWE3020 高速数据采集仪,采样率为 200 Hz。

6.3.2 PDTE 非稳态模型验证

为了验证 PDTE 非稳态模型的准确性,根据 PDTE 原理样机试验条件计算 PDTE 原理样机的准稳态工作过程,然后与试验数据进行对比。使用 10 Hz 试验数据进行了准稳态对比,并对工作频率为 10 Hz、15 Hz、20 Hz 时 PDTE 的平均数据进行了对比,以验证 PDTE 非稳态模型的精度。

图 6-5 为 PDTE 工作频率 10 Hz 时非稳态模型转速、压力仿真结果与试验数据的对比。图 6-5(a)为压气机转接段内压力的对比,可以看出试验时压力峰值高于仿真的峰值压力,原因是 PDTE 试验系统掺混段进口的簧片阀并不能完全隔离爆震室起爆时的反传压力和反传燃气,但建立非稳态模型时假设爆震室反传压力可以被簧片阀完全隔离,所以试验压力峰值较非稳态模型高于仿真的压力峰值。仿真结果表明,在爆震室起爆后的高压推动簧片阀关闭后,过渡段压力会迅速升高,压气机出口压力升高导致压气机背压过高,压气机会暂时越过喘振边界。之后随着爆震室进入排气过程,压力开始下降,簧片阀打开后转接段内压力迅速降低,压气机背压降低重新正常运行。

图 6-5(b)为爆震室出口静压仿真和试验结果的对比。可以看出,仿真和试验测得的静压峰值吻合较好,仿真时得到的各工作周期爆震室出口的压力峰值是相同的,这是由于在非稳态模型计算中,在供油量和点火频率不变的情况下,爆震室的空气流量是相同的。但是对于 PDTE 原理样机,爆震室的加工误差等因素,导致爆震室各个循环内爆震室中的燃油分布均匀性不同,进一步导致试验中爆震波的峰值压力存在差异。

图 6-5(c)为 PDTE 工作频率为 10 Hz 时 PDTE 的准稳态转速和平均转速变化曲线仿真和试验结果对比。可见,发动机运行时受到爆震室周期性工作影响,发动机转速也随之周期性脉动。当爆震高压燃气冲击涡轮时,发动机转速会急剧上升,然后转速会缓慢下降,仿真和试验得到的转速变化趋势吻合较好。此外,试验时发动机平均转速为 23 117 r/min,发动机仿真转速为 23 097 r/min,误差在 0.1% 以内。对于 PDTE 原理样机,试验时虽使用同时点火,但是两个爆震室内爆震燃气不会完全同时到达涡轮,当双管爆震燃气冲击涡轮时间差较小时,发动机转速仅一个峰值,时间差稍大则会产生两个转速峰值。

表 6-2 为 PDTE 工作频率为 10 Hz 时,发动机仿真结果和试验结果的准稳态参数对比,表中数据均为仿真结果和试验数据 1 s 内的平均值,并获得了仿真结果和试验结果的误差。结果表明,仿真结果和试验数据的误差不超过 5.21%。仿真结果和试验数据的差异可能是以下两方面原因引起的:一方面 PDC 的间歇工作导致 PDTE 工作是处于非稳态的,但

是动态模型建模时采用的压气机和涡轮的部件特性是通过稳态的部件试验获取的,这会导致仿真结果的偏差;另一方面,动态模型建模时为简化建模过程进行的假设也会增大仿真结果的计算误差。

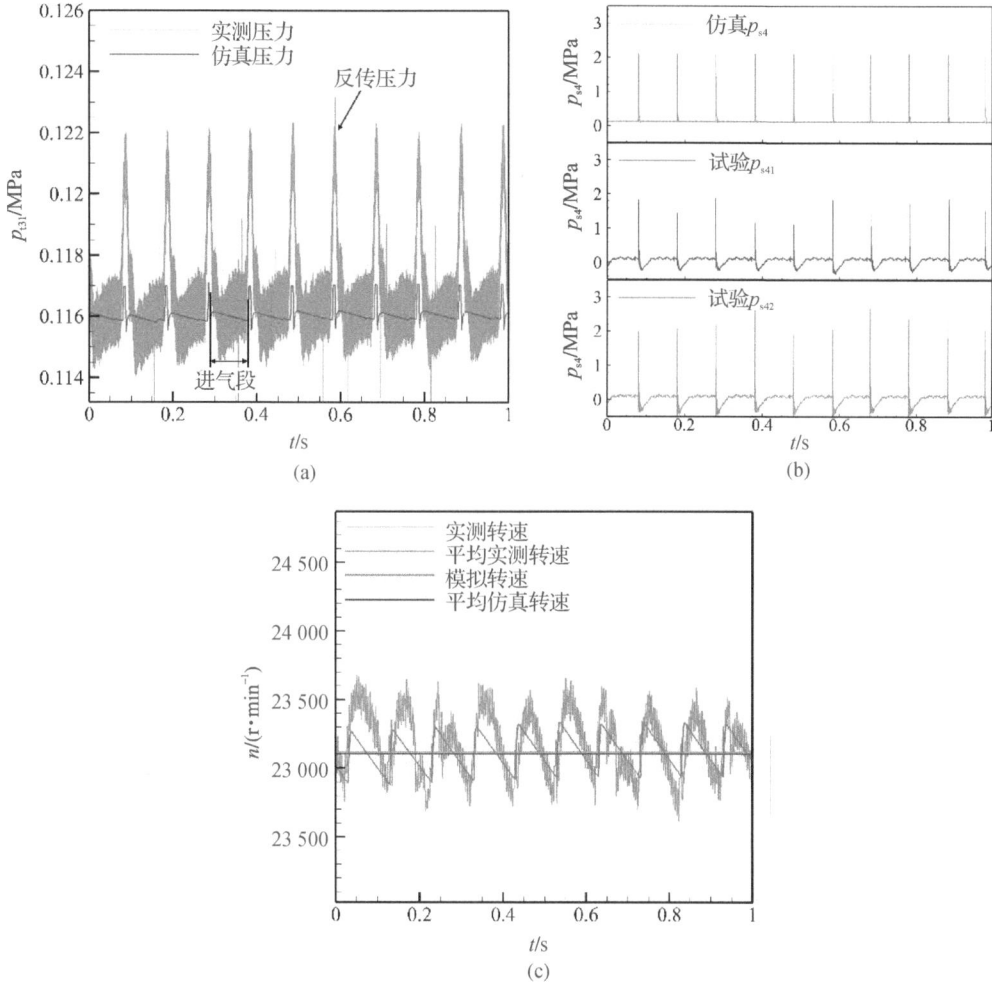

图 6 - 5　PDTE 非稳态模型转速、压力仿真结果与试验数据对比
(a)转接段总压对比;　(b)爆震室出口静压对比;　(c)转速对比

表 6 - 2　工作频率 10 Hz 时 PDTE 试验结果与仿真结果对比

	试验结果	仿真结果	误差 /(%)
$n/(\text{r} \cdot \text{min}^{-1})$	23 968.4	23 942.6	0.11
p_{t31}/MPa	0.117	0.117	0
T_{t31}/K	308.43	309.93	0.49
平均 $W_{31}/(\text{kg} \cdot \text{s}^{-1})$	0.137	0.142	3.65
平均 F/N	93.32	98.18	5.21

图 6-6 为 PDTE 工作频率为 15 Hz 时动态模型转速、压力仿真结果与试验数据的对比。根据图 6-5 中压气机转接段内压力、转速对比可以发现，与 PDTE 工作频率为 10 Hz 时类似，试验时转接段内压力峰值也高于仿真的峰值压力，并且仿真和试验得到的转速变化趋势吻合较好。表 6-3 为 PDTE 工作频率为 15 Hz 时，发动机仿真结果和试验结果的准稳态参数对比，最大误差不超过 7.7%，仿真结果与试验测试参数误差较小。

图 6-7 为 PDTE 工作频率为 20 Hz 时动态模型转速、压力仿真结果与试验数据的对比。根据图 6-7 中数据，PDTE 工作频率为 20 Hz 时转接段内反传压力峰值也高于仿真的峰值压力，且仿真和试验得到的转速变化趋势吻合较好。表 6-4 为 PDTE 工作频率为 20 Hz 时，发动机仿真结果和试验结果的准稳态参数对比，最大误差不超过 6.13%，仿真结果与试验测试参数误差较小。

上述结果表明，在以上工况下仿真结果与试验测试参数误差较小，表明建立的动态模型能够较为准确地计算 PDTE 准稳态和动态性能，可以将其应用于 PDTE 发动机非稳态性能及动态特性分析。

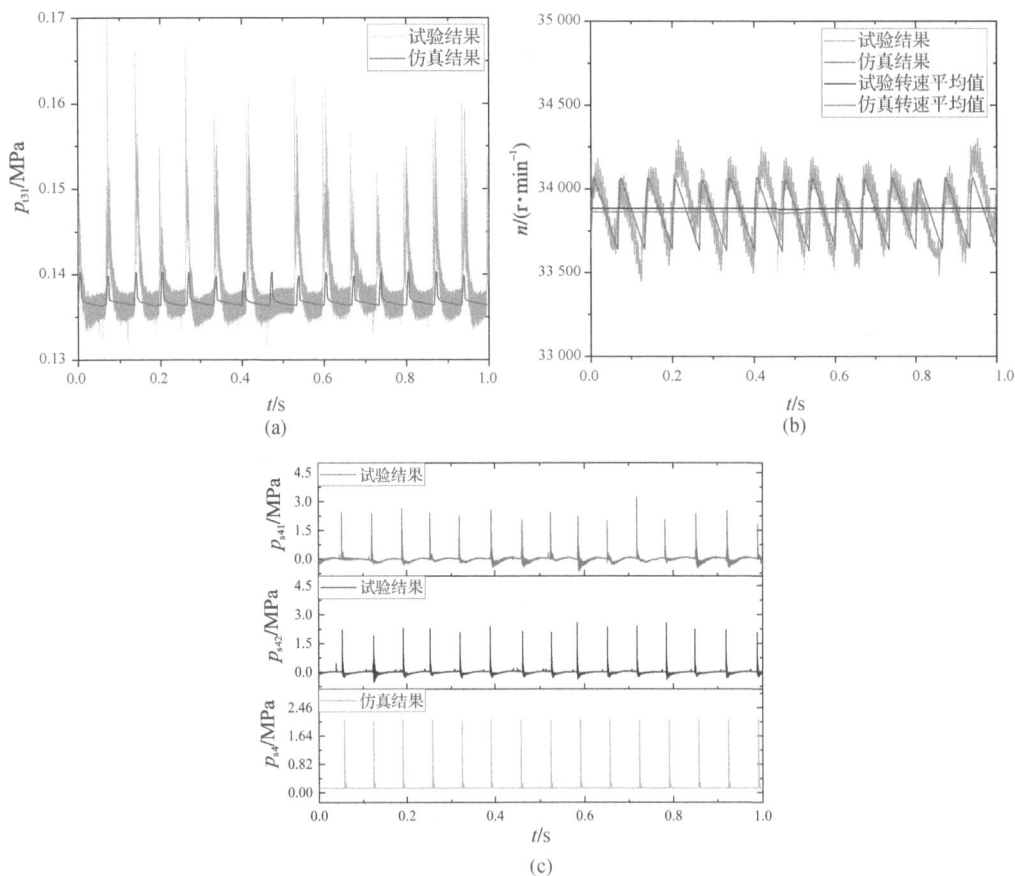

图 6-6　PDTE 工作频率为 15 Hz 时动态模型转速、压力计算结果与试验数据对比

(a)转接段总压对比；　(b)转速对比；　(c)爆震室出口静压对比

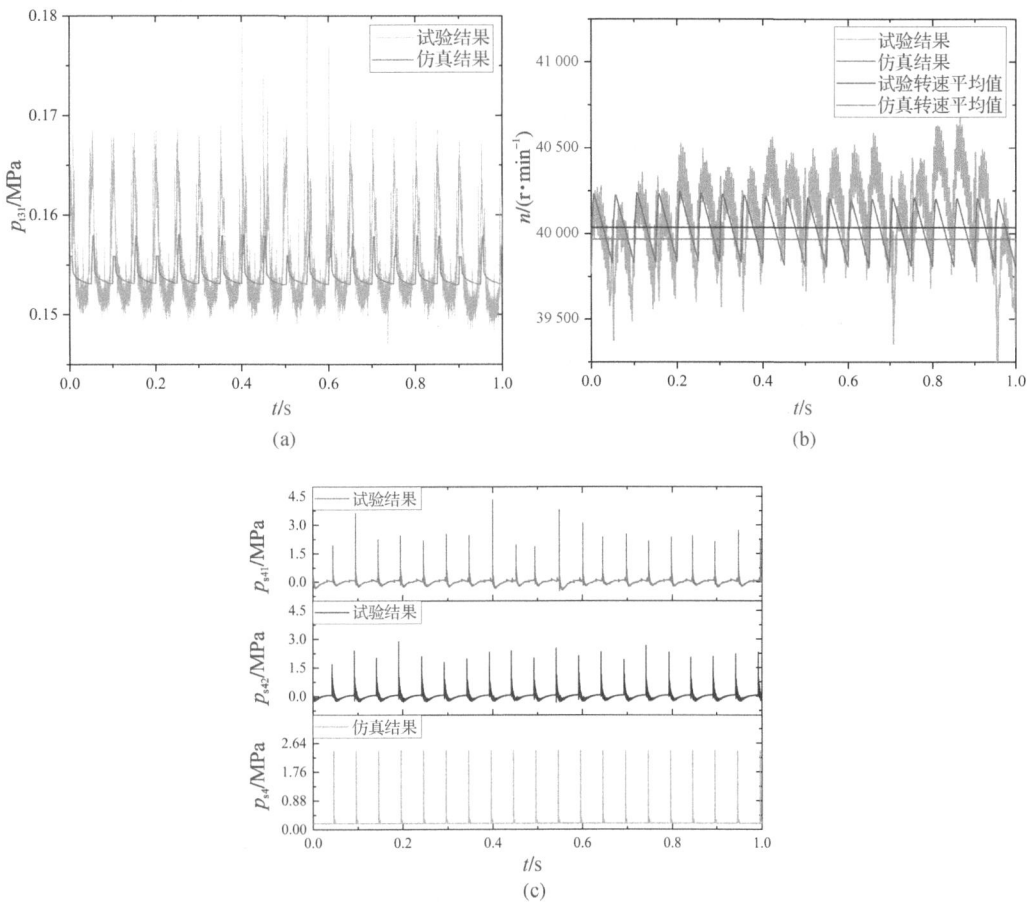

图 6 - 7　PDTE 工作频率为 20 Hz 动态模型转速、压力计算结果与试验数据对比

(a)转接段总压对比；　(b) 转速对比；　(c)爆震室出口静压对比

表 6 - 3　工作频率 15 Hz 时 PDTE 试验结果与仿真结果对比

	试验结果	仿真结果	误差（%）
n /$(r \cdot min^{-1})$	33 884.7	33 822.9	0.18
p_{t31}/MPa	0.131	0.136	3.82
T_{t31}/K	325.87	327.58	0.52
平均 W_{31}/$(kg \cdot s^{-1})$	0.225	0.211	6.22
平均 F /N	151.37	163.03	7.70

表 6 - 4　工作频率 20 Hz 时 PDTE 试验结果与仿真结果对比

	试验结果	仿真结果	误差 /（%）
n /$(r \cdot min^{-1})$	40 034.8	39 966.3	0.17
p_{t31}/MPa	0.151	0.153	1.32

续表

	试验结果	仿真结果	误差 /(%)
T_{t31}/K	335.45	340.32	1.45
平均 $W_{31}/(\mathrm{kg \cdot s^{-1}})$	0.255	0.264	3.53
平均 F/N	197.46	209.56	6.13

6.4 PDTE 非稳态性能仿真分析

6.4.1 PDTE 准稳态特性分析

通过建立的动态模型仿真结果,PDTE 在工作频率为 23 Hz 下换算转速为 1 r/min。因此,为了获得燃油流量和点火频率调节对 PDTE 工作特性影响的规律,利用建立的 PDTE 动态模型,对工作频率为 23 Hz,燃油流量从 0.018 5 kg/s 增加至 0.040 5 kg/s 以及燃油流量为 0.027 5 kg/s,点火频率从 18 Hz 增加到 28 Hz 两种情况开展 PDTE 准稳态工作特性分析。

图 6-8 所示为 PDTE 工作频率为 23 Hz,燃油流量变化时发动机的平均性能参数和工作特性。如图 6-8(a)所示,PDTE 的转速和推力先随着燃油流量 W_f 的增加而增加,当燃油流量 W_f 增加到一定值时,转速和推力将突然下降。如图 6-8(b)所示,PDTE 单位推力变化趋势和转速的变化趋势相同。其原因如下:随着燃油流量 W_f 增加,发动机转速提高,压气机流量增加,爆震室填充比由 0.77 增加为 1,虽然爆震室内当量比从 0.98 下降到 0.96,但涡轮提取功率变大,所以转速升高;随着爆震室内填充比接近 1,此时当量比增加导致爆震室出口温度和压力的增加是涡轮功率增加的主要原因,所以转速增加,且当爆震室填充比为 1 时耗油率最低。然后,随着当量比进一步增加到 1.2,爆震室出口温度和压力增加,转速、推力和单位推力达到最大,但此时填充比大于 1,造成燃油浪费,故耗油率增加。在当量比大于 1.2 后,如图 6-8(c)所示,此时由于 PDC 中燃油浓度过大,爆震波的强度(如峰值压力)将会降低,耗油率也急剧增加。因此,当燃油流量从 0.018 5 kg/s 变为 0.040 5 kg/s 时,涡轮进口温度和压力先升高后降低,所以发动机转速先上升后下降。

另外,随着发动机转速先上升后降低,发动机的耗油率先降低后增加,如图 6-8(b)所示。一方面,随着 W_f 的增加,爆震室的填充比会从 0.77 上升到大于 1,随着爆震室填充比和发动机转速的增加,涡轮提取功率变大,发动机单位推力增加,所以 PDTE 耗油率随着 W_f 的增加而降低。另一方面,在爆震室填充比大于 1 后部分可燃混合物会直接冲击涡轮,从而导致燃料的浪费,此时单位推力增加的影响低于过填充导致的燃油浪费,所以爆震室填充比大于 1 后耗油率增加。因此,随着燃油流量 W_f 的增加,爆震室填充比为 1 时存在最小的耗油率。

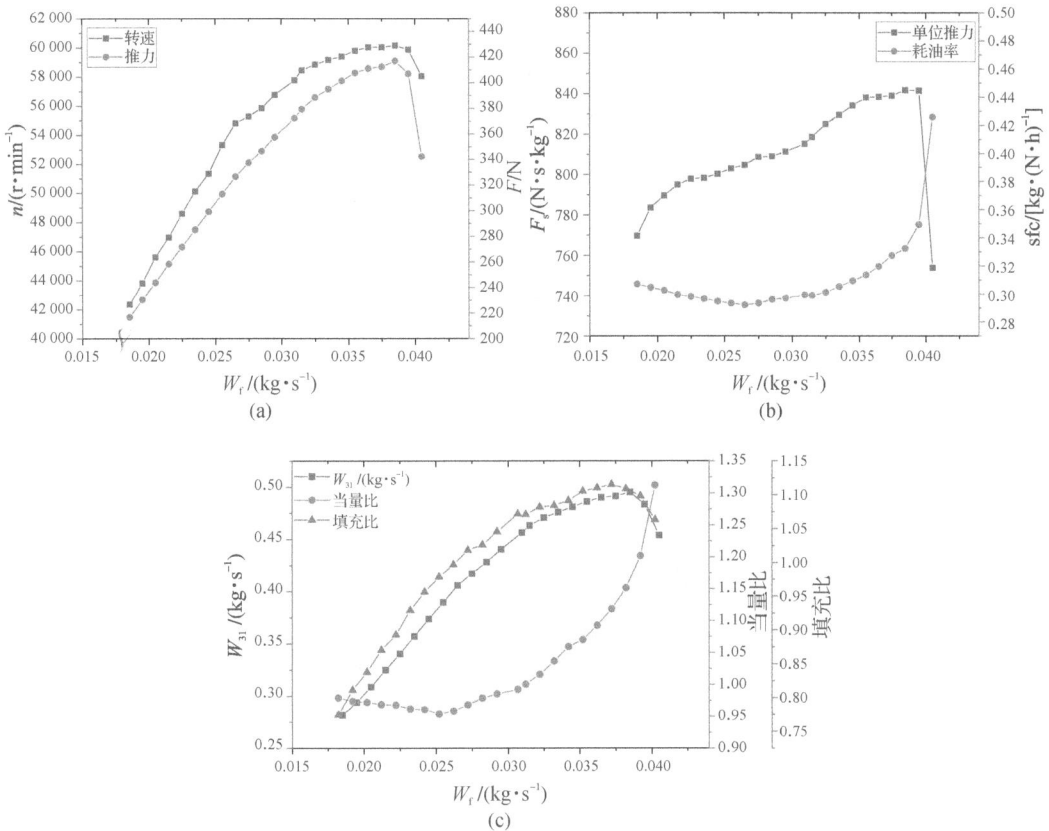

图 6 - 8　工作频率 23 Hz 时燃油流量变化对 PDTE 的影响
(a)转速和推力变化;　(b)单位推力和耗油率;　(c)压气机流量、填充比和当量比

图 6 - 9 所示为燃料流量为 0.027 5 kg/s 时 PDTE 在不同工作频率下的工作特性。如图 6 - 9(a)(b)所示,当工作频率为 23 Hz 时,PDTE 的推力和单位推力最大,耗油率最低。当点火频率低于 23 Hz 时,推力和单位推力随着点火频率的增加而增加,耗油率随之降低。在 PDTE 工作频率大于 23 Hz 后,推力、单位推力随工作频率的增加而降低,耗油率增加。图 6 - 9(c)中的仿真结果表明,当工作频率为 23 Hz 时,爆震室的填充比为 1.01,此时单位推力最大,耗油率最低。当点火频率从 18 Hz 增加到 23 Hz 时,爆震室填充比将从过填充状态降低到填充比 0.82,发动机的转速上升,压气机流量随之增加。由于燃油流量保持不变,爆震室当量比随之下降。随着爆震室填充比的下降,更多可燃混气参加爆震燃烧,导致涡轮入口总温和总压升高。因此,随着点火频率从 18 Hz 增加到 23 Hz,转速、压气机流量、推力和单位推力增加。当点火频率从 23 Hz 增加到 28 Hz 时,由于燃料流量保持不变,填充比和当量比下降。然而,研究发现,点火频率的增加,有利于涡轮从爆震燃气提取功。此外,随着点火频率的增加,转速和空气质量流率将进一步增加。但由于燃油流量不变,涡轮输出功率的增加将导致喷管的排气速度减小。因此,当爆震室的点火频率从 23 Hz 增加到 28 Hz 时,推力、单位推力和耗油率呈现相反的变化趋势。

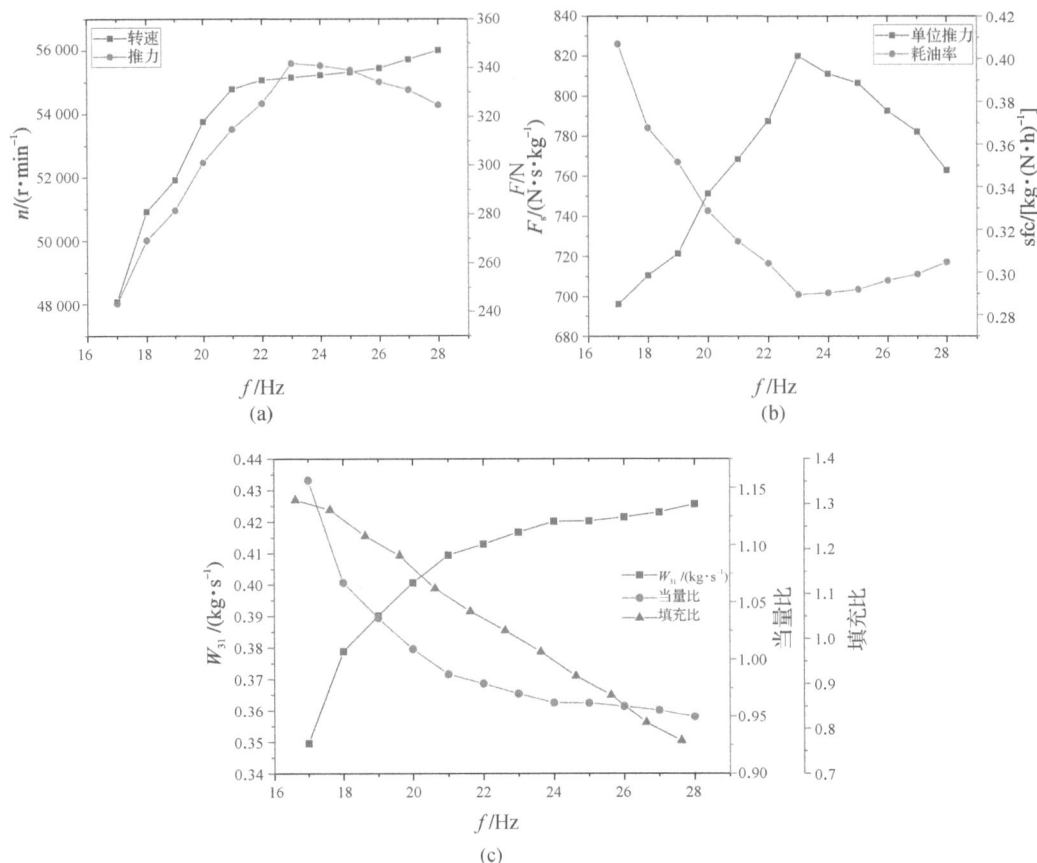

图 6-9　PDTE 在不同工作频率下的工作特性

(a)转速和推力；　(b)单位推力和耗油率；　(c)压气机流量、当量比和填充比

此外,大量研究结果已表明,利用 PDC 替代传统发动机燃烧室后的 PDTE 耗油率会更低,但书中所研究的 PDTE 耗油率较高,其主要原因包括：

(1)压气机设计点压比较低,仅为 2.06,相关研究表明,当压气机压比为 1.5～6 时,随着压气机压比升高耗油率降低；

(2)爆震室出口非定常燃气冲击涡轮时,由于燃气参数的变化剧烈,涡轮工作点会进入壅塞等非设计点,导致涡轮的效率降低；

(3)书中 PDTE 使用面积不可调收敛喷管,燃气不能完全膨胀,导致发动机推力变低,耗油率变大；

(4)使用的涡轮增压器设计点机械效率仅为 85%,且非设计点的机械效率更低,损失较大；

(5)爆震室前使用簧片阀隔离爆震室反传压力,使用的簧片阀会造成压力损失。

受上述因素影响,书中分析的 PDTE 耗油率较高,需要通过提高压气机压比、设计适合提取爆震燃气能量的涡轮等方法降低 PDTE 的耗油率。

6.4.2　基于非稳态模型的 PDTE 非设计点性能分析

1.节流特性

图 6-10 为发动机进口条件为标准大气条件,马赫数为 0 且爆震室填充比为 1 时通过 PDTE 动态模型获得的耗油率、推力、单位推力、压气机流量和 PDTE 工作频率随换算转速的变化趋势。进行性能分析时,采用最大状态控制规律为:当 PDTE 来流总温低于 316.4 K 时,控制换算转速为 1;当 PDTE 来流总温高于 316.4 K 时,控制涡轮前温度为 1 250 K。限制涡轮前温度为 1 250 K 是因为涡轮前最大设计温度为 1 250 K。

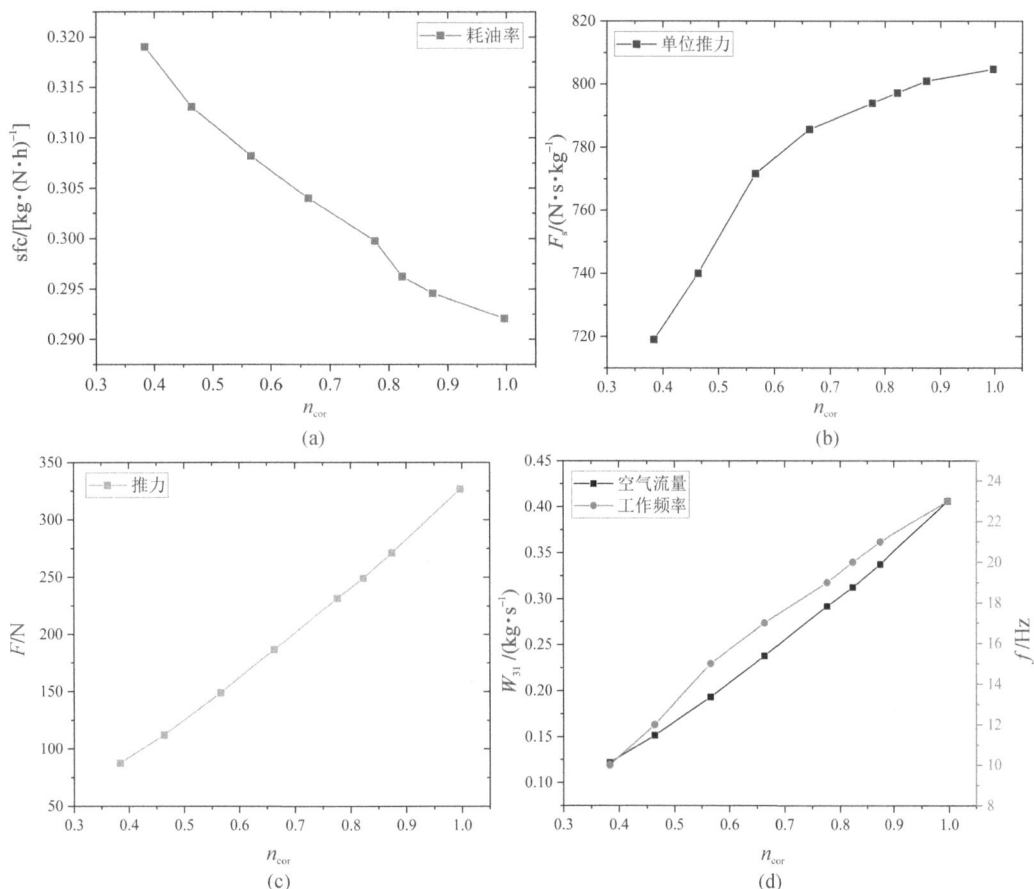

图 6-10　PDTE 节流特性

(a)耗油率随转速的变化;　(b)单位推力随转速的变化;

(c)推力随转速的变化;　(d)压气机流量和工作频率随转速的变化

注:转速进行了无量纲化处理。

从图 6-10 中可以看出,随着 PDTE 换算转速增加,单位推力变大,耗油率降低,并且由于发动机转速增加,PDTE 推力随着转速增加而变大。PDTE 耗油率降低主要是受到两方面因素影响:一方面是随着换算转速的增加,压气机压比增加($\pi_c = 1.1 \sim 2.06$),并且压气机工作点远离喘振边界,发动机部件效率更高,使得耗油率降低。另一方面随着换算转速升高,涡轮前爆震压力变大,温度升高,涡轮功增加,所以耗油率下降。此外,随着流量增加,爆震室内填充速度变大,因此爆震室的工作频率随着转速增加而升高。

2.PDTE 速度特性

PDTE 在不同马赫数下其耗油率、推力、空气流量和工作频率等参数随飞行高度的变化如图 6-11 所示。

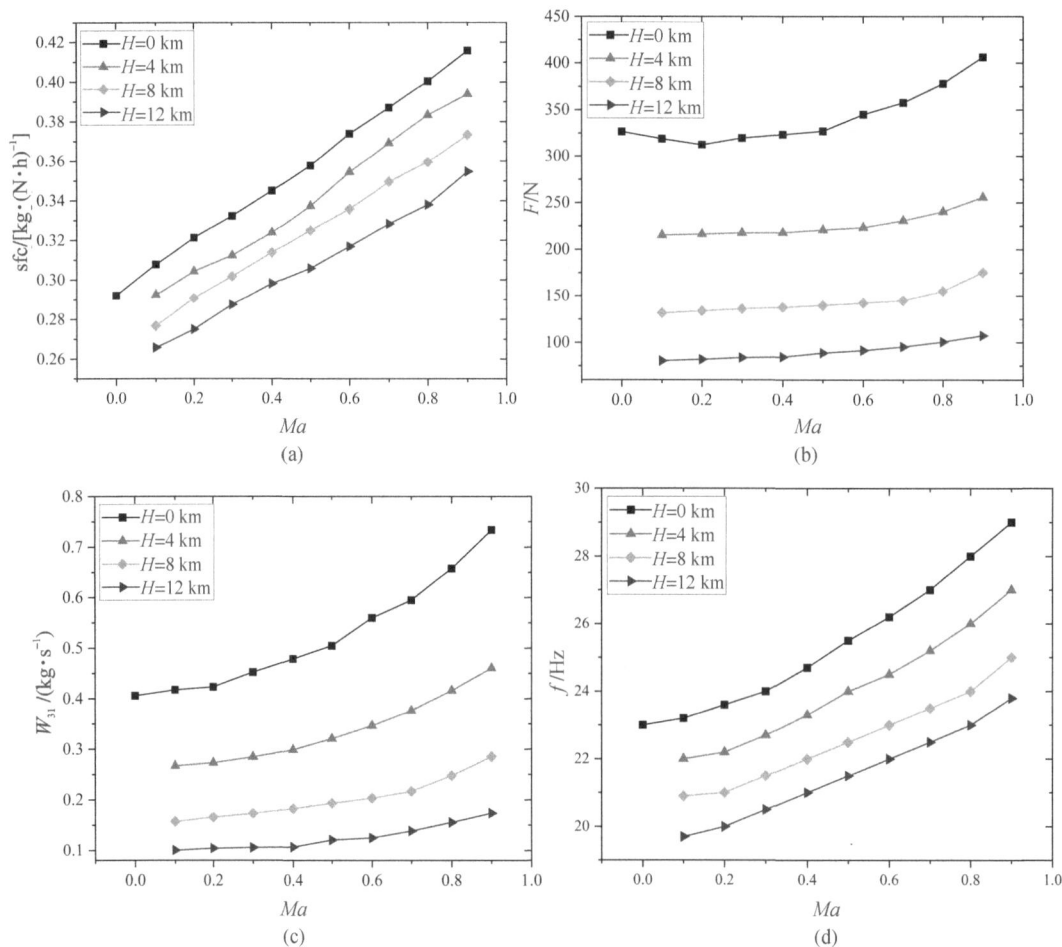

图 6-11 PDTE 速度特性
(a)耗油率随马赫数的变化; (b)推力随马赫数的变化;
(c)空气流量随马赫数的变化; (d)工作频率随马赫数的变化

根据图 6-11(a)可以发现,在同一飞行高度下随着马赫数的提高,PDTE 的耗油率增加。这是由于随着马赫数增加,来流速度变大,但是研究的 PDTE 采用几何不可调的收敛喷管,高温、高压爆震燃气经过涡轮后排出喷管只能膨胀到声速,因此单位推力会随着马赫数增加而减小,导致 PDTE 的耗油率增加。另外,空气流量和单位推力共同决定了 PDTE 推力,随着马赫数的增加,PDTE 单位推力减小,但来流流量急剧增大,所以推力变大。因此,当马赫数较低时,单位推力对推力的影响更大。随着马赫数增加,此时空气流量的增加较单位推力减小对推力的影响更大,因此会导致图 6-11(b)中飞行高度为 0 时推力先减小后增大的现象。如图 6-11(c)(d)所示,随着马赫数增加,PDTE 空气流量增加,爆震室工作频率升高。这是因为爆震室空气流量增加,爆震室内气流填充速度变大,为保持爆震室内填充比为 1,所以爆震室工作频率升高。

3.PDTE 高度特性

PDTE 在不同飞行高度下耗油率、推力、空气流量和工作频率等参数随马赫数的变化如图 6-12 所示。如图 6-12(a)所示,马赫数相同时,随着飞行高度增加发动机耗油率降低。这主要是由于飞行高度增加,发动机来流总温降低,从而发动机单位推力增加,所以发动机耗油率降低。但是由于飞行高度增加,来流总温和空气密度降低,进入发动机的空气流量降低,所以推力随之降低。此外,如图 6-12(c)(d)所示,随着飞行高度增加,发动机空气流量减少,爆震室内气流填充速度降低,所以 PDTE 工作频率降低。

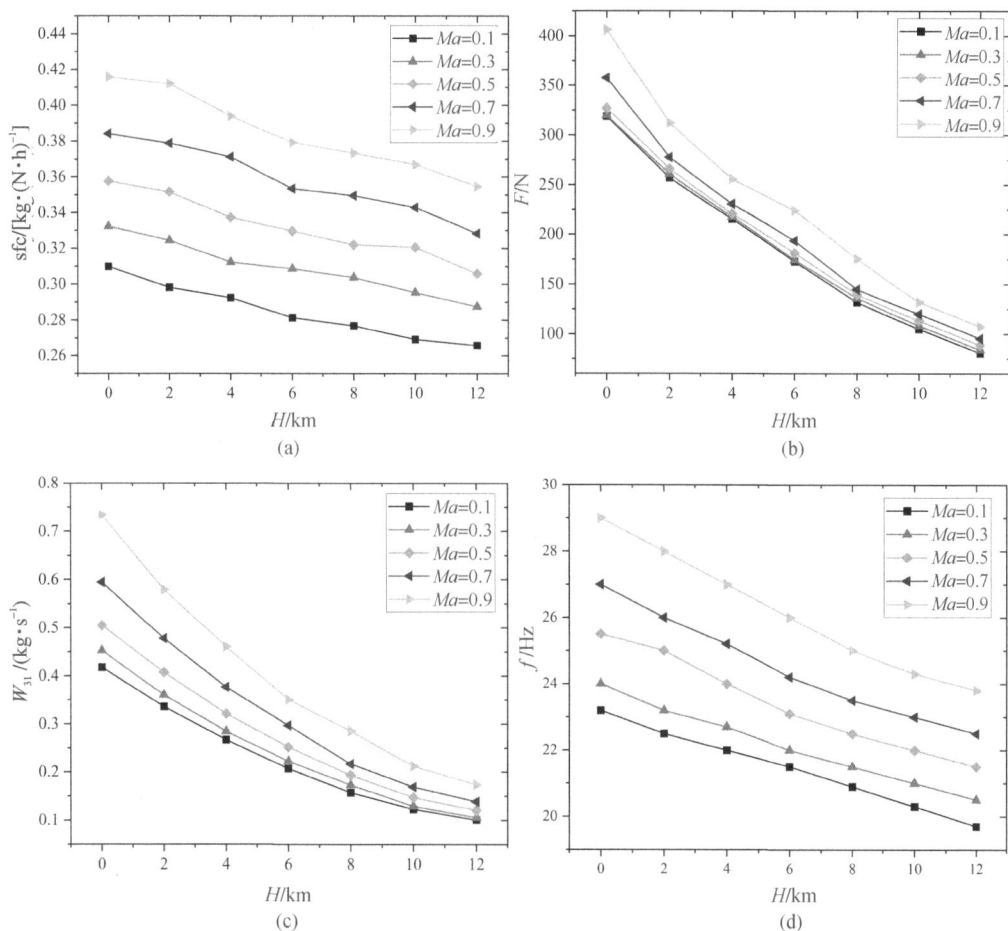

图 6-12　PDTE 速度特性
(a)耗油率随马赫数的变化;　(b)推力随马赫数的变化;
(c)空气流量随马赫数的变化;　(d)工作频率随马赫数的变化

6.4.3　PDTE 瞬态特性

为分析 PDTE 在燃油流量阶跃变化时的动态特性,对不同工况(见表 6-5)下 PDTE 的开环阶跃响应进行计算。图 6-13 为工作频率不变,燃油流量阶跃变化时 PDTE 的阶跃响应特性。图 6-13(a)中转速曲线表明,当燃油流量阶跃上升时,发动机转速以周期性脉动方式增加,平均转速从 20 188 r/min 上升至 21 077 r/min,转速爬升到准稳态需 5.2 s,且随着转速的上升,转子加速度降低。另外,由于受到 PDC 周期性工作的影响,PDTE 转速呈现周期性脉动。图 6-13 中压力曲线表明,随着转速的升高,压气机出口压力也呈现周期性脉动,表明压气机的压比也是周期性脉动的。此外,根据各工况下 PDTE 的开环阶跃响应时间可以发现,在 PDTE 转速为 20 188 r/min 时其响应时间为 5.2 s,但转速为 55 890 r/min 时 PDTE 的响应时间仅 1.5 s,高转速的时域响应速度约是低转速时的 3.5 倍,与传统航空发动机在最大状态下时域响应速度比慢车时快 3~5 倍类似。

表 6-5　燃油开环阶跃响应对应工况

f/Hz	燃油增量/(kg·s^{-1})	响应时间/s	初始转速 /(r·min^{-1})	转速终值/(r·min^{-1})
10	0.000 5	5.2	20 188.6	21 077.8
15	0.001	4.8	30 863.4	32 916.1
20	0.001	2.4	45 658.2	47 156.9
23	0.001	1.5	55 890.4	56 779.9

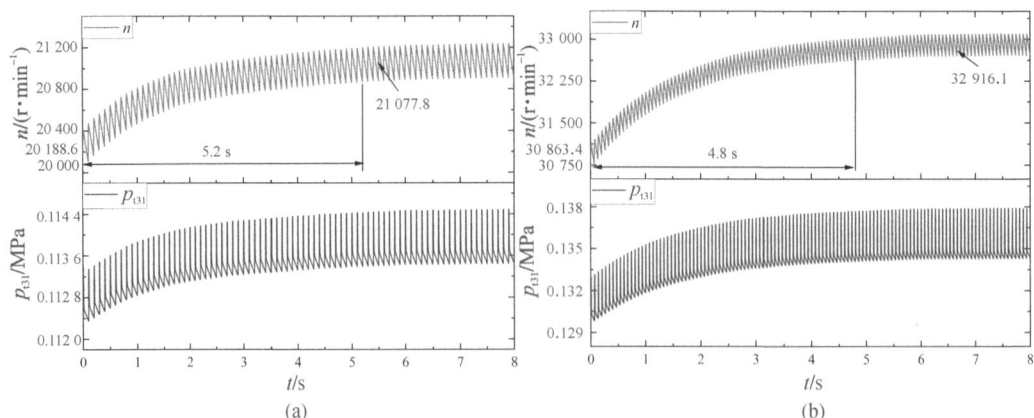

图 6-13　燃油流量阶跃变化时 PDTE 的动态特性

(a) 10 Hz 下燃油开环阶跃响应；　(b) 15 Hz 下燃油开环阶跃响应

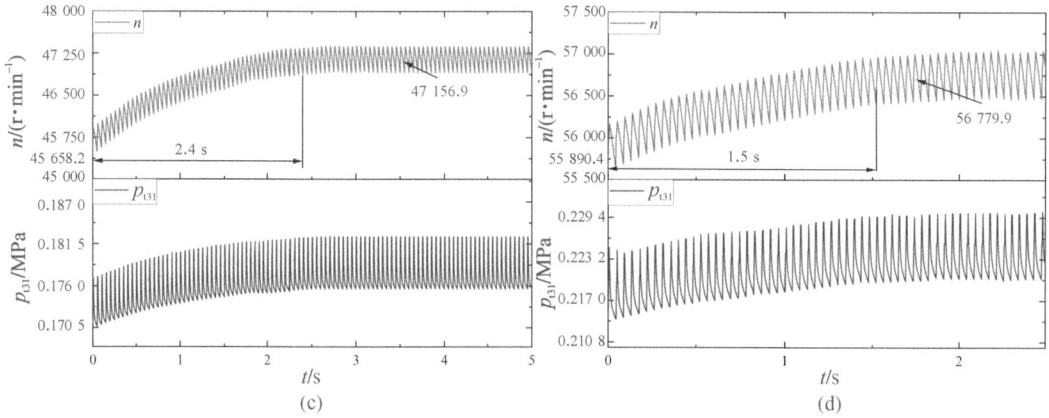

续图 6 - 13　燃油流量阶跃变化时 PDTE 的动态特性

（c）20 Hz 下燃油开环阶跃响应；　（d）23 Hz 下燃油开环阶跃响应

根据 PDTE 准稳态特性分析结果可知,在爆震室过填充状态下增加工作频率,其转速会明显增加。为获得 PDTE 在过填充状态下工作频率阶跃变化时的动态特性,笔者进行了不同工况下 PDTE 的开环阶跃响应仿真,各工况见表 6 - 6。图 6 - 14 为发动机燃油流量不变,工作频率阶跃变化时 PDTE 的响应特性。从图中可以看出 PDTE 的工作状态变化趋势和燃油流量阶跃时基本一致,并且在不同转速下工作频率变化时 PDTE 的时域响应速度与开环燃油阶跃响应速度一致。此外,压气机出口总压力、填充比和当量比变化原因与燃油流量变化时相同,主要是受到转速增加引起压气机流量增加的影响。

表 6 - 6　工作频率开环阶跃响应对应工况

初始频率/Hz	终值频率/Hz	初始填充比	响应时间/s	初始转速/(r · min⁻¹)	转速终值/(r · min⁻¹)
9	10	1.09	5.0	20 570.4	21 077.8
14	15	1.08	4.8	32 166.2	32 916.1
19	20	1.05	2.1	46 625.7	47 156.9
22	23	1.05	1.5	56 218.8	56 779.9

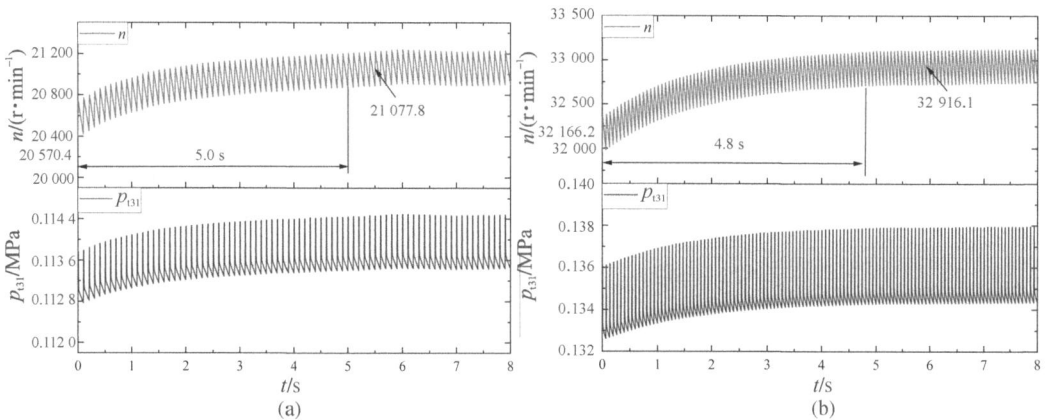

图 6 - 14　工作频率阶跃变化时 PDTE 的动态特性

（a）10 Hz 下频率开环阶跃响应；　（b）15 Hz 下频率开环阶跃响应

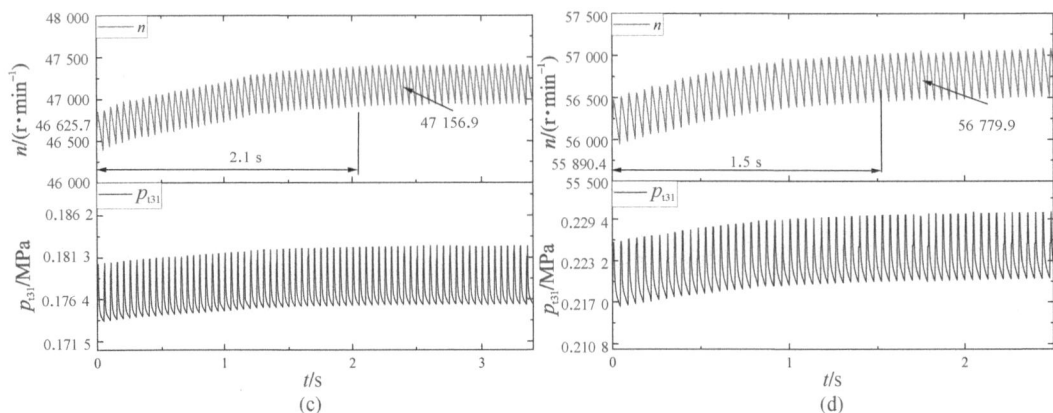

续图 6-14 工作频率阶跃变化时 PDTE 的动态特性

（c）20 Hz 下频率开环阶跃响应； （d）23 Hz 下频率开环阶跃响应

参 考 文 献

［1］ 王凌羿，郑龙席，赵玉龙. 脉冲爆震涡轮发动机共同工作特性［J］. 航空动力学报，2019，34（3）：548-555.

［2］ TAN W H，ZHENG L X，LU J，et al. Analysis of dynamic operating characteristics of a pulse detonation turbine engine［J］. Aerospace，2022，9（10）：550.

［3］ 谭汶昊. 脉冲爆震涡轮发动机动态特性分析及控制方法研究［D］. 西安：西北工业大学，2023.

第7章 脉冲爆震涡轮发动机闭环控制方法

7.1 引　言

作为飞机、导弹等飞行器的动力装置,航空发动机需要在宽广的飞行包线内工作。考虑到飞行器的安全和飞行要求,航空发动机控制系统必须保证发动机在飞行包线内稳定、可靠地运行,并且充分发挥发动机的性能效益。PDTE 作为一种新型航空动力装置,应用对象与传统航空发动机相同,所以控制系统设计目标也与传统航空发动机基本一致。但是与传统航空发动机相比,PDTE 受到爆震室间歇工作影响,其非线性更强且转速等参数在工作过程中是脉动的,还需要考虑 PDTE 工作频率对控制系统设计的影响。因此 PDTE 控制系统的设计方法与传统发动机存在一定差异。

目前,针对 PDTE 相关研究主要集中在性能分析、点火起爆和部件匹配等方面,缺乏PDTE 整机控制方法方面的研究。虽然 PDTE 工作特性和传统航空发动机存在差异,但是也是燃气涡轮发动机的一种,所以可以在传统航空发动机控制方法的基础上,结合 PDTE的工作特性提出 PDTE 的控制方法。

本章基于前文中的 PDTE 动态模型开展 PDTE 控制模型建模,然后结合传统发动机控制系统设计要求,明确 PDTE 转速控制系统性能要求,并设计 PDTE 控制系统总体方案,确定 PDTE 工作限制和 PDTE 工作频率开环控制规律,最后引入增益调度线性自抗扰控制(Linear Active Disturbance Rejection Control, LADRC)控制设计 PDTE 转速控制系统并开展控制系统性能仿真验证。

7.2 脉冲爆震涡轮发动机控制模型建模

7.2.1 PDTE 控制参数与被控参数选取

前文对 PDTE 工作特性进行了仿真分析,在此基础上,可选取 PDTE 的控制参数与被控参数,为 PDTE 控制方法研究奠定基础。其中 PDTE 被控参数的选取原则为:既能表征发动机工作状态,又能表征结构应力水平,且被控参数需可测量。本书中选取单轴面积不可调 PDTE 为被控对象,其控制参数与双管爆震室的控制参数相同,主要为燃油流量、供油占空比、点火频率和点火时序。其中燃油流量可以控制爆震室的工作参数以控制 PDTE 的工作状态,点火频率可以控制 PDTE 的工作频率,且 PDTE 工作在工作边界内时,调节点火频率即为调节工作频率。由于在爆震室模型中假设爆震室点火起爆时不供油,且点火时序可以提前给定,因此控制系统仿真时可以仅使用燃油流量和点火频率控制爆震室。通过 PDTE 工作特性分析可以发现,与传统发动机相同,PDTE 的平均转速也可以直接反映发动机的工作状态,因此选取 PDTE 平均转速作为被控参数。

7.2.2 PDTE 控制模型建模

PDTE 动态特性分析结果表明 PDTE 在低频工作和高频工作中其单位阶跃响应时间相差较大,这说明 PDTE 低转速和高转速下时间常数相差较大,具有较强的非线性。但是现代控制理论中的一些先进控制算法的设计大部分都基于线性系统理论,并且本书采用的线性自抗扰控制(LADRC)也是一种线性控制方法,因此,必须采用分段线性化的方法来建立 PDTE 的控制模型。

传统航空发动机在低转速下其时间常数可以达到高转速的 3～4 倍,并且其动态特性还受到飞行条件的影响。因此,传统发动机为获得全飞行包线内发动机全状态下各平衡点处的线性模型。一般发动机模型线性化时先将发动机全状态按转速进行分段,然后把飞行包线划分为多个网格,进而确定一系列稳态标称点并通过偏导数法或拟合法等线性化方法获得各稳态点处发动机的线性模型。一般发动机模型线性化可以采用上述非线性动态模型线性化方法或试验数据模型辨识方法获得,但是由于获取发动机试验数据成本较高,并且当试验数据不充分时难以保证建立的 PDTE 线性模型精度满足控制器设计需求,因此一般较少采用该方法。

参考传统发动机模型分段线性化方法,忽略爆震室周期性工作引起的转速等参数的脉动,利用各变量的平均值,采用偏导数法建立 PDTE 分段线性化模型。由于当前 PDTE 处于地面试车研究阶段,因此本书仅针对地面状态下 PDTE 在不同转速下的线性模型开展研究。根据第 5 章中的准稳态分析结果,保持燃油流量不变,调节点火频率使爆震室内填充比为 1,可使 PDTE 的单位推力最大,耗油率最低。因此,虽然 PDTE 有燃油流量、点火频率、供油占空比和点火时序 4 个控制参数,但是实际应用过程中点火频率、供油占空比和点火时序可以作为开环控制参数,有利于降低控制系统设计的复杂度,所以单轴喷管不可调 PDTE 可以简化为一个单输入/单输出系统。此外,一般单轴几何不可调涡喷发动机可以简化为一个一阶系统,但是由于建模时考虑了容积效应,因此本书将 PDTE 线性化为一个二阶系统,其非线性模型为

$$\left.\begin{array}{l}\dot{\boldsymbol{X}}=\varphi(\boldsymbol{X},\boldsymbol{U})\\ \boldsymbol{Y}=g(\boldsymbol{X},\boldsymbol{U})\end{array}\right\} \quad (7-1)$$

式中:$\boldsymbol{X}$ ——PDTE 状态向量,$\boldsymbol{X}=\begin{bmatrix}n\\\pi_c\end{bmatrix}$;

n、π_c ——发动机转速和压气机压比,$\pi_c=\dfrac{p_{t31}}{p_{t2}}$;

$U = W_f$——PDTE 的输入向量燃油流量；

Y——PDTE 的输出向量，也可以选取发动机压气机压比为发动机输出向量。

在所选取的稳态平衡点 (X_0, U_0) 处对式 (7-1) 使用泰勒级数展开，并忽略二阶及二阶以上高次项，可得

$$\left. \begin{aligned} \dot{X} = \varphi(X, U) &\approx \varphi(X_0, U_0) + \frac{\partial \varphi}{\partial X}\bigg|_{(X_0, U_0)} \Delta X + \frac{\partial \varphi}{\partial U}\big|_{(X_0, U_0)} \Delta U \\ Y = g(X, U) &\approx g(X_0, U_0) + \frac{\partial g}{\partial X}\bigg|_{(X_0, U_0)} \Delta X + \frac{\partial g}{\partial U}\big|_{(X_0, U_0)} \Delta U \end{aligned} \right\} \quad (7-2)$$

进而可得

$$\left. \begin{aligned} \Delta \dot{X} = \dot{X} - \dot{X}_0 &= \frac{\partial \varphi}{\partial X}\bigg|_{(X_0, U_0)} \Delta X + \frac{\partial \varphi}{\partial U}\big|_{(X_0, U_0)} \Delta U = A \Delta X + B \Delta U \\ \Delta Y = Y - Y_0 &= \frac{\partial g}{\partial X}\bigg|_{(X_0, U_0)} \Delta X + \frac{\partial g}{\partial U}\big|_{(X_0, U_0)} \Delta U = C \Delta X + D \Delta U \end{aligned} \right\} \quad (7-3)$$

式中：$\Delta X = X - X_0$，$\Delta U = U - U_0$，结合 PDTE 模型的输入、输出及状态变量可得

$$\left. \begin{aligned} A &= \begin{bmatrix} a_{11} & a_{12} \\ a_{21} & a_{22} \end{bmatrix} = \begin{bmatrix} \dfrac{\partial \dot{n}}{\partial n} & \dfrac{\partial \dot{n}}{\partial \pi_c} \\[2mm] \dfrac{\partial \dot{\pi}_c}{\partial n} & \dfrac{\partial \dot{\pi}_c}{\partial \pi_c} \end{bmatrix}_{(n_0, \pi_{c0})} \\[4mm] B &= \begin{bmatrix} b_1 \\ b_2 \end{bmatrix} = \begin{bmatrix} \dfrac{\partial \dot{n}}{\partial W_f} \\[2mm] \dfrac{\partial \dot{\pi}_c}{\partial W_f} \end{bmatrix}_{(n_0, \pi_{c0})} \\[4mm] C &= \begin{bmatrix} \dfrac{\partial n}{\partial n} & 0 \end{bmatrix}_{(n_0, \pi_{c0})} \\[2mm] D &= \begin{bmatrix} \dfrac{\partial n}{\partial W_f} & 0 \end{bmatrix}_{(n_0, \pi_{c0})} \end{aligned} \right\} \quad (7-4)$$

由于燃油流量、PDTE 物理转速和压气机压比的值相差较大，易导致通过偏导数法得到的矩阵是病态的，因此需对上述模型进行归一化处理。定义：

$$\left. \begin{aligned} n_{nm} &= \frac{n}{n_s} \\[2mm] \dot{n}_{nm} &= \frac{n_s}{n_s} \\[2mm] \pi_{cnm} &= \frac{\pi_c}{\pi_{cs}} \\[2mm] W_{fnm} &= \frac{W_f}{W_{fs}} \end{aligned} \right\} \quad (7-5)$$

式中：π_{cs}、W_{fs} 表示标准数据的缩写。

可得 PDTE 的线性状态空间模型为

$$\left.\begin{array}{l}\begin{bmatrix}\dot{n}_{nm}n_s\\\dot{\pi}_{cnm}\pi_{cs}\end{bmatrix}=\boldsymbol{A}\begin{bmatrix}n_{nm}n_s\\\pi_{cnm}\pi_{cs}\end{bmatrix}+\boldsymbol{B}\begin{bmatrix}W_{fnm}W_{fs}\\0\end{bmatrix}\\n_{nm}n_s=\boldsymbol{C}\begin{bmatrix}n_{nm}n_s\\\pi_{cnm}\pi_{cs}\end{bmatrix}+\boldsymbol{D}\begin{bmatrix}W_{fnm}W_{fs}\\0\end{bmatrix}\end{array}\right\}\qquad(7-6)$$

式(7-6)可写为

$$\left.\begin{array}{l}\begin{bmatrix}n_s&0\\0&\pi_{cs}\end{bmatrix}\begin{bmatrix}\dot{n}_{nm}\\\dot{\pi}_{cnm}\end{bmatrix}=\boldsymbol{A}\begin{bmatrix}n_s&0\\0&\pi_{cs}\end{bmatrix}\begin{bmatrix}n_{nm}\\\pi_{cnm}\end{bmatrix}+\boldsymbol{B}W_{fs}\begin{bmatrix}W_{fnm}\\0\end{bmatrix}\\n_sn_{nm}=\boldsymbol{C}\begin{bmatrix}n_s&0\\0&\pi_{cs}\end{bmatrix}\begin{bmatrix}n_{nm}\\\pi_{cnm}\end{bmatrix}+\boldsymbol{D}W_{fs}\begin{bmatrix}W_{fnm}\\0\end{bmatrix}\end{array}\right\}\qquad(7-7)$$

因此归一化状态空间模型为

$$\left.\begin{array}{l}\begin{bmatrix}\dot{n}_{nm}\\\dot{\pi}_{cnm}\end{bmatrix}=\boldsymbol{P}_x{}^{-1}\boldsymbol{A}\boldsymbol{P}_x\begin{bmatrix}n_{nm}\\\pi_{cnm}\end{bmatrix}+\boldsymbol{P}_x{}^{-1}\boldsymbol{B}\boldsymbol{P}_u\begin{bmatrix}W_{fnm}\\0\end{bmatrix}\\n_{nm}=\boldsymbol{P}_y{}^{-1}\boldsymbol{C}\boldsymbol{P}_x\begin{bmatrix}n_{nm}\\\pi_{cnm}\end{bmatrix}+\boldsymbol{P}_y{}^{-1}\boldsymbol{D}\boldsymbol{P}_u\begin{bmatrix}W_{fnm}\\0\end{bmatrix}\end{array}\right\}\qquad(7-8)$$

式中：

$$\left.\begin{array}{l}\boldsymbol{P}_x=\begin{bmatrix}n_s&0\\0&\pi_{cs}\end{bmatrix}\\\boldsymbol{P}_u=\boldsymbol{W}_{fs}\\\boldsymbol{P}_y=\boldsymbol{n}_s\end{array}\right\}\qquad(7-9)$$

因此归一化状态空间模型为

$$\left.\begin{array}{l}\begin{bmatrix}\dot{n}_{nm}\\\dot{\pi}_{cnm}\end{bmatrix}=\boldsymbol{A}_{nm}\begin{bmatrix}n_{nm}\\\pi_{cnm}\end{bmatrix}+\boldsymbol{B}_{nm}\begin{bmatrix}W_{fnm}\\0\end{bmatrix}\\n_{nm}=\boldsymbol{C}_{nm}\begin{bmatrix}n_{nm}\\\pi_{cnm}\end{bmatrix}+\boldsymbol{D}_{nm}\begin{bmatrix}W_{fnm}\\0\end{bmatrix}\end{array}\right\}\qquad(7-10)$$

式中：

$$\begin{array}{l}\boldsymbol{A}_{nm}=\boldsymbol{P}_x{}^{-1}\boldsymbol{A}\boldsymbol{P}_x\\\boldsymbol{B}_{nm}=\boldsymbol{P}_x{}^{-1}\boldsymbol{B}\boldsymbol{P}_u\\\boldsymbol{C}_{nm}=\boldsymbol{P}_y{}^{-1}\boldsymbol{C}\boldsymbol{P}_x\\\boldsymbol{D}_{nm}=\boldsymbol{P}_y{}^{-1}\boldsymbol{D}\boldsymbol{P}_u\end{array}$$

基于上述模型线性化方法，获取了 PDTE 的分段线性化模型，即 PDTE 的控制模型。由于在后续控制中采用燃油流量和转速作为控制参数和被控参数，为单变量控制，所以将状态空间模型转化为传递函数形式(见表 7-1)。

表 7-1　不同转速下 PDTE 的控制模型

转速/(r·min^{-1})	传递函数	误差/(%)
20 571.8	$\dfrac{0.751\,1s+0.241\,3}{s^2+1.121\,6s+0.247\,9}$	0.2
29 633.9	$\dfrac{0.895\,9s+0.968\,6}{s^2+2.194\,6s+0.960\,9}$	0.3
37 987.4	$\dfrac{0.999\,8s+1.005\,4}{s^2+1.990\,7s+0.901\,2}$	0.5
46 503.9	$\dfrac{0.934\,7s+1.294\,3}{s^2+2.846\,1s+1.845\,5}$	0.1
55 837.9	$\dfrac{0.738\,1s+1.118\,5}{s^2+3.266\,7s+2.311\,4}$	0.2

图 7-1 为选取的各工作点下控制模型和 PDTE 动态模型在燃油流量小阶跃变化中其转速响应的对比。根据图 7-1 中 PDTE 动态模型和控制模型的燃油阶跃响应对比,可以发现 PDTE 动态模型和控制模型的转速响应曲线在各工况点下基本一致,且两者之间转速的误差不超过 0.5%,可以用于后续 PDTE 控制系统设计。

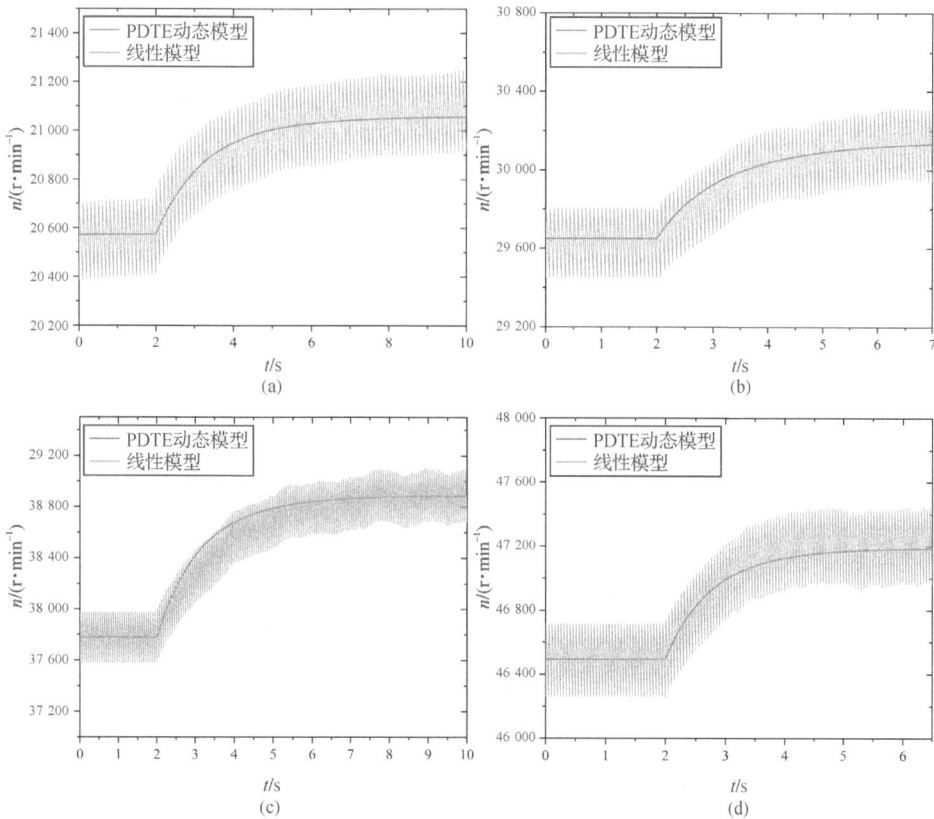

图 7-1　燃油流量变化时转速响应对比

(a)转速为 20 571.8 r/min;　(b)转速为 29 633.9 r/min;　(c)转速为 37 987.4 r/min;　(d)转速为 46 503.9 r/min

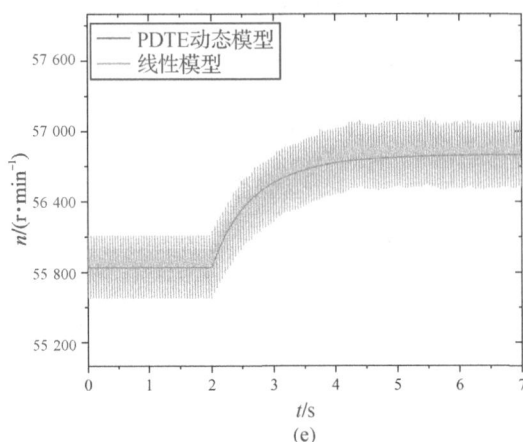

续图 7 - 1　燃油流量变化时转速响应对比

(e)转速为 55 837.9 r/min

7.3　脉冲爆震涡轮发动机控制系统设计

由于 PDC 的周期性工作和强脉动特性,PDTE 工作时其压力、温度、转速等参数均呈现周期性脉动。参考爆震室控制方法,进行 PDTE 控制系统设计时,可以通过燃油流量控制 PDTE 转速,并设计 PDTE 工作频率开环控制规律,以此调节不同工况下的爆震室工作频率,实现对 PDTE 转速的闭环控制。

7.3.1　PDTE 控制系统性能要求

传统航空发动机控制系统性能要求控制系统在保证较高的稳态控制精度前提下可以保证发动机过渡态平稳可靠,具备响应速度快、超调量小的能力。与传统发动机控制系统要求类似,PDTE 控制系统也应满足上述要求,传统发动机中一般要求超调量不大于 0.5%,转速控制稳态误差为 0.25%,在全工况范围内目标转速小阶跃变化时转速调节时间不大于 2 s。由于 PDTE 也是一种燃气涡轮发动机且将 PDTE 转速作为被控参数,所以超调量、稳态误差和调节时间可以参考传统发动机要求。因此,在本书中设计 PDTE 控制器时其性能要求应满足:

(1)平均转速控制稳态误差不大于 0.25%;

(2)超调量不大于 0.5%;

(3)调节时间<2 s。

7.3.2　PDTE 控制系统总体方案

当进行 PDTE 控制系统设计时可以参考传统发动机控制系统设计方法,降低 PDTE 控制系统设计复杂度。PDTE 控制系统应能保证发动机在不同飞行条件下获得最佳的推力特性和燃油经济性,并且可以控制发动机在最短时间内完成工作状态的过渡,同时还要保证发动机在任何工作状态下均可以控制发动机不进入超温、熄火、超转、喘振等异常工作状态。

线性自抗扰控制(Linear Active Disturbance Rejection Control,LADRC)是一种对被控对象模型精确度依赖度较低、抗干扰性能强的控制技术,具有参数调节简便、鲁棒性强的优点。爆震室控制方法研究从仿真和试验的角度验证了其控制性能,因此在 PDTE 控制方法研究中将采用 LADRC 设计控制器。但根据 PDTE 动态特性分析及 PDTE 模型分段线性化结果可以发现,PDTE 在不同工作状态下动态特性相差较大,具有较强的非线性。因此即便 LADRC 具有较强的鲁棒性,但是 PDTE 非线性较强时使用 LADRC 控制 PDTE 依然难以实现全工况范围内控制系统均满足指标要求的性能。

增益调度是一项针对非线性控制的技术,广泛应用于各种被控对象中,如航空发动机控制、飞行器控制等。其核心是基于非线性控制对象的线性化模型,设计一组结构相同的控制器,再将这一组控制器组合成一个控制器,其控制参数根据被控对象的工作状态来进行调整,以实现非线性被控对象的全工况控制。图 7-2 为传统发动机增益调度控制系统示意图,一般其调度参数包括发动机转速和可以反映发动机飞行状态的飞行高度、马赫数。另外,为保证调度参数引起的控制器参数变化频率不大于主控制回路带宽,一般会在调度变量和增益调度器之间加入低通滤波器。增益调度器只是一种将控制器参数表示为调度参数函数的查询表。

在传统发动机控制系统设计中由于采用等压燃烧室,其工作中转速脉动一般可以忽略,所以当控制系统设计时不需要考虑参数脉动对控制系统设计的影响。而 PDTE 转速脉动较传统发动机更大,若控制系统抗扰性能差,则可能会导致控制系统的不稳定,会直接影响到实际发动机工作时的安全性和稳定性,因此不能直接将发动机内的脉动参数作为控制系统的反馈参数。但相关研究表明,变滑动长度滑动平均滤波器(Variable Window Length Moving Average Filter,VWLMAF)对爆震室周期工作导致的参数脉动性具有良好的滤波能力,并且其相位滞后较小,可以有效增加控制器的稳定性。因此,在 PDTE 控制中使用 VWLMAF 滤除转速、压力、温度等参数的周期性脉动后,将其作为控制系统的反馈参数,使得 PDTE 控制系统的设计可以直接参考传统发动机控制器的设计,缩短 PDTE 控制系统的设计周期。

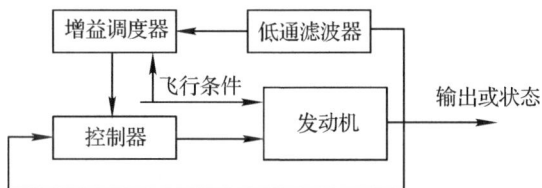

图 7-2　传统发动机增益调度控制示意图

为充分利用 LADRC 和增益调度控制的优点,在本书中参考传统航空发动机增益调度控制方法,开展基于 VWLMAF 的 PDTE 增益调度的 LADRC 控制系统设计。为此,参考传统航空发动机控制系统,结合爆震室控制系统设计了 PDTE 增益调度 LADRC 控制系统,该系统如图7-3所示。PDTE控制系统由PDTE、LADRC、增益调度器、限制保护控制器、供油占空比开环控制器、工作频率开环控制器、燃油流量控制器、VWLMAF、间歇供油系统和点火系统组成。

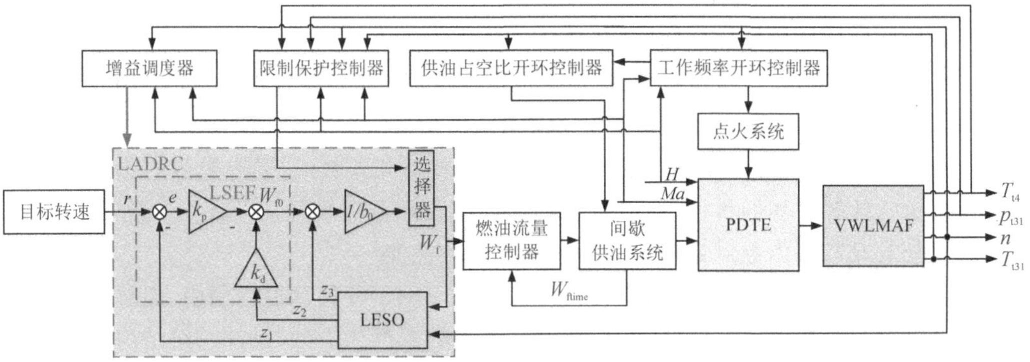

图 7-3 PDTE 增益调度 LADRC 控制系统示意图

注:LESO 为扩张观测器。

由于 PDTE 线性化为二阶被控对象,因此采用二阶 LADRC 作为控制器,并且使用 VWLMAF 滤除脉动后的 PDTE 转速作为被控参数。增益调度器中包含不同发动机工作状态下的控制参数,可通过插值方法获得 PDTE 不同工作状态下的 LADRC 控制器参数。LADRC 首先根据目标转速与 PDTE 平均转速之差计算得到目标燃油流量,然后为防止 PDTE 进入异常工作状态,限制保护控制器会根据当前 PDTE 工作状态给出燃油流量限制值,保证燃油流量不会超过安全工作限制导致 PDTE 工作过程中超过物理限制和气动稳定性限制。燃油流量控制器根据燃油流量指令控制供油系统的燃油流量。另外,工作频率开环控制器功能是在不同工况下通过开环控制的方式调节点火系统点火频率以控制 PDTE 的工作频率的,供油占空比开环控制器是在不同工况下通过开环控制的方式控制爆震室供油占空比的。

因此,在 PDTE 控制系统设计过程中,首先需确定 PDTE 的工作限制,其次进行工作频率开环控制规律的设计,最后设计 PDTE 增益调度 LADRC,并且 VWLMAF 截止频率高于 PDTE,所以设计控制器时可忽略 VWLMAF 动态特性对控制器设计的影响。

7.3.3 PDTE 工作限制

PDTE 控制系统既要能保证发动机工作性能和稳定性,也要保证发动机工作的安全性,为此需要在发动机工作中加入特定的限制。由于发动机的工作限制需要通过试验和数值计算等方法确定,过程较为复杂,加之当前针对 PDTE 并未进行该方面的研究,因此本书中的 PDTE 工作限制主要通过参考传统发动机工作限制的确定方法和涡轮增压器出厂给定限制参数来确定。本书中的 PDTE 工作限制主要包括以下内容。

1)转子换算转速及物理转速限制

转子换算转速过大时会引起压气机的不稳定工作以及压气机效率的下降,转速超过物理极限可能会造成涡轮盘破裂或叶片断裂等故障,严重影响飞行安全。根据原理样机试验器中涡轮增压器设计参数,给定最大物理转速和换算转速为

$$\left. \begin{aligned} n_{cor} &= 1.05 \\ n_{max} &= 57\ 750 \text{ r/min} \end{aligned} \right\} \tag{7-11}$$

2)压气机出口总温限制

由于当前发动机一般压比较高,在低空高速情况下易导致压气机出口总温较高,所以在传统发动机中会限制压气机出口总温。但是书中压气机设计点压比仅为 2.06,压气机出口温度较低,因此本书对压气机出口温度不做限制。

3)涡轮前总温限制

当 PDTE 富油时可能导致涡轮前总温过高,使涡轮叶片受到烧蚀作用。依据原理样机试验器中涡轮增压器最大涡轮前温度,本书中涡轮前最高温度为 1 250 K。此外,通过热电偶测试单管爆震室出口时均总温测试试验结果,在爆震室工作频率不高于 25 Hz 时,爆震室出口总温一般不高于 1 250 K。与传统燃烧室相比,爆震室出口时均温度明显更低,这是由于爆震室是周期性工作的,其高温、高压燃气主要集中在爆震波传出爆震室后的 5 ms 内。因此,较传统发动机而言,爆震室出口时均总温不高。

4)压气机喘振裕度限制

压气机喘振裕度为

$$\Delta SM = \left[\frac{\left(\dfrac{\pi_c}{W_{3,cor}} \right)_s}{\left(\dfrac{\pi_c}{W_{3,cor}} \right)_o} - 1 \right] \times 100\% \tag{7-12}$$

式中:ΔSM——压气机喘振裕度;

下标 s——表示压气机喘振边界;

下标 o——PDTE 运行过程中压气机上的工作点。

由于 PDTE 起爆时压气机工作点会短时间越过喘振边界,所以喘振裕度为爆震室填充过程中的值,参考传统发动机喘振裕度要求,本书中的喘振裕度限制为 5%。由于爆震室起爆时压气机工作点会越过喘振边界,所以喘振裕度限制仅针对爆震室填充过程。

5)爆震室贫油富油工作边界限制

与传统发动机相同,PDTE 在工作过程中也不能超过爆震室的贫油富油边界,一旦加减速过程中油气比超过其贫油富油边界,会导致爆震室点火失败甚至熄火,引起 PDTE 进入异常工作状态,因此需要获取双管爆震室油气比边界。考虑到本书研究主要为实现 PDTE 转速的准确控制,仅针对同时点火时序下 PDTE 转速控制开展研究。因此,在本节中仅获取了同时点火时序下爆震室的油气比边界,以此作为 PDTE 控制系统油气比边界。

在发动机运行过程中空气流量不是直接可测参数,但是根据压气机压比和发动机进口条件可以确定燃烧室的来流条件,因此一般传统发动机采用发动机飞行条件和压气机后总压间接确定对应飞行条件下的燃烧室油气比边界值。在爆震室控制系统设计中可使用爆震室进口的总温、总压或总温、流量来确定爆震室的油气比边界,但在 PDTE 控制系统中,不同飞行条件下 PDTE 的油气比边界确定方法应与传统发动机相同。图 7-4 为通过试验获

得的在不同 PDTE 工作状态对应的压气机出口来流条件下,爆震室油气比工作边界与爆震室进口空气压力、空气流量的关系曲线。可以发现,随着爆震室来流压力的增大,空气流量随之增大,油气比边界随之变小。一般在不同的飞行工况下 PDTE 工作状态的变化会直接导致爆震室的油气比边界变化,因此爆震室油气比边界与其进口总压、PDTE 进口总温、总压相关,即

$$\left.\begin{array}{l} \mathrm{far}_{\max} = h_1(p_{t0}, T_{t0}, p_{t31}) \\ \mathrm{far}_{\min} = h_2(p_{t0}, T_{t0}, p_{t31}) \end{array}\right\} \tag{7-13}$$

式中:$\mathrm{far}_{\max}$——PDTE 的油气比上边界,对应爆震室的富油工作点;

$\mathrm{far}_{\min}$——PDTE 的油气比下边界,对应爆震室的贫油边界;

h_1 和 h_2——PDTE 油气比上边界、下边界与 PDTE 进口总温、总压、爆震室进口总压之间的关系。

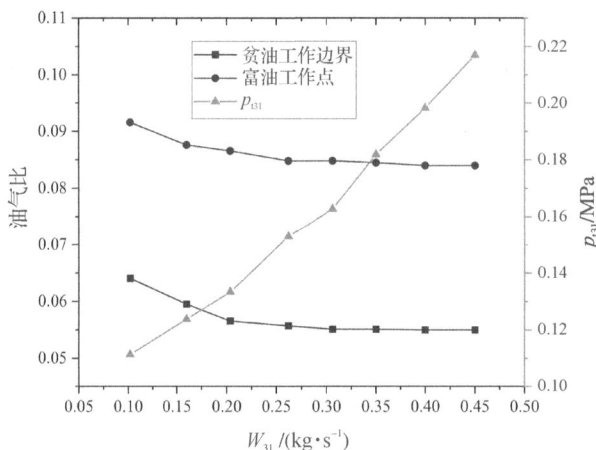

图 7-4 PDTE 用双管爆震室油气比边界

7.3.4 PDTE 工作频率开环控制规律设计

前面 PDTE 准稳态分析结果表明,当燃油流量不变时,随着点火频率增大,推力和单位推力先增加后降低,耗油率先减小后升高,并且单位推力最大、耗油率最低时爆震室填充比为 1。另外,单管爆震室工作特性试验研究表明,爆震室工作频率可以控制爆震室的填充比,工作频率过低导致过填充会浪费燃油,工作频率过高会导致欠填充引起爆震波解耦,因此在 PDTE 控制系统设计时依旧可以采用工作频率开环控制的方法,即控制爆震室填充比为 1。图 7-5 为地面工况下 PDTE 在不同换算转速下对应的爆震室空气流量和爆震室填充比为 1 时对应的工作频率。可见,PDTE 的换算转速越大,空气流量随之变大,爆震室内可燃混气填充速度升高,导致 PDTE 工作频率上升。因此,PDTE 的工作频率和 PDTE 的换算转速相关。PDTE 的高度特性和速度特性分析结果表明,PDTE 在不同来流条件下保证爆震室填充比为 1 的工作频率不同,因此 PDTE 的工作频率与其飞行条件相关。

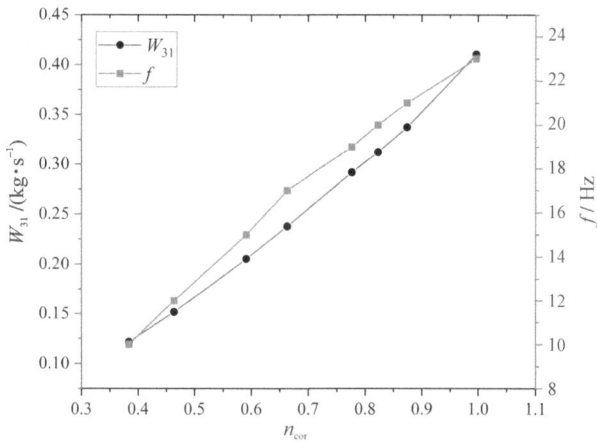

图 7-5　地面工况下 PDTE 工作频率、空气流量和爆震室进口压力关系

基于建立的 PDTE 动态模型，通过计算不同飞行条件下，PDTE 不同换算转速对应爆震室填充比为 1 时的工作频率，可以获得 PDTE 的工作频率开环控制规律。由于飞行高度和马赫数变化实际上是 PDTE 进口空气的总温和总压改变，所以 PDTE 工作频率的开环控制规律与 PDTE 进口总温、总压和换算转速相关，即

$$f = \varphi(p_{t0}, T_{t0}, n_{cor}) \tag{7-14}$$

式中：φ——PDTE 工作频率的开环控制规律。

7.3.5　PDTE 增益调度线性自抗扰控制器设计

设计 PDTE 控制器时采用二阶 LADRC，首先考虑系统的非线性、扰动和建模的不确定性等因素，将线性化模型改为时域表达：

$$\left.\begin{aligned}
\ddot{n} &= -\frac{a_1}{a_0}\dot{n} - \frac{a_2}{a_0}n + \frac{b_2}{a_0}\dot{W}_f + \frac{b_1}{a_0}W_f \\
&= -\frac{a_1}{a_0}\dot{n} - \frac{a_2}{a_0}n + \frac{b_2}{a_0}\dot{W}_f + \left(\frac{b_1}{a_0} - b_0\right)W_f + b_0 W_f \\
&= g + b_0 W_f \\
g &= -\frac{a_1}{a_0}\dot{n} - \frac{a_2}{a_0}n + \frac{b_2}{a_0}\dot{W}_f + \left(\frac{b_1}{a_0} - b_0\right)W_f
\end{aligned}\right\} \tag{7-15}$$

式中：g——系统总扰动；

b_0——估计的系统增益。

选取状态空间变量 $y = n, x_1 = n, x_2 = \dot{n}, x_3 = g$，则式（7-15）可以写为

$$\left.\begin{aligned}
\dot{x} &= \boldsymbol{A}x + \boldsymbol{B}W_f \\
y &= \boldsymbol{C}x
\end{aligned}\right\} \tag{7-16}$$

$$\boldsymbol{A} = \begin{bmatrix} 0 & 1 & 0 \\ 0 & 0 & 1 \\ 0 & 0 & 0 \end{bmatrix}$$

$$\boldsymbol{B} = \begin{bmatrix} 0 \\ b_0 \\ 0 \end{bmatrix}$$

$$\boldsymbol{C} = \begin{bmatrix} 1 & 0 & 0 \end{bmatrix}$$

对应设计的三阶线性扩张观测器（LESO）：

$$\begin{bmatrix} \dot{z}_1 \\ \dot{z}_2 \\ \dot{z}_3 \end{bmatrix} = \begin{bmatrix} -\beta_1 & 1 & 0 \\ -\beta_2 & 0 & 1 \\ -\beta_3 & 0 & 0 \end{bmatrix} \begin{bmatrix} z_1 \\ z_2 \\ z_3 \end{bmatrix} + \begin{bmatrix} 0 & \beta_1 \\ b_0 & \beta_2 \\ 0 & \beta_3 \end{bmatrix} \begin{bmatrix} W_f \\ n \end{bmatrix} \tag{7-17}$$

式中：z_1、z_2 和 z_3——用于跟踪 x_1、x_2 和 x_3；

β_1、β_2 和 β_3——观测器增益参数。

进行拉普拉斯变换后可得 LESO 传递函数为

$$\boldsymbol{Z}(s) = \frac{\begin{bmatrix} b_0 s & \beta_1 s^2 + \beta_2 s + \beta_3 \\ b_0 s^2 + b_0 \beta_1 s & \beta_2 s^2 + \beta_3 s \\ -b_0 \beta_3 & \beta_3 s^2 \end{bmatrix}}{s^3 + \beta_1 s^2 + \beta_2 s + \beta_3} \tag{7-18}$$

对于二阶 LADRC，可采用 PD 控制作为线性误差状态反馈控制律（LSEF），因此 LSEF 输出和系统控制输入分别为

$$\left. \begin{array}{l} W_{f0} = k_p(r - z_1) - k_d z_2 \\ W_f = \dfrac{W_{f0} - z_3}{b_0} = \dfrac{k_p(r - z_1) - k_d z_2 - z_3}{b_0} \end{array} \right\} \tag{7-19}$$

式中：k_p 和 k_d——LSEF 参数；

r——目标转速值。

在此基础上忽略观测器误差可以得到闭环系统传递函数：

$$G_{sys} = \frac{k_p}{s^2 + k_d s + k_p} \tag{7-20}$$

然后对式（7-18）式（7-20）的特征方程进行极点配置后可得

$$\left. \begin{array}{l} \beta_1 = 3\omega_o \\ \beta_2 = 3\omega_o^2 \\ \beta_3 = \omega_o^3 \\ k_p = \omega_c^2 \\ k_d = 2\omega_c \end{array} \right\} \tag{7-21}$$

式中：ω_o——观测器带宽；

ω_c——控制器带宽。

首先结合式(7-20)可得 LESO 观测器无误差情况下闭环系统给定开环阶跃输出为

$$Y(s) = \frac{\omega_c^2}{s\,(s+\omega_c)^2} = \frac{1}{s} - \frac{\omega_c}{(s+\omega_c)^2} - \frac{1}{s+\omega_c} \quad (7-22)$$

对应时域响应为

$$y(t) = n(t) = 1 - (1+\omega_c t)\,\mathrm{e}^{-\omega_c t} \quad (7-23)$$

根据系统调节时间要求：

$$|n(\infty) - n(t_s)| = \Delta \quad (7-24)$$

当 $\Delta = 0.02$ 时,可得

$$\omega_c = 5.86/t_s \quad (7-25)$$

确定控制器带宽后,结合带宽法可得观测器参数为

$$\omega_o = 4\omega_c \quad (7-26)$$

最后根据线性化模型参数即可确定参数 b_0,进而完成在各线性化工作点下 LADRC 控制器参数的整定。LADRC 是一种 PID(比例、积分和微分)控制的改进方法,理论上可以做到结合控制系统技术指标和参考部分模型参数即可完成控制器设计。但是在实际参数整定过程中,发现上述直接将观测器带宽 ω_o 和控制器带宽 ω_c 的整定简化为基于控制系统调节时间指标的固定参数的方法,针对非线性度不高的内控对象可以取得良好的效果,但由于 PDTE 非线性较强,该方法过多忽略了被控对象的工作特性,仅通过调节参数 b_0 的方法,控制器性能较为保守。因此本书基于上述方法初步确定观测器带宽 ω_o 和控制器带宽 ω_c 后,调节参数 b_0 时辅助微调 ω_c,以获得更加优异的控制器性能。因此,通过式(7-25)初步确定 ω_c 后,调节参数 b_0 时辅助微调 ω_c 在各个稳态点下获得了 LADRC 控制器参数,具体参数值见表 7-2。可见,在不同工作点下得到的控制器参数不同,因此需要采用增益调度控制系统设计的方法完成控制器参数的调度以满足 PDTE 控制系统的技术要求。

表 7-2　不同转速下 LADRC 控制器参数

转速/(r·min^{-1})	ω_c	ω_o	b_0
20 571.8	3.255 6	13.022 2	3.619 5
29 633.9	3.551 5	14.206 0	3.874 6
37 787.4	4.185 7	16.742 8	7.540 6
46 503.9	4.974 6	19.898 4	8.734 0
55 859.8	5.860 1	23.440 4	10.076 5

在航空发动机控制器设计过程中,无论是单回路控制还是串级控制,只要采用增益调度控制方法,那么两线性控制器之间切换均要求平滑切换,以减少控制器切换时燃油流量等控制参数发生突跃变化的影响,避免因此导致发动机不稳定工作影响飞行安全。

目前,PDTE 还处于工程应用研究阶段,首先需要针对其地面试车开展控制器的设计,并且全飞行包线内发动机控制系统的设计与地面状态下控制系统的设计过程类似,因此书中仅选取 PDTE 转速作为调度变量,未将飞行条件作为调度变量。另外,LADRC 的观测器带宽 ω_o 是与控制器带宽相关的参数,因此为简化控制器结构,在设计中将 ω_o 作为 ω_c 的随动参数,针对 b_0 和 ω_c 进行增益调度控制器设计。由于采用增益调度控制,发动机在工作过程

中随着飞行条件和油门杆角度变化,控制器参数会随着发动机工况变化进行切换,因此在控制器设计中必须考虑控制器参数切换逻辑,避免在切换过程中出现发动机控制参数的变动。目前一般采用线性插值法或者惯性延迟法实现子控制器的平滑切换,相对惯性延迟法,线性插值法应用更加广泛,因此本书采用线性插值法进行控制器设计。图 7-6 为增益调度插值获得不同工况下控制参数的示意图,图中 $i=1,2,3,4,5$ 分别对应 5 个转速下的线性化发动机工作点。如图 7-6 所示,当发动机转速位于两个工作点之间时,对应的 b_0 为

$$b_0[n(t)] = b_{0i} + \frac{n(t) - n_i}{n_{i+1} - n_i}(b_{0i+1} - b_{0i}) \qquad (7-27)$$

相似地,可以得到

$$\omega_c[n(t)] = \omega_{ci} + \frac{n(t) - n_i}{n_{i+1} - n_i}(\omega_{ci+1} - \omega_{ci}) \qquad (7-28)$$

$$\omega_o = 4\omega_c \qquad (7-29)$$

此时对应的 LESO 和 LADRC 控制器输出为

$$\begin{bmatrix} \dot{z}_1 \\ \dot{z}_2 \\ \dot{z}_3 \end{bmatrix} = \begin{bmatrix} -12\omega_c[n(t)] & 1 & 0 \\ -48\omega_c[n(t)]^2 & 0 & 1 \\ -64\omega_c[n(t)]^3 & 0 & 0 \end{bmatrix} \begin{bmatrix} z_1 \\ z_2 \\ z_3 \end{bmatrix} + \begin{bmatrix} 0 & 12\omega_c[n(t)] \\ b_0[n(t)] & 48\omega_c[n(t)]^2 \\ 0 & 64\omega_c[n(t)]^3 \end{bmatrix} \begin{bmatrix} W_f(t) \\ n(t) \end{bmatrix}$$

$$(7-30)$$

$$W_f(t) = \frac{\omega_c(t)^2(r - z_1) - 2\omega_c(t)z_2 - z_3}{b_0[n(t)]} \qquad (7-31)$$

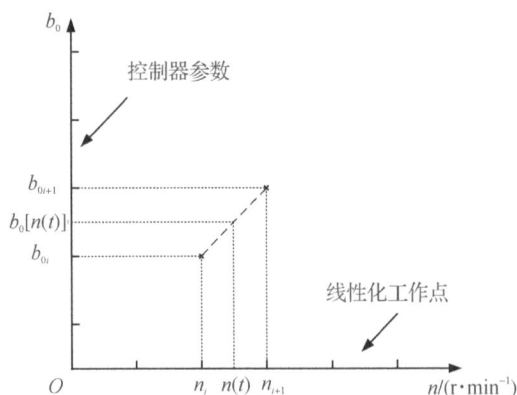

图 7-6 PDTE 增益调度控制示意图

7.4 PDTE 控制系统性能仿真分析

针对目前 PDTE 工程应用研究阶段对地面试车试验的需求,本控制系统设计主要针对地面状态进行。这里主要针对地面飞行条件下 PDTE 控制系统在不同发动机工作点的性

能开展仿真验证,其中 PDTE 采用同时点火时序。为了验证提出的 PDTE 增益调度 LADRC 控制器的有效性,在不同 PDTE 转速下开展闭环阶跃仿真,与普通 LADRC 控制器性能进行了对比分析,其中普通 LADRC 控制器参数分别为 $\omega_c = 4.185\,7, \omega_o = 16.742\,8, b_0 = 7.540\,6$。

表 7-3 为增益调度 LADRC 与 LADRC 控制器性能对比,仿真结果如图 7-7~图 7-11 所示。可见,增益调度 LADRC 和 LADRC 在不同转速下均可控制 PDTE 转速,且增益调度 LADRC 调节时间不超过 1.66 s,超调量不超过 0.29%,稳态误差不超过 0.19%,各控制技术指标均满足提出的发动机控制系统技术指标。相比于增益调度 LADRC,LADRC 调节时间不超过 2.04 s,超调量不超过 0.51%,稳态误差不超过 0.24%,各项指标均更大。

相比于增益调度 LADRC,LADRC 转速不高于 29 000 r/min 时其调节时间更短,但超调量更大,这是由于选取的 LADRC 参数在低转速下控制器带宽较大,控制作用较强。随着发动机转速的提高,由于 LADRC 控制器参数保持不变,与增益调度 LADRC 相比,其调节时间更长,超调量更大,可见使用增益调度 LADRC 在不同转速下均可获得比 LADRC 更优异的控制性能。特别地,虽然 LADRC 控制性能在部分转速下劣于增益调度 LADRC,但是 LADRC 可以控制不同转速下 PDTE 稳定工作,表明 LADRC 的鲁棒性较好。

表 7-3　增益调度 LADRC 与 LADRC 控制器对比

转速/ $(r \cdot min^{-1})$	增益调度 LADRC			LADRC		
	调节时间/s	超调量/(%)	稳态误差/(%)	调节时间/s	超调量/(%)	稳态误差/(%)
21 000	1.65	0.29	0.19	1.57	0.51	0.24
29 000	1.66	0.01	0.01	1.50	0.25	0.08
38 000	1.43	0.10	0.03	1.53	0.28	0.07
47 000	1.23	0.14	0.07	1.47	0.27	0.12
55 000	1.07	0.12	0.09	2.04	0.16	0.08

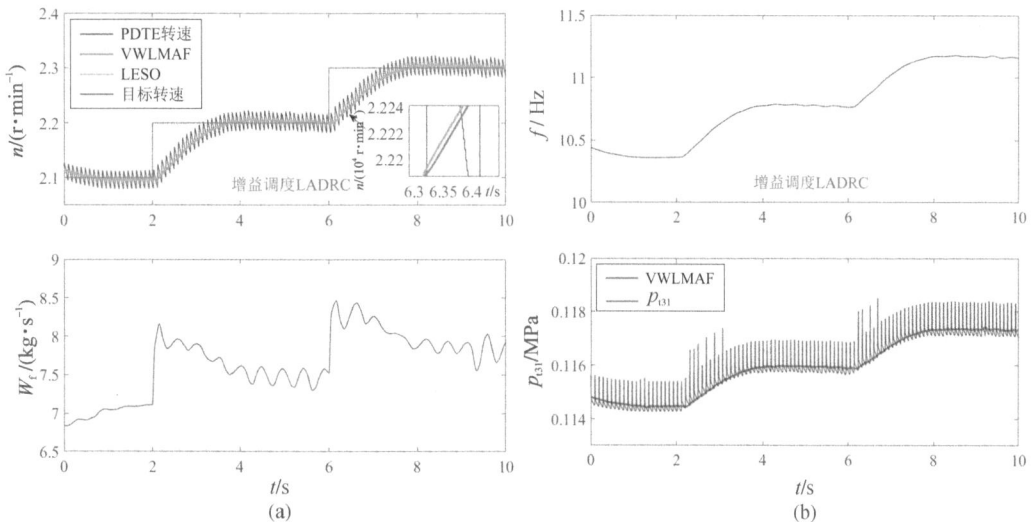

图 7-7　21 000 r/min 闭环小阶跃仿真结果

(a)转速和燃油流量仿真结果;　　(b)工作频率和转接段压力仿真结果

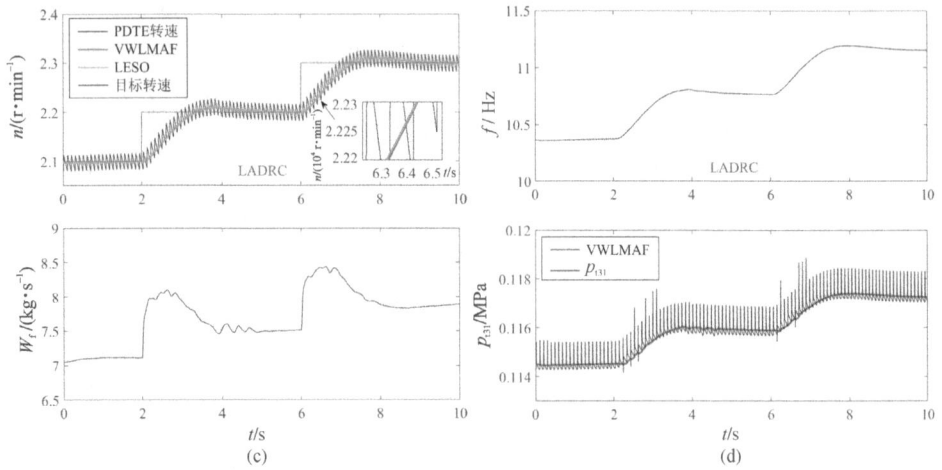

续图 7 - 7 21 000 r/min 闭环小阶跃仿真结果

(c)转速和燃油流量仿真结果；   (d) 工作频率和转接段压力仿真结果

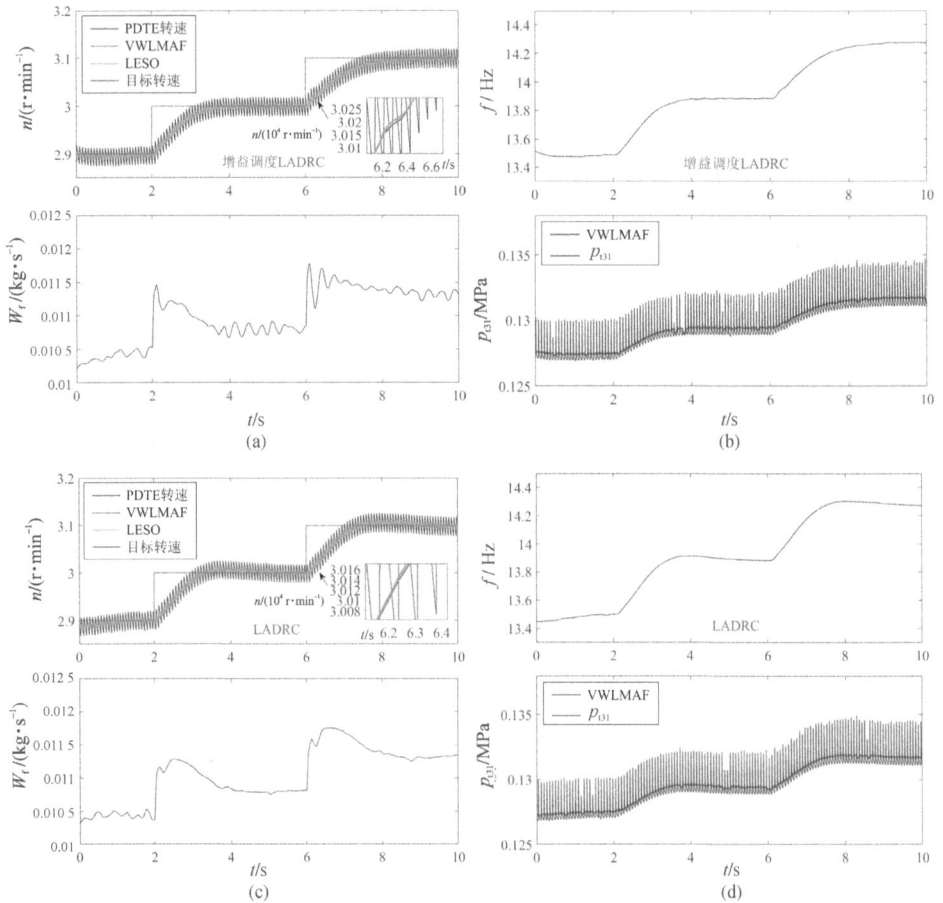

图 7 - 8 29 000 r/min 闭环小阶跃仿真结果

(a)转速和燃油流量仿真结果；   (b)工作频率和转接段压力仿真结果；

(c)转速和燃油流量仿真结果；   (d) 工作频率和转接段压力仿真结果

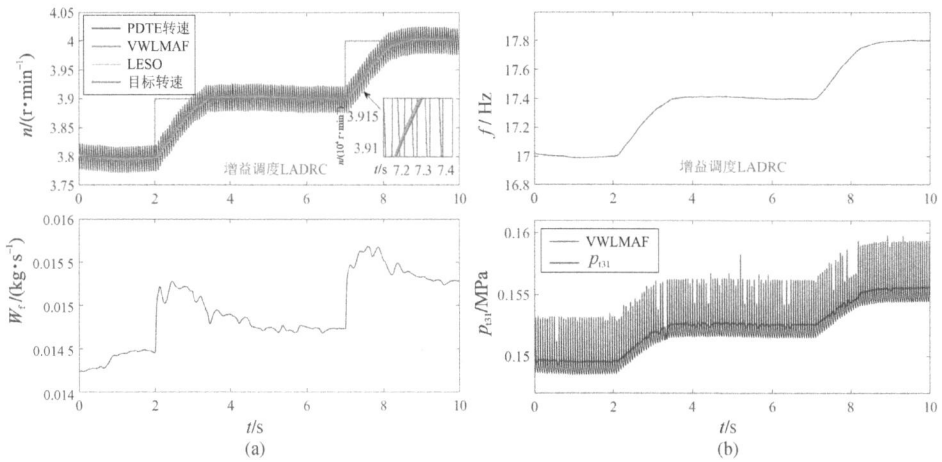

图 7 - 9　38 000 r/min 闭环小阶跃仿真结果

（a）转速和燃油流量仿真结果；　（b）工作频率和转接段压力仿真结果
（c）转速和燃油流量仿真结果；　（d）工作频率和转接段压力仿真结果

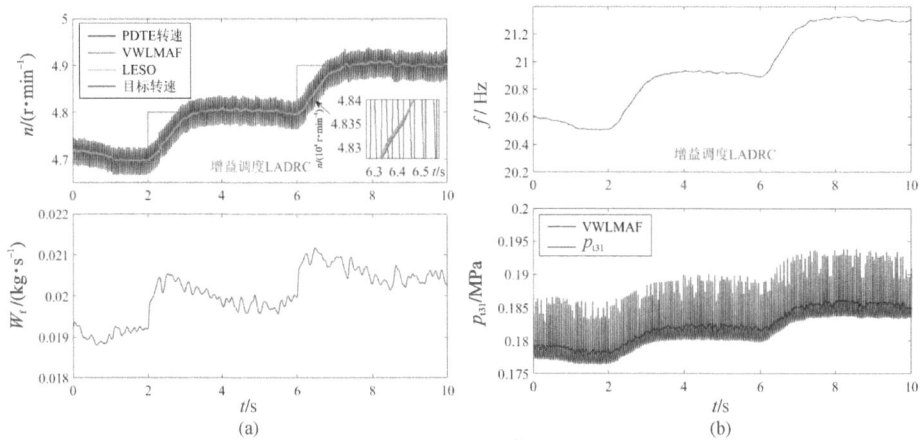

图 7 - 10　47 000 r/min 闭环小阶跃仿真结果

（a）转速和燃油流量仿真结果；　（b）工作频率和转接段压力仿真结果

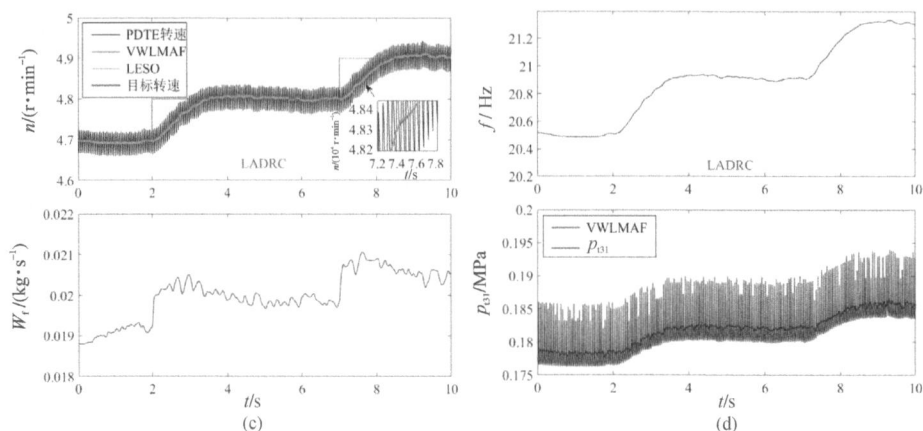

续图 7 - 10　47 000 r/min 闭环小阶跃仿真结果

(c)转速和燃油流量仿真结果；　(d) 工作频率和转接段压力仿真结果

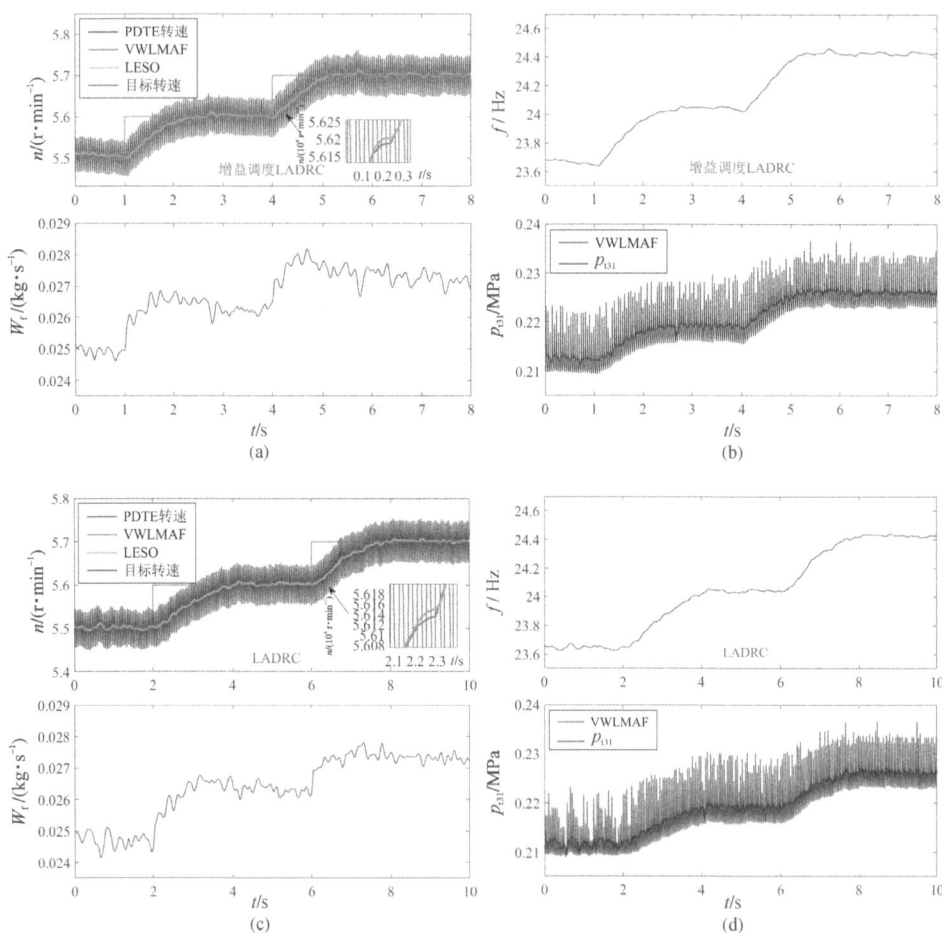

图 7 - 11　55 000 r/min 闭环小阶跃仿真结果

(a)转速和燃油流量仿真结果；　(b)工作频率和转接段压力仿真结果

(c)转速和燃油流量仿真结果；　(d) 工作频率和转接段压力仿真结果

　　另外,根据图 7-7～图 7-11 可以看出,由于 VWLMAF 滑动长度随着 PDTE 工作频率变化而变化,在不同转速下 VWLMAF 均可较好地跟踪转速和转接段压力均值,且可以有效滤除由于爆震室间歇工作引起的参数脉动,最大限度地减少 PDTE 周期性工作特性给控制器的影响。利用 VWLMAF 滤除转速脉动和压力信号中的脉动后作为 LADRC 控制器、限制保护控制器和 PDTE 工作频率开环控制器的输入参数,PDTE 的供油量和点火频率均无周期性脉动,表明采用 VWLMAF 后 PDTE 控制可以参考无周期性脉动被控对象的控制方法。

　　图 7-12 为 PDTE 转速从 25 000 r/min 加速到 55 000 r/min 的闭环仿真结果。如图所示,其调节时间为 5.32 s,超调量为 0.29%,稳态误差为 0.11%。可见在加速过程中转速上升比较平缓,这是由于书中未针对 PDTE 控制规律开展研究,在加速过程中采用简单的限制保护控制规律,在加速过程中增益调度 LADRC 计算得到燃油流量指令会大于限制保护控制器计算得到的燃油流量,导致加速过程主要为限制保护控制器控制 PDTE 加速。在转速接近目标转速后增益调度 LADRC 燃油流量指令不超过限制保护控制器的燃油流量,此时切换到增益调度 LADRC 继续控制 PDTE 转速达到目标转速。

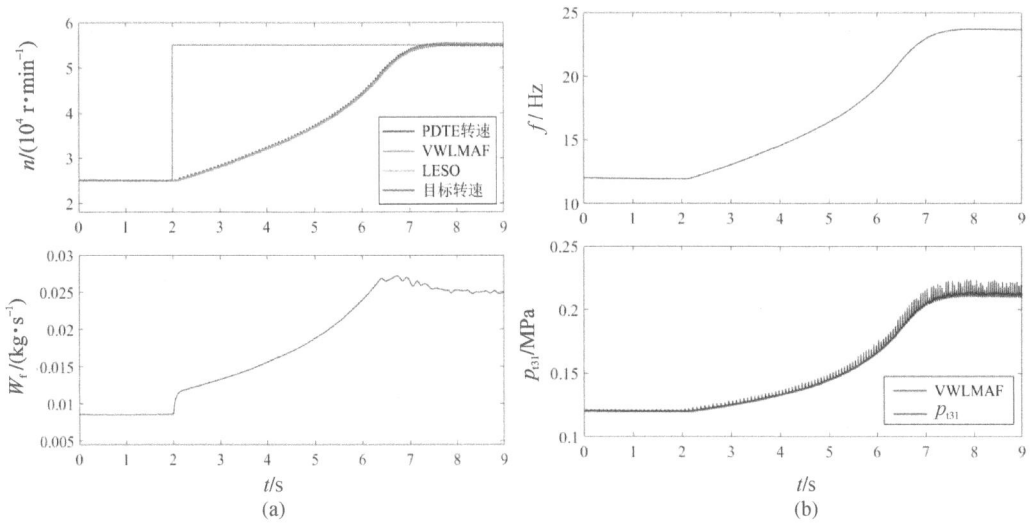

图 7-12　25 000 r/min 到 55 000 r/min 加速过程仿真结果
(a)转速和燃油流量仿真结果;　(b)工作频率和转接段压力仿真结果

参 考 文 献

谭汶昊. 脉冲爆震涡轮发动机动态特性分析及控制方法研究[D]. 西安:西北工业大学,2023.

第8章 其他脉冲爆震发动机总体
性能仿真技术

8.1 引 言

脉冲爆震发动机包括脉冲爆震涡轮发动机和脉冲爆震冲压发动机两种。而脉冲爆震涡轮发动机还可以与冲压发动机进行组合,形成脉冲爆震涡轮组合发动机。前面章节重点对脉冲爆震涡轮发动机的性能进行了介绍,本章主要介绍脉冲爆震冲压发动机、脉冲爆震涡轮组合发动机性能模型及性能计算结果。

8.2 脉冲爆震冲压发动机性能仿真技术

脉冲爆震冲压发动机(Ramjet Pulse Detonation Engine,R-PDE)是将冲压发动机原有的等压燃烧室替换成脉冲爆震燃烧室。脉冲爆震冲压发动机具有结构简单、比冲高,成本低等优点,可以将其视为吸气式脉冲爆震发动机最简单的应用形式,因此 R-PDE 是目前最易实现的脉冲爆震发动机类型。

8.2.1 脉冲爆震冲压发动机工作过程及模型假设

图 8-1 为脉冲爆震冲压发动机结构示意图,主要由混压式进气道、多管脉冲爆震燃烧室和尾喷管三大部件组成。来流空气经过进气道三道斜激波与一道正激波压缩后进入脉冲爆震燃烧室。在进气道和爆震室之间有一个机械阀结构,以隔离爆震室的高温燃烧产物,防止爆震室的压力前传至进气道,造成进气道不启动,同时机械阀还可控制来流空气对爆震室的填充过程。爆震燃烧之后的燃烧产物经喷管膨胀后排出喷管产生推力。

性能建模过程中,为简化分析,做出以下假设:

(1)假设气体为理想气体,在发动机中气流为一维定常流动,各截面气流参数均匀。

(2)忽略摩擦、传热等因素。

(3)爆震室内的氧化剂与燃料充分、均匀混合并完全燃烧。

(4)PDC 头部设置的进气阀,主要用于隔离反传并控制燃料和氧化剂的填充,并且假设进气阀按理想状态进行工作。

(5)进气道、喷管面积等均不可调节。

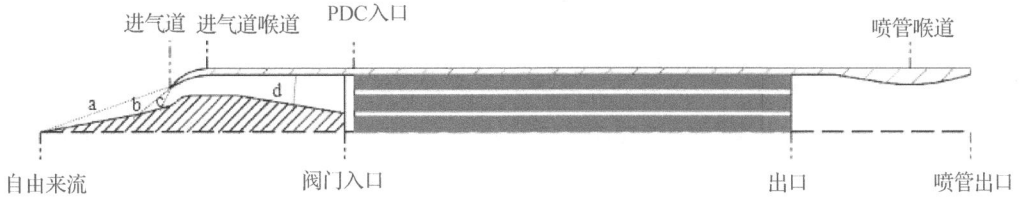

图 8 - 1　脉冲爆震冲压发动机性能分析模型

8.2.2　设计点性能仿真模型

脉冲爆震冲压发动机性能计算模型可参照传统冲压发动机性能分析方法以及前述章节的爆震室性能模型来建立,具体过程如下。

1.来流总/静参数计算

$$T_0 = F_5(H) + T_{\text{ref}} \qquad (8-1)$$
$$p_0 = F_4(H) \qquad (8-2)$$

式(8-1)和式(8-2)中,海平面标准大气静温 $T_{\text{ref}} = 288.15$ K,海平面标准大气静压 p_{ref} 为 1.0 atm 。函数 $F_4(H)$ 和 $F_5(H)$ 为 1962 年美国公布的标准大气表,T_{ref} 为实际大气温度与标准大气温度之差。根据飞行高度 H,确定大气静温 T_0 与静压 p_0,由静温、静压和马赫数可计算来流总压总温与当地声速:

$$p_{t0} = p_0 \left(1 + \frac{\gamma_0 - 1}{2} Ma_0^2\right)^{\frac{\gamma_0}{\gamma_0 - 1}} \qquad (8-3)$$

$$T_{t0} = T_0 \left(1 + \frac{\gamma_0 - 1}{2} Ma_0^2\right) \qquad (8-4)$$

$$c_0 = \sqrt{\gamma_0 R T_0} \qquad (8-5)$$

2.进气道模型

来流空气在混压式超声速进气道会经过 3 道斜激波以及一道正激波压缩过程。首先经过前体 3 道斜激波压缩,此时气流仍为超声速;之后由唇口进入进气道收缩段继续减速增压直到进气道喉部,喉道之后是扩压段,在扩压段内有一道正激波,经过正激波后气流由超声速变为亚声速;亚声速气流继续在扩压段减速增压直至燃烧室进口。因此,可以将进气道计算分为以下几个阶段计算。

1)远前方来流至进气道进口 1 截面

远前方来流至进气道入口气流参数的变化可以根据已知的进气道楔角结合斜激波关系式进行分析计算。进气道入口第一道斜激波前后马赫数的关系式:

$$Ma_a^2 = \frac{Ma_0^2 + \frac{2}{\gamma_0 - 1}}{\frac{2\gamma_0}{\gamma_0 - 1} Ma_0^2 \sin^2\beta - 1} + \frac{Ma_0^2 \cos^2\beta}{\frac{\gamma_0 - 1}{2} Ma_0^2 \sin^2\beta + 1} \qquad (8-6)$$

经过第一道斜激波的总压恢复系数：

$$\sigma_{xa} = \frac{\left[\dfrac{(\gamma_0+1)Ma_0^2\sin^2\beta}{2+(\gamma_0-1)Ma_0^2\sin^2\beta}\right]^{\frac{\gamma_0}{\gamma_0-1}}}{\left[\dfrac{2\gamma_0}{\gamma_0+1}Ma_0^2\sin^2\beta-\dfrac{\gamma_0-1}{\gamma_0+1}\right]^{\frac{1}{\gamma_0-1}}} \tag{8-7}$$

式中：β——激波角，可由激波前马赫数与进气道楔角计算得到；

下标 a——第 1 道斜激波后参数；

第 2、3 道斜激波波后参数计算与此类似。根据激波前后的总压恢复系数，可以计算得到进气道进口 1 截面处总压、总温分别为

$$p_{t1} = p_{t0} \times \sigma_{xa} \times \sigma_{xb} \times \sigma_{xc} \tag{8-8}$$

$$T_{t1} = T_{t0} \tag{8-9}$$

2）进气道进口 1 截面至喉道 2 截面

根据流量守恒可计算得到相关气流参数（当进气道处于亚临界状态时需考虑流量系数 φ_{in}）：

$$q(Ma_2) = \frac{A_1 q(Ma_1)}{A_2} \frac{p_{t1}}{p_{t2}}\varphi_{in} \tag{8-10}$$

3）喉道截面至进气道结尾正激波

正激波前后马赫数的关系：

$$Ma_{d,i}^2 = \frac{Ma_{d,i-1}^2 + \dfrac{2}{\gamma_0-1}}{\dfrac{2\gamma_0}{\gamma_0-1}Ma_{d,i-1}^2 - 1} \tag{8-11}$$

经过正激波的总压恢复系数：

$$\sigma_z = \frac{\left[\dfrac{(\gamma_0+1)Ma_{d,i-1}^2}{2+(\gamma_0-1)Ma_{d,i-1}^2}\right]^{\frac{\gamma_0}{\gamma_0-1}}}{\left(\dfrac{2\gamma_0}{\gamma_0+1}Ma_{d,i-1}^2-\dfrac{\gamma_0-1}{\gamma_0+1}\right)^{\frac{1}{\gamma_0-1}}} \tag{8-12}$$

式中：下标 d——正激波；

下标 $i-1$、i——激波前后参数。

正激波具体位置及波前马赫数 $Ma_{d,i-1}$ 将由发动机流量守恒迭代计算得到。

当不考虑黏性损失的时候，进气道总压恢复系数为

$$\sigma_I = \sigma_{xa} \times \sigma_{xb} \times K \times \sigma_z \tag{8-13}$$

综上所述，进气道出口总温总压可表示为

$$T_{t3} = T_{t0} \tag{8-14}$$

$$p_{t3} = \sigma_i \times p_{t0} \tag{8-15}$$

3.隔离段以及 PDC 模型

隔离段模型建模的主要任务是确定隔离段的流动损失。参考相关文献，可近似得到总压恢复系数与隔离段进口马赫数 Ma_3 的拟合关系表达式：

$$\sigma_{3-4}(Ma_3) = 0.97, \qquad\qquad Ma_3 < 0.1$$

$$\sigma_{3-4}(Ma_3) = -0.212\ln Ma_3 + 0.478\,7, \quad Ma_3 \geqslant 0.1 \tag{8-16}$$

根据隔离段出口的参数可以得到爆震燃烧室的入口填充压力、温度。然后基于爆震室设计参数(当量比、流量、爆震管长度 L_{tube}、爆震管直径 D_{tube} 等)和爆震室等效模型得到在一个周期内爆震室出口的等效压力、温度。具体流程在前章已有叙述,在此不赘述。

4.尾喷管模型

一般情况下冲压发动机喷管压力膨胀比(p_{t5}/p_0)大于临界膨胀比,采用收敛-扩张喷管可以使燃气更加充分地膨胀。在给定收敛-扩张喷管面积比之后,收敛-扩张喷管内会出现临界状态、亚临界状态、超临界状态三种流动状态;判断收敛-扩张喷管所处工作状态进而求得不同状态下喷管流动参数。其中定义推力系数 $C_{F,Nozzle}$ 来表征喷管性能。

$$C_{F,Nozzle} = \frac{F_{NZ,ac}}{F_{NZ,id}} \tag{8-17}$$

式中:$F_{NZ,ac}$——喷管实际推力;

　　$F_{NZ,id}$——喷管等熵膨胀后的理想推力。

5.发动机性能参数计算

发动机的单位推力 F_s 为

$$F_s = (1 + f_a)\left[c_7 + \frac{RT_e}{c_7}\left(1 - \frac{p_0}{p_e}\right)\right] - c_0 \tag{8-18}$$

燃料比冲 I_{sp} 为

$$I_{sp} = \frac{F_s q_{m0}}{q_{m5}g} = \frac{F_s}{f_a g} \tag{8-19}$$

耗油率 sfc 为

$$\text{sfc} = \frac{3\,600 f_a}{F_s} \tag{8-20}$$

式中:T_e——喷管出口静温;

　　p_e——喷管出口静压;

　　c_4——喷管出口速度;

　　c_0——飞行速度;

　　f_a——油气比;

q_{m0}、q_{m5}——空气质量流量、燃料质量流量;

　　g——当地重力加速度;

　　R——空气气体常数。

8.2.3　非设计点计算模型

当冲压发动机的进口条件或被控参数发生变化时,发动机的性能和有关参数将会发生改变,此时发动机在非设计点工作,非设计点的性能通常称为发动机特性。与设计点计算不同,当发动机在非设计点工作时,并不能知道每个部件的性能参数,例如,混压式超声速进气道的结尾正激波位置(激波强度)要取决于进气道和尾喷管的流量匹配。因此,要进行发动机非设计点性能计算第一步就是要找出发动机的工作点,从而确定发动机每个部件的性能参数,然后像设计点性能计算那样进行热力计算,就可以得到脉冲爆震冲压发动机特性。

脉冲爆震冲压发动机共同工作时,需要满足能量守恒、动量守恒、流量连续等条件,这些条件由共同工作方程体现出来。对于几何不可调的脉冲爆震冲压发动机,当控制规律选为余气系数 α = 常数时,选定如下的误差检验方程为发动机特性计算的控制方程:

$$\mathrm{ERR} = (p_{t5}' - p_{t5})/p_{t5}' \tag{8-21}$$

式中: p_{t5}' ——由爆震室模型算出的爆震室出口总压;

p_{t5} ——由喷管模型与爆震室出口流量算得的爆震室出口总压。

式(8-21)本质上为流量守恒方程,通过调整超声速进气道结尾正激波强度(相对位置或者波前马赫数)可以求解此方程。非设计点性能计算流程如图 8-2 所示。

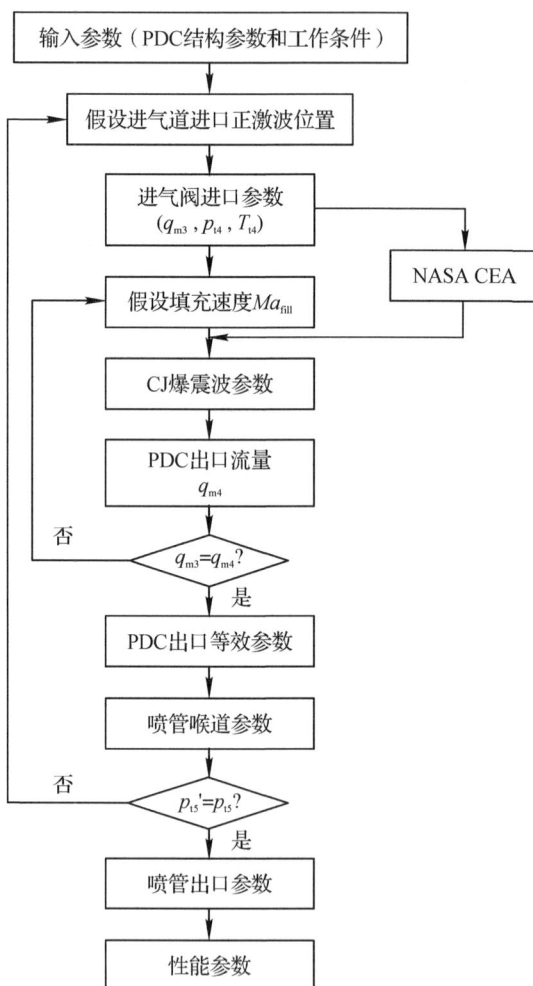

图 8-2 计算流程

8.2.4 脉冲爆震冲压发动机性能计算结果与分析

本小节参考某亚燃冲压发动机的飞行范围开展 R－PDE 性能的计算分析(马赫数为 2.5~4.0,飞行高度为 8~22 km)。R－PDE 设计点计算参数见表 8－1。Ma_{design} 为设计点马赫数,H_{design} 为设计点高度,$q_{mdesign}$ 为设计流量,超声速进气道采用三楔角四波系设计,$\delta_{1,2,3}$ 分别表示三级楔角角度,D_{tube} 为爆震管管径,N_{tube} 为爆震管管数,A_{CT1} 为进气道喉道截面积与爆震室横截面积之比,A_{CT} 为喷管喉道截面积与爆震室横截面积之比,$C_{F,Nozzle}$ 为喷管推力系数,燃料和氧化剂分别采用 JP－10 和空气。

表 8－1 R－PDE 计算参数

Ma_{design}	H_{design}	$q_{mdesign}$	δ_1	δ_2	δ_3	D_{tube}	N_{tube}	A_{CT1}	A_{CT}	Φ	$C_{F,Nozzle}$
3.5	11 km	25.6 kg/s	8.5°	9.8°	11.4°	150 mm	4.0	0.18	0.20	1.0	1.0

亚燃冲压发动机设计点马赫数、设计点高度、设计流量、设计点当量比与脉冲爆震冲压发动机计算参数一致且采用相同的控制规律进行对比计算,亚燃冲压发动机计算参考相关文献。下面先介绍不同因素,如进气阀总压恢复系数、喷管推力系数、当量比等对 R－PDE 性能的影响,然后对比分析 R－PDE 与同循环参数下传统亚燃冲压发动机在不同飞行高度和马赫数下的性能。

1.进气阀总压恢复系数及喷管推力系数对 R－PDE 性能的影响

图 8－3 给出了脉冲爆震冲压发动机单位推力与比冲随进气阀总压恢复系数及喷管推力系数的变化情况。从图 8－3(a)可以看出随着进气阀总压恢复系数提高,R－PDE 单位推力、比冲单调递增。这是因为随着进气阀总压恢复系数提高,PDC 填充压力提高,PDC 各阶段工作压力均增大,因此 PDC 出口等效总压增大,发动机性能随之提升。从图 8－3(b)看出,随着喷管推力系数提高,发动机性能同样提升。喷管推力系数实际上反映了实际喷管相对于理想流动喷管推力的损失程度,推力系数越大表示尾喷管流动带来的损失越小,能量转换效率越高,发动机性能越优异。因此对于 R－PDE 而言,提高进气阀总压恢复系数与喷管推力系数是提升发动机性能的关键方法。

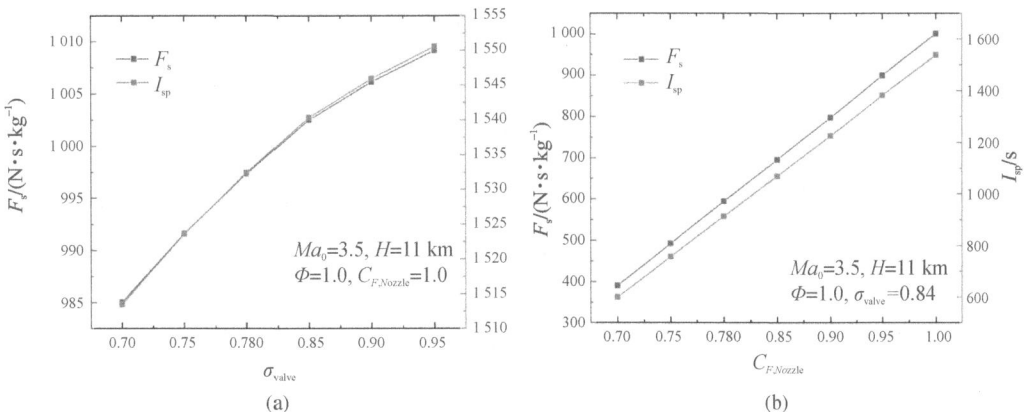

图 8－3 进气阀总压恢复系数与喷管推力系数对性能的影响

2.进气道喉道面积和尾喷管喉道面积对 R‐PDE 性能的影响

图 8‐4 给出了在不引起进气道溢流且与设计流量匹配的前提下,改变 A_{CT1} 和 A_{CT} 时,R‐PDE 单位推力和比冲性能的变化曲线。

从图 8‐4(a)可见,A_{CT1}(进气道喉道截面积与爆震室横截面积之比)的变化对发动机单位推进性能基本没有影响。由于本模型忽略了黏性力,简单认为从进气道唇口至进气道结尾正激波的流动是一维等熵的,所以基于能量守恒与流量守恒,发动机沿程压力和温度等流动参数不随 A_{CT1} 的改变而发生变化。A_{CT1} 的变化只影响进气道的捕获面积,进而影响进入发动机的流量以及发动机的总推力,但是对发动机单位性能如单位推力、比冲的性能基本没有影响。

由图 8‐4(b)可见,随着 A_{CT}(喷管喉道截面积与爆震室横截面积之比)增大,发动机单位推力与燃料比冲都减小,且变化趋势基本一致,这主要是因为喷管喉道截面积增大,发动机流通能力随之增大,进气道为了与喷管流量相匹配,结尾正激波后移以降低进气道出口总压,增大换算流量从而达到进气道-发动机匹配,因此进气道总压损失变大,发动机的单位性能变差。

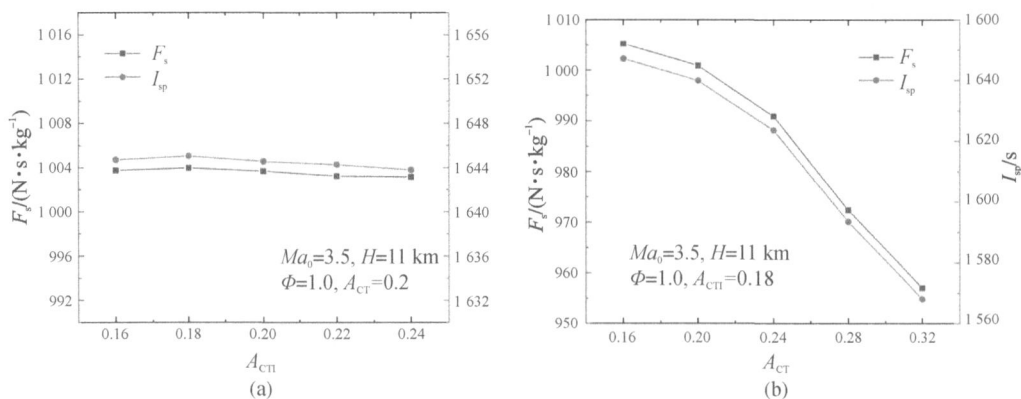

图 8‐4 A_{CT1} 与 A_{CT} 对 R‐PDE 性能的影响

3.当量比对 R‐PDE 性能的影响

图 8‐5 给出了不同当量比下 R‐PDE 的单位推力和比冲性能的变化。由图 8‐5 可见,当量比从 0.8 增加到 1.3 时,单位推力先增加,在当量比 1.1 附近增加速度变缓,从当量比 1.2 开始随当量比增加单位推力开始减小。这主要是因为当量比小于 1.0 时,随着当量比增加,燃烧产物的总压与总温相应越高,进而可以产生更大的单位推力;但随着当量比进一步增大,爆震室内达到富油状态,在给定燃料种类的情况下,爆震波后压力和温度在当量比 1.2 左右达到最大值,之后当量比继续增大,爆震室出口压力与温度反而降低,所以单位推力也随之减小。燃料比冲随当量比的增大一直减小,是因为当量比增大,相较之与单位推力的增大,燃油流量的增加影响更加明显,所以燃料比冲始终减小。

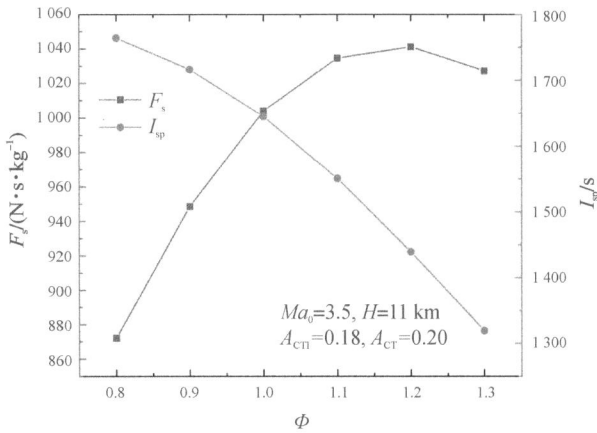

图 8 - 5　当量比对 R - PDE 性能的影响

4.R - PDE 速度、高度特性以及与 Ramjet 的对比

图 8 - 6 给出了不同飞行高度下,R - PDE 和传统亚燃冲压发动机单位推力、比冲性能随马赫数的变化曲线。

从图中可以看出,不同高度下 R - PDE 单位推力随马赫数的变化趋势相同。当马赫数较小时,随马赫数增加,PDC 入口总压升高,相应的 PDC 出口的等效总压也增大,所以单位推力增大。但当马赫数超过一定值时,进气道结尾正激波强度增强,进气道总压损失增大,并成为影响推进性能的主要因素,所以单位推力随马赫数的提高反而减小。

从高度特性来看,从 8~11 km 发动机单位推力随高度升高而增大。这是因为由于飞行高度增加,大气温度降低,PDC 加热比提高,循环热效率得到改善,因而发动机的单位推力增加。从 11~22 km 发动机单位推力随高度升高而减小,这是因为 11 km 以后大气温度几乎保持不变,而大气压力降低成为影响发动机推力的主要因素,PDC 进口压力随飞行高度升高而减小,进而 PDC 出口等效压力下降,单位推力减小。由于性能分析采用的控制规律为控制余气系数为定值,所以燃料比冲变化规律与单位推力变化规律相同。

另外,R - PDE 设计点单位推力与燃料比冲为 1 003 N・s/kg 与 1 643 s,比亚燃冲压发动机 928 N・s/kg 与 1 521 s 高出 8.01%,证明脉冲爆震冲压发动机具有潜在的推进性能优势。

从不同高度和速度下的发动机特性来看,在马赫数为 2.5~4.0,高度为 8~22 km 范围内,脉冲爆震冲压发动机推进性能整体优于亚燃冲压发动机,但随着马赫数增加其性能优势逐渐减小,这是因为随马赫数增加,爆震室入口温度与压力升高,爆震波前导激波马赫数减小,C - J 状态点的压比降低,爆震室增压比降低,因此性能优势相对减小。当马赫数为 2.7,高度为 11 km 时,R - PDE 单位推力与燃料比冲优势最为明显,比传统亚燃冲压发动机高 18%。

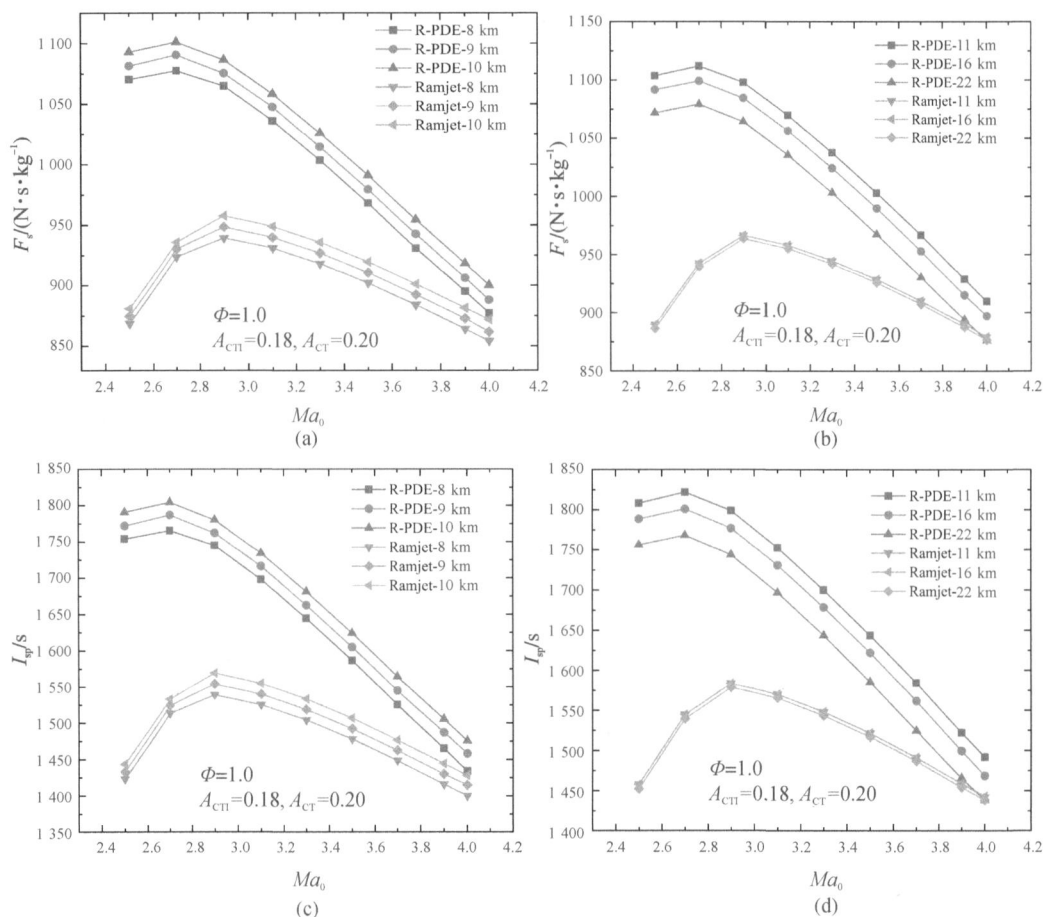

图 8-6　R-PDE 速度、高度特性以及与 Ramjet 的对比

8.3　脉冲爆震涡轮组合发动机总体性能仿真分析技术

脉冲爆震涡轮组合发动机是一种利用脉冲爆震涡轮发动机和双模态超燃冲压发动机进行组合，以实现飞行器从地面零速起飞到高超声速飞行这一目标的组合发动机。它本质上属于涡轮组合发动机（Turbine Based Combined Cycle，TBCC）组合动力的一种。目前国内外常见的 TBCC 组合动力方案包括涡轮/亚燃冲压/双模态超燃冲压组合发动机、涡轮/引射冲压/双模态超燃冲压组合发动机两种。本节内容针对这三种组合动力方案，开展组合发动机性能对比分析，探究脉冲爆震涡轮组合发动机方案的可行性。

8.3.1　组合发动机概念方案

1.脉冲爆震涡轮发动机＋双模态超燃冲压发动机组合动力方案(PDTE/DMSJ)

该方案采用脉冲爆震涡喷发动机作为低速流道,与作为高速流道的双模态超燃冲压发动机并联,其总体方案如图 8-7 所示。该方案中脉冲爆震涡轮发动机工作马赫数为 0～4.0,双模态超燃冲压发动机的工作马赫数为 4.0～6.0。

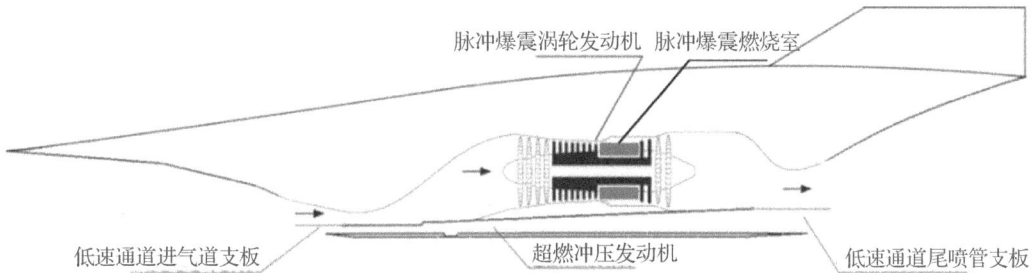

图 8-7　脉冲爆震涡轮发动机＋双模态超燃冲压发动机组合动力方案

2.涡轮发动机＋亚燃冲压/双模态超燃冲压发动机组合动力方案(TE/GJ/DMSJ)

该方案采用传统涡轮发动机与亚燃冲压发动机串联,作为低速流道,再与作为高速流道的双模态超燃冲压发动机并联,如图 8-8 所示。该方案中涡轮发动机工作马赫数为 0～2.3,亚燃冲压发动机工作马赫数为 2.0～4.0,双模态超燃冲压发动机的工作马赫数为 4.0～6.0。涡轮发动机采用小涵道比涡扇发动机,其与亚燃冲压发动机在马赫数为 2.0～2.3 进行模态转换。

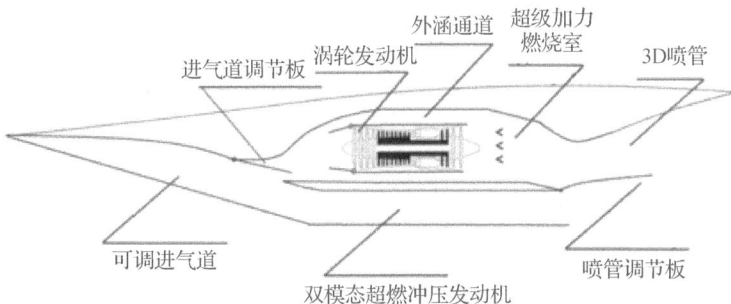

图 8-8　涡轮发动机＋亚燃冲压/双模态超燃冲压发动机组合动力方案

3.涡轮＋引射冲压＋双模态超燃冲压发动机组合动力方案(TE/ERJ/DMSJ)

该方案采用涡轮发动机＋引射冲压发动机＋双模态超燃冲压发动机三者并联,如图 8-9所示。该方案中涡轮发动机工作马赫数为 0～2.3;引射冲压发动机工作马赫数为 0.8～

4.0,其中:当马赫数为 0.8~2.0 时,引射冲压发动机工作在引射模态;而当马赫数为 2.0~4.0 时,引射冲压发动机工作在冲压模态;双模态超燃冲压发动机工作马赫数为 4.0~6.0。

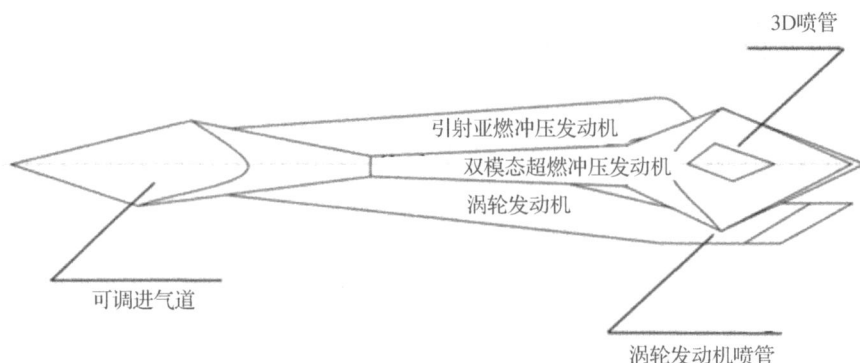

图 8-9　涡轮/引射冲压/双模态超燃冲压组合动力方案

表 8-2 给出了上述三种组合动力方案在不同工作马赫数范围内的发动机状态。方案 1 通过爆震燃烧将涡轮发动机的工作马赫数上限提高到 4.0,方案 2 和方案 3 中的涡轮发动机均基于现阶段涡轮发动机水平,其工作马赫数范围为 0~2.3。

表 8-2　多种组合动力工作状态及工作马赫数

序号	组合动力方案	工作马赫数	工作发动机
1	脉冲爆震涡轮/双模态 超燃冲压组合动力	0~4.0	脉冲爆震涡轮发动机
		4.0~6	双模态超燃冲压发动机
2	涡轮/亚燃冲压/双模态 超燃冲压组合动力	0~2.3	涡轮发动机
		2.0~4.0	亚燃冲压发动机
		4.0~6.0	双模态超燃冲压发动机
3	涡轮/引射冲压/双模态 超燃冲压组合动力	0~2.3	涡轮发动机
		0.8~2.0	引射冲压发动机引射模态
		2.0~4.0	引射冲压发动机冲压模态
		4.0~6.0	双模态超燃冲压发动机

发动机热力部件设计参数不同,计算得到发动机性能也会不同。因此,针对上述 3 种组合动力方案,尽可能在相同的设计参数下进行各个方案性能的对比。PDTE 依靠爆震燃烧的自增压特性,可减少压气机级数,因此,PDTE 与传统涡轮发动机热力循环参数略有差异,本节计算中仅保持 PDTE 与传统涡轮发动机涡轮前温度和部件效率相同。此外,多种组合动力方案之间的对比还基于以下条件:

　(1)马赫数为 0~6.0,高度为 0~30 km;

　(2)在不同的马赫数和飞行高度下,冲压发动机和双模态超燃冲压发动机保持当量比相同;

　(3)发动机模态转换转换前后保持推力相等;

　(4)3 种组合动力方案均采用相同的燃料。

基于上述条件得到各种组合动力方案的高度速度特性,进而评估计算出高超声速飞行器采用不同组合动力方案下的飞行性能。涡轮发动机设计点热力循环参数见表 8-3。在非设计点计算中,各个组合动力方案采用相同的部件特性,此外,涡轮发动机采用组合控制规律,亚燃冲压发动机和双模态超燃冲压发动机则采用最大当量比的控制规律。

表 8-3　发动机设计点热力循环参数

发动机热力循环参数	数值	
涡轮发动机	传统涡轮	爆震涡轮
风扇增压比	3.25	
高压压气机增压比	9.63	3.5
涡轮前燃气总温/K	1 800	1 800
加力燃烧室总温/K	2 050	
风扇效率	0.83	
高压压气机效率	0.86	0.86
传统燃烧室总压恢复系数	0.96	
脉冲爆震燃烧室增压比		3.31
高压涡轮效率	0.902	0.902
低压涡轮效率	0.87	
加力燃烧室总压恢复系数	0.95	
亚燃冲压发动机当量比	0.95	
双模态超燃冲压发动机当量比	0.90	

8.3.2　涡轮/亚燃冲压/双模态超燃冲压组合动力方案性能分析

图 8-10 给出了涡轮/亚燃冲压/双模态超燃冲压组合动力发动机的推力随飞行高度和速度的变化,其不同高度和速度下的推力通过除以基准推力进行了无量纲化处理。可以看到,涡轮发动机在最大状态下,其推力随着马赫数的增加而增加。当 Ma 接近 2.0 时,推力的变化趋于平缓;当 $Ma=2.2$ 时,发动机推力曲线达到最大;当 $Ma=2.3$ 时,推力略微下降。

若涡轮发动机工作在中间状态下,其推力在 $Ma=1.5$ 达到最大,随着马赫数继续增加,而推力开始下降;亚燃冲压发动机在 $Ma=2.3\sim4.0$ 范围内的推力随着马赫数的增加而增加。双模态超燃冲压发动机的推力随着马赫数的增加而增加。发动机推力在相同马赫数下沿飞行高度的增加而下降,这主要是由于飞行高度增加,空气密度减小而使得发动机空气流量减小。

图 8-11 给出了该组合发动机比冲随飞行高速和速度的变化,涡轮发动机在中间状态下的比冲范围在 $2\,000\sim4\,000$ s 之间,而最大状态下,其比冲范围在 $1\,400\sim1\,800$ s 之间;冲压发动机的比冲范围在 $1\,100\sim1\,400$ s 之间;双模态超燃冲压发动机的比冲范围在 $700\sim1\,000$ s 之间。

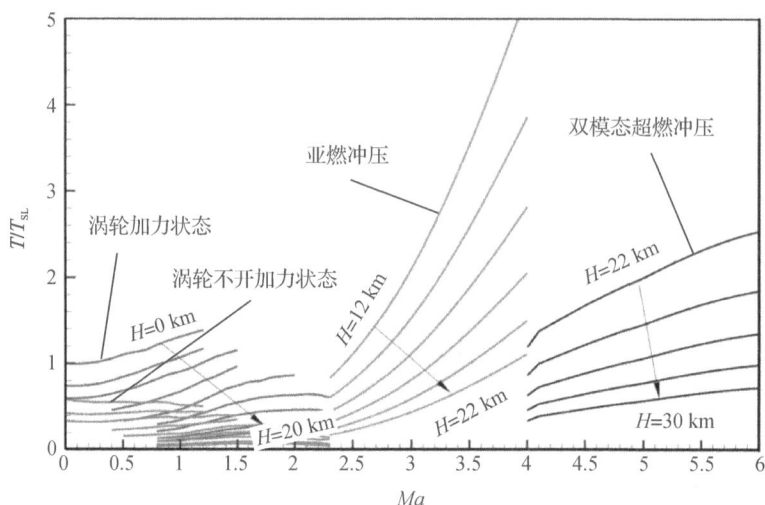

图 8-10 涡轮/亚燃冲压/双模态超燃冲压组合动力推力特性

注:T/T_{SL} 代表标准数据的缩写,无量纲。

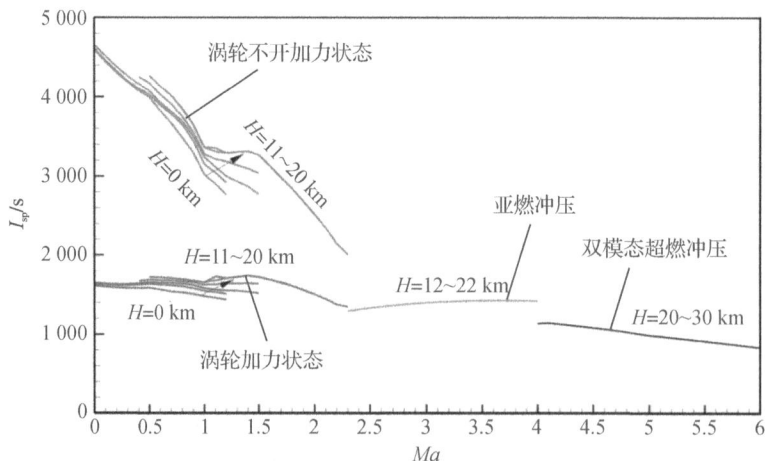

图 8-11 涡轮/亚燃冲压/双模态超燃冲压组合动力比冲特性

8.3.3　涡轮/引射冲压/双模态超燃冲压组合动力方案性能分析

图 8 - 12 给出了涡轮/引射冲压/双模态超燃冲压组合动力的推力随飞行高度和速度的变化关系,其中涡轮发动机的推力变化趋势与前文一致。图 8 - 12 中,引射冲压发动机在 $Ma=0.8\sim2.3$ 范围内,工作在引射模态下,其推力随着马赫数的增加而增加,在 $Ma=2.3\sim4$ 范围内,引射冲压发动机的火箭关闭,此时引射冲压发动机工作在冲压模态下,其推力特性与前文中的亚燃冲压发动机的变化相一致。在 $Ma=4\sim6.0$ 范围内,双模态超燃冲压发动机的推力也依然随马赫数增加而增加。

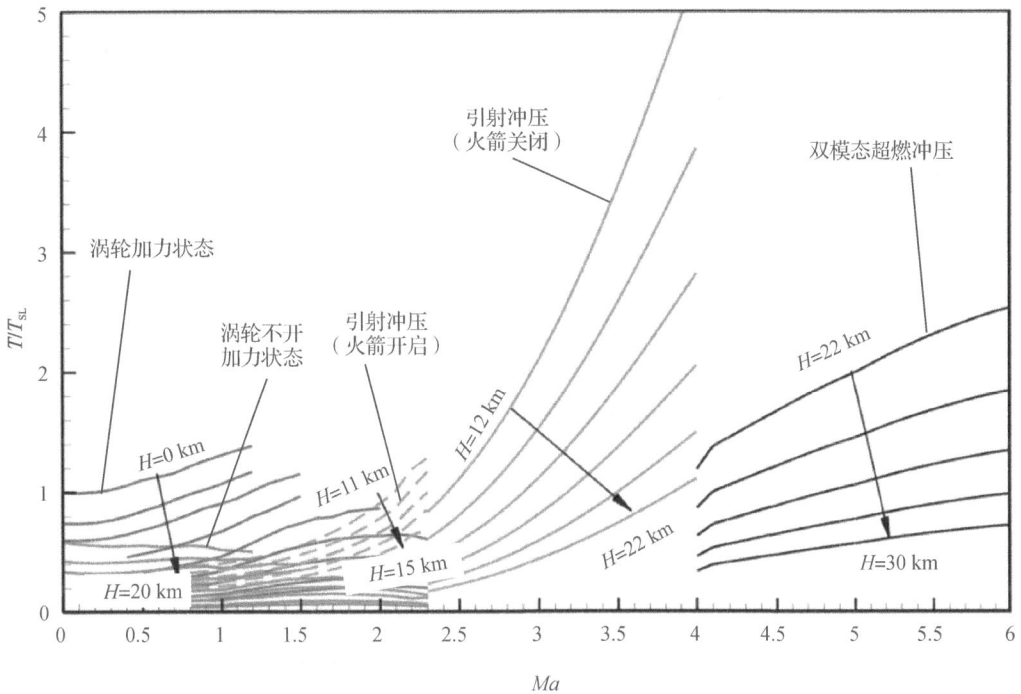

图 8 - 12　涡轮/引射冲压/双模态超燃冲压组合动力推力特性

图 8 - 13 给出了该组合动力的比冲随飞行高速和马赫数的变化,其涡轮发动机、冲压模态下的引射冲压发动机和双模态超燃冲压发动机的比冲特性同前文中的变化一致。在 $Ma=0.8\sim2.3$ 范围内的引射冲压发动机比冲则随着马赫数的增加而增加,这是因为引射冲压模态下的发动机工作状态可以看作火箭发动机和冲压发动机两种工作状态的叠加,火箭发动机的比冲明显低于冲压发动机的比冲,而随着马赫数的增加,引射冲压发动机的冲压能力增强,发动机的工作状态中冲压所占的比例也随之提高,因此其比冲也随之提高。当火箭关闭时,引射冲压发动机在冲压模态下的比冲明显提高。

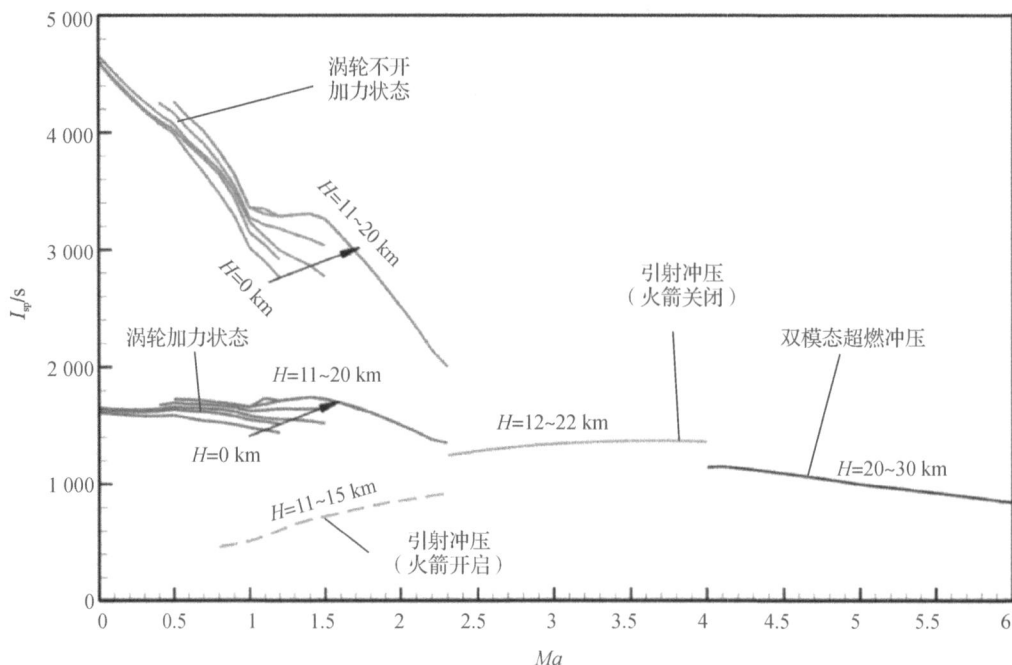

图 8-13 涡轮/引射冲压/双模态超燃冲压组合动力比冲特性

8.3.4 脉冲爆震涡轮/双模态超燃冲压组合动力方案性能分析

图 8-14 给出了脉冲爆震涡轮/双模态超燃冲压组合发动机的推力随飞行高度和马赫数的变化。当 $Ma=0\sim4.0$ 时,脉冲爆震涡轮发动机工作,从其推力曲线的变化可以看到,脉冲爆震涡轮发动机的推力随马赫数增加而增加。这是因为发动机的空气流量随着来流马赫数的增加而增加,虽然发动机的单位推力随着马赫数的增加而下降,但其下降的程度比空气流量增加的程度要小,最终使得发动机的推力随着马赫数的增加而继续增加。双模态超燃冲压发动机的推力特性与前文一致。

图 8-15 给出了脉冲爆震涡轮/双模态超燃冲压组合发动机的比冲随马赫数的变化,脉冲爆震涡轮发动机当 $Ma=0\sim2.2$ 时的比冲范围在 2 000~3 000 s,介于传统涡轮发动机最大状态和中间状态之间。随着马赫数的提高,当马赫数大于 2 时,比冲特性与传统涡轮发动机不开加力相当。当 $Ma=2.2\sim4.0$ 时,脉冲爆震涡轮发动机比冲明显优于亚燃冲压和引射冲压发动机,此时发动机比冲范围为 1 800~2 200 s。当 $Ma=4.0\sim6.0$ 时比冲特性与前文中双模态超燃冲压发动机一致。

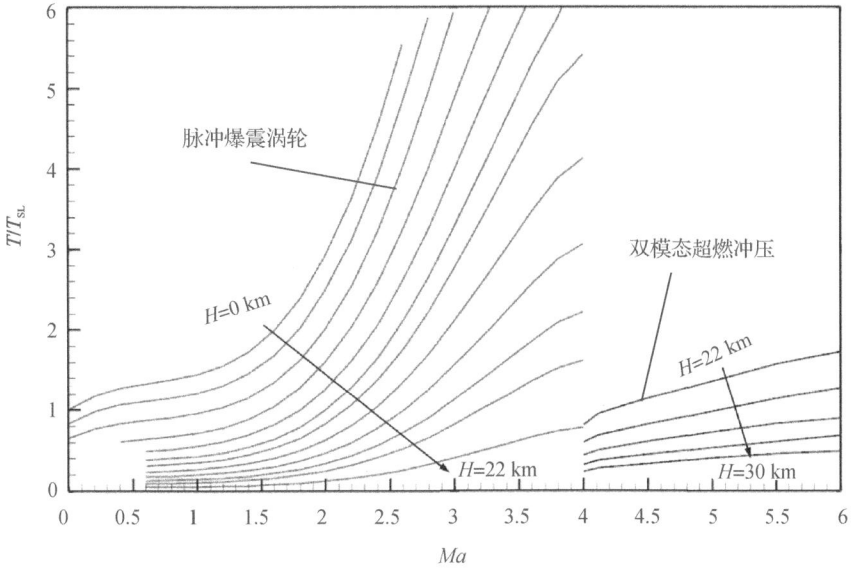

图 8 - 14　脉冲爆震涡轮/双模态超燃冲压组合发动机推力特性

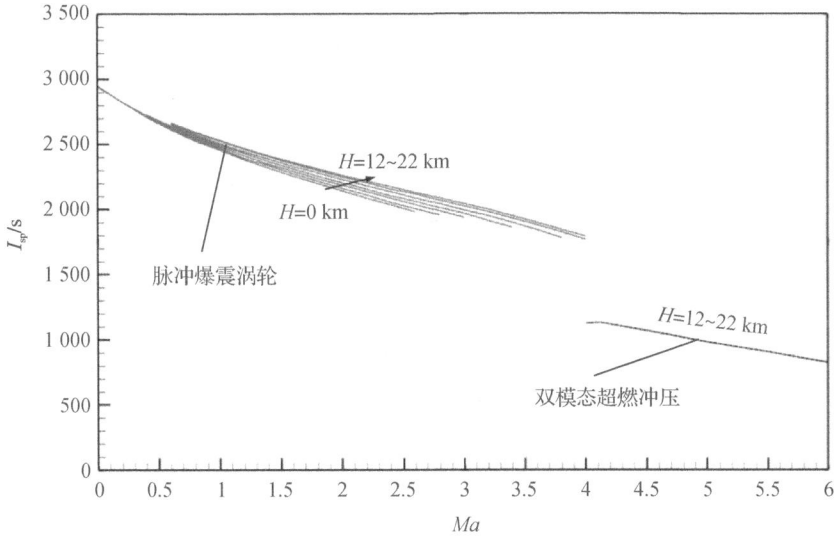

图 8 - 15　脉冲爆震涡轮/双模态超燃冲压组合发动机比冲特性

8.3.5　多种组合动力方案性能对比

为了进一步对比多种组合动力性能的差异,在高度速度特性图上选取了若干点进行多种组合动力方案性能对比,选取的若干马赫数和飞行高度见表 8 - 4。

表 8-4 组合动力方案性能对比的不同马赫数和飞行高度

参数	值								
Ma	0.0	0.5	1.0	2.0	3.0	3.5	4.0	5.0	6.0
H/km	0.0	3.0	11	13	18	20	22	24	28

在不同马赫数和飞行高度下的 3 种组合动力方案的推力和比冲分别如图 8-16 和图 8-17所示,其中推力均做了归一化处理,即多种组合动力均具有相同的起飞推力。从推力曲线可以看到:涡轮/引射冲压/双模态超燃冲压组合动力在 $Ma=1.0\sim2.0$ 范围内,引射冲压发动机与涡轮发动机共同工作,其推力明显提高,大于其他组合动力;脉冲爆震涡轮/双模态超燃冲压组合动力在跨声速附近推力最小,小于其他组合动力。随后在 $Ma=1.0\sim3.5$ 范围内,推力逐步提高,大于冲压发动机;在 $Ma=3.5\sim4.0$ 范围内,推力下降,逐步小于冲压发动机,这主要是因为脉冲爆震涡轮发动机随着马赫数的增加,压气机入口温度升高,压气机换算转速下降,相对换算流量降低,使得脉冲爆震涡轮发动机实际流量涨幅低于冲压发动机,从而在 $Ma>3.8$ 后发动机推力小于冲压发动机。从比冲可以看到:脉冲爆震涡轮/双模态超燃冲压组合动力在 $Ma=0\sim6.0$ 范围内均具有较高的比冲;涡轮/引射冲压/双模态超燃冲压组合动力在引射火箭工作中,其比冲大幅度下降。可见,脉冲爆震涡轮/双模态超燃冲压组合动力在 $Ma=1\sim4$ 范围内比冲性能方面优势明显,仅发动机推力在跨声速附近和 $Ma=3.8$ 附近小于其他组合动力方案。

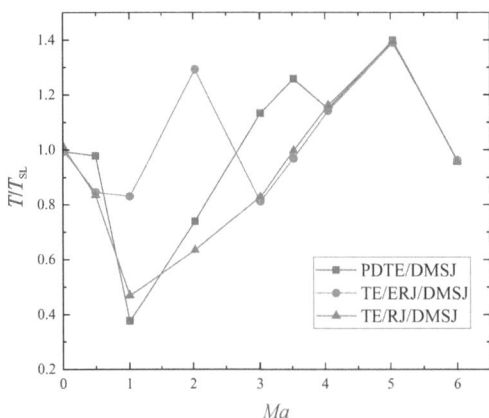

图 8-16 3 种组合动力方案推力对比

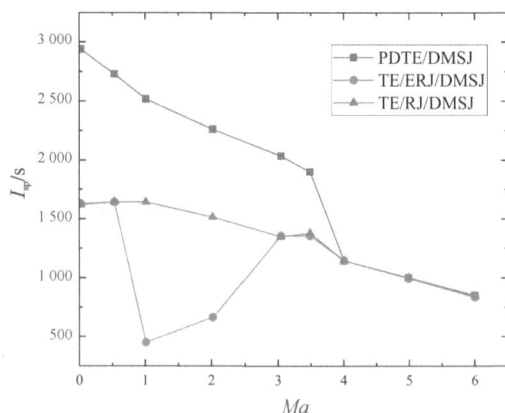

图 8-17 3 种组合动力方案比冲对比

参 考 文 献

[1] 李清安，王可，孙田雨，等.脉冲爆震发动机反压传播规律数值研究[J].实验流体力学，2019，33(1)：103－110.

[2] 王伟.冲压发动机建模及参数测量方案研究[D].西安:西北工业大学，2012.

[3] LUO Z K，ZHENG L X，LU J，et al. Performance analysis of pulse detonation ramjet[J]. Int J Turbo Jet Engines，2024，24(6)：725－733.

[4] 王有银.宽马赫数运行冲压发动机的热力学性能优化分析[D].哈尔滨:哈尔滨工业大学，2016.

[5] 卢杰，郑龙席，王治武，等.采用脉冲爆震外涵加力燃烧室的涡扇发动机性能研究[J].推进技术，2014，35(6)：858－864.